极端条件下高分子、离子液体凝胶材料的结构与改性研究

袁朝圣　著

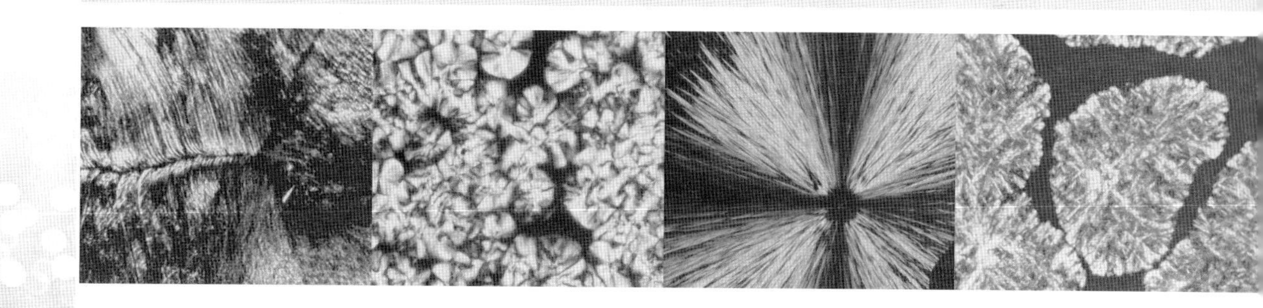

Study on the Structure and Performance Improvement of Polymer and Ionic Liquid Gel Under Extreme Conditions

WUHAN UNIVERSITY PRESS
武汉大学出版社

图书在版编目(CIP)数据

极端条件下高分子、离子液体凝胶材料的结构与改性研究/袁朝圣著.—武汉:武汉大学出版社,2020.8(2022.4 重印)
ISBN 978-7-307-21590-0

Ⅰ.极… Ⅱ.袁… Ⅲ.①高分子材料—结构性能—研究 ②离子—液体—研究 Ⅳ.①TB324 ②O646.1

中国版本图书馆 CIP 数据核字(2020)第 105782 号

责任编辑:王 荣　　责任校对:汪欣怡　　版式设计:马 佳

出版发行:**武汉大学出版社** (430072 武昌 珞珈山)
(电子邮箱:cbs22@ whu.edu.cn 网址:www.wdp.com.cn)
印刷:武汉邮科印务有限公司
开本:787×1092 1/16　印张:15.25　字数:371 千字　插页:1
版次:2020 年 8 月第 1 版　2022 年 4 月第 2 次印刷
ISBN 978-7-307-21590-0　定价:46.00 元

前　言

材料、能源和信息是当代科学技术的三大支柱。材料科学更是当代世界的带头学科之一，是一切技术发展的物质基础，为推动生活和社会发展提供动力。材料科学是众多基础学科与工程应用学科相互交叉、渗透和融合的一门学科，因而对于材料科学的研究，具有深远的意义。高分子材料是材料领域中的一支新秀，它的出现带来了材料领域的重大变革。目前，高分子材料在尖端技术、国防建设和国民经济各个领域得到广泛应用，已成为现代社会生活中衣、食、住、行、用各个方面所不可缺少的材料。同时，随着生产和科学技术的发展，对高分子材料提出了各种各样新的要求。因此，深入研究高分子材料及复合材料对于拓展高分子材料的应用领域具有重要的意义。

高分子材料发展的主要趋势是高性能化、高功能化、复合化、精细化和智能化。高分子材料的性能与其结构密切相关，探索高分子材料在各种环境下的结构，对于调控高分子材料的性能和制备新型的高分子产品具有指导意义。针对高分子材料的结构与性能，我国科研工作者在高分子材料的合成、复合、注塑和成型等方面作了较好的工作，并针对高分子材料的改性进行了深入的研究。然而，高分子及复合材料在一些极端条件下的研究还不够全面，极端条件能够从分子链层面上对结构进行调控，往往可以获得一些独特的结构和性质。

近年来，高压科学技术的发展为高分子材料的研究提供了新的手段和视角。与光、热、电等物理外场一样，压强也是一种重要的外场因素，对物质的结构和性能均有较大影响。压强作为一种有效的外场条件，最直接的结果是缩短了物质中分子链的间距，能够使物质发生结构的变化；此外，高压还能够改变材料的晶相组成、晶粒尺寸、形貌特征等微结构，有助于获得不同于常压的结构和性质。因此，高压无疑是我们可以利用的一个最强大的工具。此外，超声波技术也被用于高分子材料的改性研究中。由于一种高频机械波需要物理介质来支持其传播。当超声波在液体或液体-粉末悬浮液等介质中传播时，会产生空化效应，从而产生极端的物理和化学条件。这种空化效应可以提供高能量来诱导某些化学和物理变化。

高分子材料虽然已大量应用于工业生产和日常生活中，但是高分子的热稳定性差、弹性模量低和易塑性形变等缺陷使其在某些关键领域的应用受到限制。例如，高分子/离子液体凝胶结合了凝胶的固态特征和离子液体的电化学性质，在二次电池中发挥着重要的作用，但是其电导率比较低，不能满足电池工业的需要。高分子材料的聚集态结构与其宏观性质密切相关，而聚集态结构却受外场环境的调控。因此，利用压强、温度和超声波等极端外场条件，从分子层面改变聚合物及其复合材料分子链段的堆砌，研究极端条件对高分子及其聚合物凝胶的凝聚态结构的影响，揭示极端条件下它们的凝聚态结构的形成规律和机制。这一研究将为高分子材料的研究提供新的视角，为高分子材料的性能优化提供新的方法和技术，进一步拓展高分子材料在其他经济领域的应用。在此研究环境下，笔者编撰《极端条件下高分子、离子液体凝胶材料的结构与改性研究》一书。本书以高分子材料和高分子/离子液体复合材料为对象，主要介绍了高压、高温和超声波等极端条件下这些材料结构与性能研究的最新成果。

本书力争内容翔实、脉络清晰、语言简练、章节分明。在写作过程中，笔者努力钻研，查阅了大量的资料，也对自己多年来的研究工作进行了总结。特别感谢西南交通大学高压物理研究所为本书提供的相关资料。同时本书参考和借鉴了有关专家、学者的研究成果，在此表示诚挚的谢意！感谢郑州轻工业大学物理与电子工程学院领导在本书编写过程中给予的大力支持，感谢杨坤、王永强、程学瑞、王征、李子炯等多位老师的帮助。编写《极端条件下高分子、离子液体凝胶材料的结构与改性研究》一书是一次新的尝试，难免存在不少错误和不足之处，笔者恳请广大读者对本书提出宝贵意见。最后，对所有给予本书帮助的朋友致以最诚挚的感谢！

袁朝圣

2020 年 3 月于郑州

目　录

第1章　高压实验技术

1.1　高压科学的研究意义

高压物理学是研究高压下物质的物理行为的一门科学，是凝聚态物理学中一个相当活跃的研究方向。高压物理的研究对象是凝聚态物质体系，即由大量原子和分子组成的凝聚体。在高压极端条件下，组成物质的原子或分子的间距缩短，整体体积会改变；再加上高温或者低温条件，凝聚态物质在结构、状态和性质等方面会发生许多变化。高压物理的主要研究内容包括：高压条件下物质的力学、光学、热学、电学、磁学特性，状态方程，相变以及物质的微观结构等，采用各种高压设备制备在常压下难以制备的新材料。此外，高压物理研究的范围非常广，几乎涵盖了凝聚态物理学的所有分支，并与地球、生物、材料、能源、国防等学科交叉，形成了各种独具特色的高压研究领域。随着高压实验技术的日臻完善，高压物理学在现代科学研究和工业化生产中得到了更加广泛的应用。因此，科学家普遍认为：高压已不仅是一种实验手段，而是改变物质结构、状态和性能的一个新的基本维度。

1.2　高压对物质的作用

压强作为独立于温度、化学组分的一个热力学量，对物质的作用是任何其他条件所无法替代的。高压作用下，物质呈现出许多新现象、新性质和新规律。在100 GPa压强条件下，每种物质平均出现5~8次相变，也就是说利用高压条件可以为人类提供超出现有材料5倍以上的新材料，极大地优化了人们改造客观世界的条件。高压对物质的作用主要表现为缩短原子间的平衡距离，增加物质的密度。在上百吉帕压强的作用下，难以压缩的材料，如金属、陶瓷等，密度可增50%；而易于压缩的物质，如固态气体，密度可提高1000%之多。

1. 改变物理状态

对气体加压可使之变成液体，大多数液体在1~2GPa的压强下变为固体。对固体加压引起原子间距离的改变，导致原子密排、原子间相互作用增强以及原子排列方式的改变，从而引起多型性转变，即结构相变。压强作用下还会改变原子间键合性质，使原子位置、化学键取向、配位数等发生变化，从而物质发生晶体向非晶体、非晶体向晶体以及两种非晶相之间的转变。

2. 压强可导致电子体系状态的变化

由于物质中原子间距的缩小，相邻原子的电子云发生重叠，相互作用增强并影响到能带结构，引起电子相变。一般来说，压强可使原子核外电子发生非局域化转变，成为传导电子，绝缘体因此转变成金属，这就是 Wilson(威尔森)转变。在压强足够高时，所有物质都会表现出金属的特征。当压强继续升高时，原子所有内层电子都成为传导电子，物质内部不存在单原子，而是电子和原子核混合在一起的均匀系统。当压强极高时，如中子星内部，单个的电子不能存在，而是被压入原子核内，与质子结合形成中子，物质处于极高密度的状态。可见，对物质施加压力时，随着压强的提高，物质的状态一般按照气体、液体、固体、金属性固体、基本粒子的顺序向高密度方向转变。

3. 电-声子相互作用

晶体内部的原子晶格体系与电子体系之间存在相互作用。通过改变原子间距，高压可调节物质中电-声子相互作用的强度，从而影响物质的宏观物理性质，如超导电性等。同样，高压也可影响电子之间的关联作用。

4. 高压合成新材料

在材料合成方面，高压有其特殊的优势，高压作用下，反应物颗粒之间的接触紧密，可降低反应温度，提高反应速率和产物的生成速率，缩短反应时间；某些亚稳态物质在高压下可稳定存在，并可淬火到常压，因此可利用高压来合成常压难以合成的物质。在高压下通过制造高氧压和低氧压环境，可获得异常氧化态的离子。此外，高压还具有抑制固体中原子的迁移，改变原子或离子的自旋态，使原子在晶体中具有优选位置等作用。

1.3 高压科学的研究方法

高压实验技术通常被分为动高压和静高压两大类。从热传导的角度，如果实验中样品所经历的过程足够快，以致来不及同外界交换热量，这样的过程称为绝热过程；如果样品所经历的过程足够慢，整个过程中样品同外界始终处于热平衡，这样的过程称为等温过程。通常情况下，动高压实验一般被认为是绝热过程，而静高压实验一般被认为是等温过程。除此之外，还存在介于两者之间的快速增压或快速降压的方法。这里所说的“快速”，只是相对于静高压而言，指压强加载速率高于静高压实验，但低于动高压实验。其物理学过程既不是等温过程又不是绝热过程，因此可以认为是介于动高压和静高压之间的另一类物理过程。研究对象可以涵盖化学、物理、生物和材料科学等学科及其交叉学科，可以回答关于物质科学研究中的诸多基本科学问题。

1.3.1 动高压

1. 冲击波

爆炸、撞击等过程中，介质中产生的扰动强烈，质点的运动速度很高，振幅很大，产生的压力很高。如果扰动的传播速度高于波速，介质中就会形成冲击波。介质受到扰动时，扰动的位置可以看作波源。当扰动较小时，介质中质点的振幅比较小，扰动在介质中以波的形式传播，波形不随时间改变。如果扰动比较强烈，其波形随着时间会发生演变。例如，空气中高速运动的正方形金属板，板的前方空气受到强烈的压缩，密度、压强都很高，而板的后方空气发生膨胀，密度、压强都较低。这两种扰动在空气中传播时，压力的空间分布随时间的演变是不同的。对于板的后方区域，产生的是膨胀波，波头的压力高于波尾，波头的传播速度高于波尾。随着时间的推移，波头和波尾的距离越来越大，空间的压力差越来越小，压力逐渐趋于均匀。可见，膨胀波在产生一段时间后就会消失。板前方产生的是大幅度的压缩波，其波头压力低，波尾压力高，波尾的速度高于波头。压缩波产生后，波头和波尾的距离逐渐缩小，直至两者同步运动。这时的压缩波具有很陡的波阵面，形成了冲击波。在冲击波波阵面的前后，空气的压强、温度和密度发生了不连续的跃变。利用冲击波也可产生高压，为动态高压。冲击波的性质决定了动态高压具有压强高(10^3GPa)、持续时间短($1\sim10\mu s$)等特点。由于作用时间短，动态高压往往伴随着高温。此外，动态高压的测压精度很高，在710GPa时误差小于3%，可用来对静态高压测量作定标。

2. 动态高压发生装置

(1)爆炸法：火药爆炸时可产生爆轰波，但在其波阵面后面有化学反应发生，情况复杂。在火药爆炸的最初阶段的短时间内，爆轰波作用到材料上的压力急剧下降，当它传播一定距离后压力变得比较稳定，压力下降非常缓慢。实验证明，在此后的很大范围内，爆轰波压力保持为一定值，且无化学反应，因此可以认为是冲击波。不同种类火药产生的冲击波不同，同一种火药作用于不同材料时产生的压力也不同，冲击阻抗大的材料(如Au、Cu和W)产生的压力高。通常爆炸法的发生装置包括：平面波发生装置、柱面波发生装置和球面波发生装置。

(2)压缩磁场技术：利用压缩磁场技术也可产生冲击波，金属管内存在磁场的情况下，引爆外围的火药，使外部金属管向中心轴压缩，管壁做切割磁力线运动，内部产生感生电流。感生电流的磁场与原磁场方向相同，以保持管内的磁通量不变。钢管内的磁场是这两个磁场的叠加，磁感应强度随时间迅速增加。铜管内部磁通量的巨大变化在管壁上激发出感生电流，此电流受到压缩磁场的作用力而使铜管向中心收缩，在样品处产生高压。因为磁场变化是以光速传播的，所以当外部金属管收缩时，样品就承受铜管的压力。利用这种方法，样品的压力上升是连续的，而不是阶梯式的。

(3)强电流收缩方法：两根平行导线通以同方向电流时相互吸引。与压缩磁场法类似，管中样品所能达到的最高压强不受样品冲击阻抗的限制。利用这种方法在17.2 GPa压强下合成了金刚石，在18.2 GPa压强下合成了立方氮化硼。

1.3.2 静高压

研究物质在高压下的性质时，需将物质置于高压腔体中，这就要用到高压设备。对于科学研究工作来说，高压腔体的体积不能太小，内部的压强梯度不能过大，最好能产生静水压。高压设备主要有活塞-圆筒装置、Bridgman压机、压砧-圆筒装置、多压砧装置和金刚石对顶砧装置(DAC)等。这些设备中必须包含能够移动的部件以压缩其中的物质产生高压，而且和高压腔体中物质接触的部分要具有比这种物质高的硬度。各种高压设备产生高压的方式不同，所能达到的极限工作压强也不一样。

1. 活塞-圆筒装置

高压设备的相关部件，如活塞、圆筒和压砧并不是直接和被研究样品接触的，否则样品将处于极不均匀的压力作用下。使用传压介质可以解决这个问题。样品的尺寸远远小于传压介质，被夹在传压介质中间，其局部的压力相对均匀。为了保持压力的均匀性以及有效地提高设备的使用压力，正确选择具有一定机械性能的密封材料是非常重要的。密封材料在受压缩时，在保持半流动状态下产生变形。在压砧系统中，密封材料发生流动后可有效地提供对压砧的侧向支撑，从而提高其工作压强。

活塞-圆筒装置的极限压强是由构成的材料和具体设计决定的。一般比较硬的钢的压缩屈服强度为2.0 GPa，350超高强度钢的屈服强度为2.8 GPa，是已知最硬的钢。WC合金是高压设备中常用的材料，其压缩屈服强度约为5.0 GPa。无预应力的圆筒的极限工作压强就是压缩屈服强度，使用组合圆筒或自紧圆筒可以提高其使用压强。350超高强度钢比较脆，当圆筒的工作压强达到2.8 GPa时，会出现很多纵向裂纹。一般情况下，应用硬度稍低但具有一定塑性的钢来制造圆筒，可达到的压强为3~3.5 GPa。利用WC合金材料可得到3.0 GPa以上的压强。

活塞-圆筒装置可提供较大的高压腔，但产生的压强相对较低。通过施加的力和活塞的面积可精确地确定压强。在活塞-圆筒装置中，可方便地引入加热部件，并实现精确的温度控制。目前，活塞-圆筒装置广泛地用于5 GPa以下的样品合成、材料物理化学性质研究，也可为更高压强下的进一步实验进行前期预压工作。

2. Bridgman压机

根据大质量支撑原理，压砧可以承受比自身材料屈服强度高得多的压强。而单级活塞-圆筒装置缺乏支撑，产生的压强有限。1952年，Bridgman设计了一种压力机，由两个相对放置的圆锥形压砧组成。压缩其间的物质可以产生高压。压砧一般由高强度材料构成，如WC、烧结金刚石等。砧面的面积和底面面积比约为1∶10。当压砧在工作时，砧面上的应力被均匀分散到底面上，使其能承受很大的压强。外力是沿着压砧的轴向施加的，因此压砧在轴向被压缩，而径向发生膨胀，处于拉伸状态。由于WC等材料的拉伸性能比较差，在高压下出现裂纹。为了避免这种情形的发生，可对压砧的径向施加预应力，使压砧在不工作时处于压缩状态。在工作时，压砧内部的应力首先需要抵消这部分预应力，然后才能对压砧产生破坏。

这种装置的主要缺点是高压腔体比较小，样品比较薄。另外对样品进行加热时，压砧不可避免地受到损伤，从而耐压会降低。但是这种装置结构简单，易于操作，对于从事基础科学研究的人员来说仍具有吸引力。

3. 多压砧装置

多压砧装置是在二十世纪五六十年代发展起来的。这种装置中的所有压砧具有相同形状和几何尺寸，合在一起构成正多面体状的高压腔体。砧面可以是正三角形、正方形和正五边形，最简单的正多面体是正四面体，所以压砧的数量应在 4 以上。

Bridgman 压机和 Drickamer 装置的高压腔体几乎是二维的，得到的是片状样品。多压砧装置的高压腔体明显大于前面两种装置。应用固态传压介质时，两压砧装置高压腔体内的压力分布很不均匀。多压砧装置是从多个等价方向同时加压的，静水压条件得到了很大改善。

常用的多压砧装置中压砧的数目为 4、6 和 8，增加压砧的数目如 12 和 20，显然会使高压腔体内的静水压条件更好，但每个压砧所对应的空间立体角会减小，造成大质量支撑增强系数的降低，压砧的极限工作压强反而降低。20 世纪 60 年代后期，日本大阪大学 awai 实验室曾经尝试过正二十面体高压装置的研制，结果造成许多压砧的损坏。另一方面，压砧的数目越多，各个压砧位置的校准、加压移动过程中的同步性就越难实现，带来许多技术上的问题。实践表明，高压装置中最有效的压砧数目是 8 个，正八面体装置实现了大质量支撑原理和压砧数目(即静水压条件)的最佳结合。

4. 金刚石对顶砧装置

金刚石对顶砧装置，又称金刚石压机，实际上是一种 Bridgman 装置，压砧材料为单晶金刚石。由于金刚石结合了高强度和对紫外光、可见光、红外光和 X-射线透明的性质，这种装置可以产生相当高的压强，同时又能进行原位探测。金刚石压机具有结构简单、体积小、重量轻和操作方便的特点，是当今最流行的高压产生装置。金刚石压机的原理非常简单，两个金刚石压砧的台面相对，在外力的作用下挤压处于中间的密封材料而产生高压。密封材料的小孔内充满液态或固态的传压介质，使处于其中的样品受到静水压或准静水压的作用。实际应用中，金刚石压砧要固定到垫块上，外力通过金刚石压机的框架加载。在加压之前，两个金刚石压砧的砧面要调节平行，压砧的中轴线要重合，以避免压砧在加压过程中损坏，并保证达到高的压强。根据外力加载方式的不同，人们设计出不同种类的金刚石压机。

金刚石压机的简单结构，包括活塞-圆筒、垫块、摇床以及金刚石、密封材料。在外力作用下，活塞和圆筒发生相对移动，挤压金刚石压砧，在密封材料中心的孔内产生高压。垫块和摇床的作用是保持两个金刚石压砧的同轴和砧面平行。

1.3.3　快速加载技术

高压实验技术按照加压方式的不同可大致分为静高压和动高压两大类。静高压实验的加压时间一般在分钟和小时的数量级。由于加压速度比较慢，加压过程中由压缩功转变的热量可以通过热传导方式使样品与外界保持热平衡，因此，静高压过程可以视为一种等温过程。动高压实验通常是指加压时间在纳秒，甚至皮秒量级的过程，由于加载的速度比热传导快，以致来不及与外界进行热交换，因此，可以视为一种绝热过程。另外，还可以从应力波的角度区分它们，如果压力的加载速度小于声速，忽略应力波的影响，就认为是静高压；如果压力加载速度大于声速，应力波的影响不能忽略，就认为是动高压。

实际上，介于上述的“动高压”和“静高压”之间，还存在很宽的加压速率范围。我们把这类过程暂时称为“快速增压”。“快速”是相对静高压而言的，它的压力加载速度明显小于动高压的加载速度。这种过程既不是绝热的过程也不是等温的过程，而是介于动高压和静高压之间的一种加压方式。在英文文献中一般用 pressure jump 或者 rapid compression 来表述。实际上，这类快速增压过程在自然界、生产生活和科学研究中广泛存在，但是有关这类过程的系统研究却很少报道。

Boehler 等(1977)通过高压储液罐和快速阀门实现了快速增压，以 Bridgman 式无支承面密封活塞圆筒为压力容器，最大增压幅度为0.1 GPa，增压时间大约为0.1 s，测定的最大压强为5.0 GPa。王筑明等(1998)利用同样的快速增压原理，采用六面顶大压机为压力容器测定了铝的 Grüneisen 参数。他们实验的增压幅度为 0.5 GPa，最大增压速度为 1.2 GPa/min，测量最大压强达到 3.5 GPa。Steinhart 等(1999)通过马达驱动活塞实现了快速增压，并采用小角 X 射线衍射或者广角 X 射线衍射等在线检测设备，研究了快速增压过程中液晶材料的相变。Winter 研究小组(Woenekhaus et al，2000)采用高压气动阀门来控制高压釜和样品腔之间的通或断，实现了 5 ms 内使压强在 0.7 GPa 的范围内突然地上升或下降，温度可以控制在-40～120 ℃范围变化；并与傅里叶变换红外光谱、荧光、同步辐射和小角中子散射等在线检测手段结合，研究了生物大分子物质的伸展—折叠过程，以及液晶的相变等。基于液体传压介质的限制和生物实验的要求，此类实验的压强范围一般在2.0 GPa以内。洪时明课题组(Hong et al，2005)通过电磁阀的快速打开，将预置的高油压与压机主油缸联通，实现快速增压。使用储能器为储能设备，可以实现油压的范围可调，实验的结果表明压机的最大压力可达 1.0 MN。由于采用电磁阀作为开关，因此响应时间决定着压力加载的时间，最快加载时间为 20 ms。

William 等将压电材料用于现代金刚石压砧技术，通过控制压电材料的体积变化来实现样品腔体积的变化，进而引起样品腔内压强的上升或下降。其中压强的增降幅度取决于密封垫的弹性强度，增压的速度取决于控制压电材料对波发生器的响应时间，最高增压速率达到了 500 GPa/s。并通过拉曼散射和 X 射线衍射对水的相变进行了在线的测试，具有很好的循环加压性能和时间响应。但是由于金刚石腔体尺寸的限制，仅在一定的压强范围内进行物性的测量。

第2章 聚 乳 酸

2.1 聚乳酸的概述

随着以石油为能源和资源的消耗日益增加，全球石油的储量逐渐减少，其价格必然会逐步走高。众所周知，绝大多数高分子材料的单体原料来源于石油的提炼，随着石油的日趋减少和价格的持续上升，高分子材料的原料问题和价格问题已经受到经济界和学术界的高度关注。另一方面，大量石油基不可再生、不可降解材料的使用给环境带来了严重的“白色垃圾”问题，它们对环境污染很严重，埋在土壤中很难被分解，积年累月形成土壤隔离层，使土质严重恶化；如果采用焚烧的方法，则会导致大气的污染。据不完全统计，我国每年白色污染物的废弃量已达400万吨以上，给生态平衡造成了严重的破坏和威胁。针对这些问题，各个国家都出台了限制塑料袋制品使用的法规，提倡生产垃圾及生活垃圾也逐步推广分类包装、综合利用的同时，也将大力研究可降解薄膜及包装材料的生产。因此，寻求和开发具有可持续发展的能源和资源已成为当今世界发展的必然趋势。目前，正在研究、开发和应用的大品种可生物降解塑料主要有：淀粉基生物降解塑料、聚羟基烷酸酯、聚乳酸、聚己内酯和大量的天然高分子材料等。

在众多的可生物降解聚合物中，聚乳酸(Polylactic Acid，PLA)是备受关注的一个品种。合成聚乳酸的原料可以通过发酵玉米等粮食作物大规模获得，是一种低能耗产品，不依赖石油资源，这对人类的可持续发展具有重要的意义。并且聚乳酸具有很好的生物降解性，在自然界的生物作用下能完全降解为水和二氧化碳，对环境不会造成任何污染和危害。同时，聚乳酸具有高强度、透明性好、生物相容性好等显著优点。另外，聚乳酸还是加工性良好的热塑性聚酯材料，可采取通常的加工方法，如挤出、模塑、浇注成型、熔融纺丝、吹塑等进行成型加工。聚乳酸的研究和开发有望为解决环境污染问题提供一条新的途径。

2.2 聚乳酸的合成与制备方法

乳酸(Lactic Acid，LA)的直接缩合是作为早期制备PLA的简单方法，但一般只能得到低聚物(数均分子质量小于5000，分子质量分布指数约2.0)，而且聚合温度高于

180℃时，通常导致产物带色。到目前为止，PLA 主要是通过 LA 的开环聚合制得。依据引发剂的不同，LA 的开环聚合可分为正离子聚合、负离子聚合和配位聚合。目前，聚乳酸以乳酸或其衍生物乳酸酯为原料(最常见的是采用左旋乳酸为原料)，通过化学合成得到聚合物。高力学性能的聚乳酸是指旋光纯度高的聚左旋乳酸(PLLA)，单体为 L-乳酸。合成工艺大致可以分为间接合成法和直接合成法。直接合成法，也被称作一步聚合法，是利用乳酸直接脱水缩合反应合成聚乳酸。直接合成法的优点是操作简单，成本低。缺点是乳酸纯度要求高，反应时间长，反应温度控制严格。

LA 正离子开环聚合是烷氧键断开，每次增长是在手性碳上，因此外消旋不可避免，而且随聚合温度的升高而增加。另外，能引发 LA 正离子聚合的引发剂不多，而且难以得到高相对分子质量的 PLA；不能用来制得现在使用较多的 PLGA(聚乳酸-羟基乙酸共聚物)。LA 负离子开环聚合的合适引发剂是仲丁或叔丁基锂和碱金属烷氧化物；较弱的碱如苯甲酸钾、硬脂酸钾只能在 120 ℃以上进行本体聚合。LA 负离子开环聚合比正离子聚合的速度快得多，引发和链增长涉及烷氧负离子向酰氧键的进攻，尽管该步不会导致外消旋，但烷氧负离子能使单体脱质子化，从而导致部分外消旋化，而且使聚合物相对分子质量受到限制。高相对分子质量的 PLA 能通过丁基锂和伯醇(如苯甲醇、PEG 的单甲基醚等)原位反应生成的引发体系来实现。

PLA 由乳酸聚合得到，由于乳酸是手性分子，因而对应的 PLA 分为聚左旋乳酸(PLLA)、聚右旋乳酸(PDLA)和消旋乳酸共聚物(PDLLA)。PDLLA 是无定形聚合物，降解较快，主要用于生物医用材料：聚左旋乳酸是半结晶性聚合物，力学性能好，降解可控，可广泛应用于前述的各个领域，是更有发展前途的高分子材料。

在开环聚合中，LA 的配位开环聚合更显重要，引发剂常为辛酸亚锡或异丙醇铝或双金属 4-氧桥烷氧化合物($[(n\text{-}C_4H_{90})_2 \cdot A_{10}]_2Zn$)等。Zhang 和 Wyss 等(1992)专门研究了辛酸亚锡引发 DL-LA 聚合中产物相对分子质量的影响因子，认为要制得高相对分子质量的 PDLLA，条件一为单体的高纯度，相对条件二为高真空封管聚合。当真空度由 100 mmHg 上升到 0.05 mmHg 时，产物相对分子质量提高了 10 倍。另外，Hyon 等(1997)也研究了辛酸亚锡引发 LLA 本体聚合制备不同相对分子质量 PLLA 的条件。目前，聚乳酸的合成主要有两种方法，即直接缩聚法和丙交酯开环聚合法。

直接缩聚法：该方法的弊端是水作为产物难以从体系中排除，从而使目标产物产量较低，难以满足实际要求。另外，在反应后期，聚合物可能会降解成丙交酯，从而限制聚乳酸产量的提高。整个反应过程中最重要的是及时去除水并抑制聚合物的降解。近年来，聚乳酸直接缩聚合成的方法主要有熔融聚合和溶液聚合两种。

丙交酯开环聚合法：首要任务是获得丙交酯，在其精制提纯后，用引发剂催化开环可得高相对分子质量聚合物。将提纯干燥后的丙交酯和催化剂 SnC_{12} 混合均匀，加热熔化后抽真空至 1 kPa，于 160 ℃反应 8 h，可得到聚乳酸产物。丙交酯的开环聚合反应受到诸多因素的影响，主要有单体纯度、催化剂的浓度及聚合真空度、温度和时间，最主要的是催化剂的选择和丙交酯的纯化。

2.3 聚乳酸的应用

目前，聚乳酸在医用、包装、纺织等领域已经有广泛的应用。在生物医学方面，聚乳酸在组织工程中的应用极为广泛，在骨组织再生、软骨组织再生、人造皮肤、周围神经修复等方面均可作为细胞生长载体使用；高相对分子质量的聚乳酸可用作缓释药物制剂的载体，主要分为药物胶囊和囊膜材料两种；聚乳酸还可以用作外科手术缝合线，由于其可降解性，缝合线在伤口愈合后自动降解并被吸收，无需二次手术，可减轻患者痛苦等。在农业方面，聚乳酸已经广泛应用于农用地膜，相对传统塑料地膜来说，聚乳酸薄膜使用后可以自动降解，不必收集；同时降解为二氧化碳和水，使得化肥和水的需求量相对减少。聚乳酸还可以加工成建筑用的薄膜和绳索等，也可用作土壤、沙漠绿化保水材料，水产用材，农药化肥缓释材料等。在工业包装方面，由于近年来不可降解塑料造成的“白色污染”已成为人们日益关注的环保问题，可降解塑料开发已经成为世界关注的焦点。聚乳酸具有可生物降解性，同时还有很好的透明性和加工性能，在一次性餐盒、饮料杯、食品包装袋、塑料托盘等生产中也已经得到应用。但由于目前聚乳酸树脂价格昂贵，推广应用尚受到限制。目前有些生产企业将廉价的可生物降解材料作为填料添加到聚乳酸中，以降低生产成本。在纺织业上，由玉米加工制得的聚乳酸纤维透气性和手感都好于涤纶，能够改变涤纶材料容易起静电、透气性差的缺点。目前国外已经采用聚乳酸纤维和棉纱织成混纺纱，用于制作服装、牙刷和毛巾等多种产品。

另外，在聚乳酸的产业化方面，目前主要是美国、日本及德国的多家公司对聚乳酸的制造和后加工进行了研究和开发。美国 Nature Works 聚合物公司具有每年 14 万吨的大批量生产能力；日本丰田公司早前计划兴建每年 5 万吨的生产线，已于 2007 年正式投产，投资 100 亿日元，该公司已开始将聚乳酸应用于汽车上，2010 年聚乳酸产量在 50 万吨左右；德国 Inventa-Fischer 公司拥有年产 3000 吨的聚乳酸中试生产线。目前，我国只有中国科学院长春应用化学研究所和浙江海基团有限公司共同进行了聚乳酸的中试研制，完成了 30 吨/年生产能力的中试研究，产品性能基本达到了 Cargill Dow 公司产品的水平，获得了聚乳酸生产工艺技术；目前，正在设计和组建 5000 吨/年生产能力的示范生产线。

总之，聚乳酸塑料相关产业还是处在发展的初级阶段，合成原料丰富，属可持续发展资源，应用范围广泛，市场前景美好，具有很强的发展潜力。聚乳酸塑料将成为新型塑料大品种，形成以聚乳酸为龙头的产业链，无疑对国民经济的发展具有重要意义。

2.4 聚乳酸的结构

对于高分子材料来说，材料微观结构对其性能的影响较大。例如：PLA 的结晶度对其热力学性能、降解速率等都有深远的影响。因此，研究者从 PLA 的分子链层面研究其微观结构和结晶行为，并采用不同的研究方法和手段对其晶型和构象进行了多方位的研究。由于结晶条件(温度、结晶速率等)的不同，通常认为PLA具有α、β和γ三种晶型，它们分别对应不同的螺旋构象和单元对称性(图2-1)。不同结晶条件或者外场诱导可以形成不同类型的球晶。

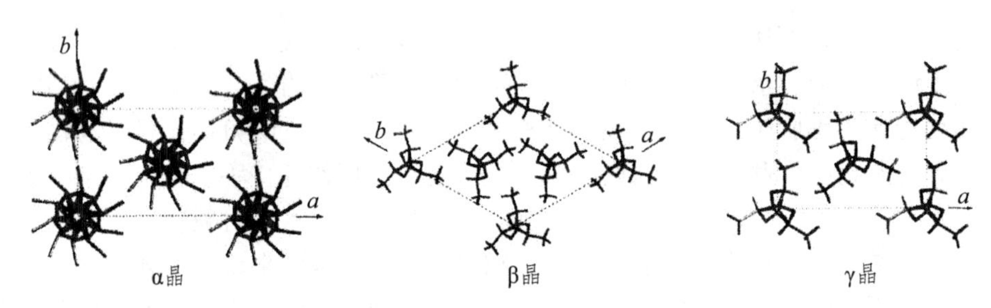

图2-1　α晶、β晶和γ晶结构示意图

α晶是最稳定的一种晶型，它可以在熔融结晶、冷结晶或者低温溶液纺纱等过程中形成。Sanctis和Kovacs(1968)最早报道了α晶属于假斜方晶系，晶胞中含有两条分子链的左旋10_3螺旋构象(图2-1)。Hoogsteen等(1990)则认为α晶分子链构象并非纯粹的10_3螺旋，而是10_3和3_1两种螺旋构象的复合体。β晶是Eling等(1982)在研究PLLA纤维拉伸时发现的，β晶的产生主要是通过α晶的机械拉伸得到，而且还发现在高温或者高拉伸率下可得到β晶。后来，Hoogsteen等(1990)研究指出，β晶可以在PLLA高温溶液纺纱过程中形成，它也是一种稳定的晶型。β晶属斜方晶系，分子链为左旋3_1螺旋构象(图2-1)，熔融温度为175 ℃，稳定性稍逊于α晶(熔融温度为185 ℃)。但是，Puiggali等(2000)提出β晶属三角晶系，每个晶胞中含有3条3_1螺旋。另外，研究还表明：α晶的10_3螺旋构象和β晶的3_1螺旋构象具有相同的能量，但是由于分子链堆砌方式的不同而形成两种不同的晶型；一般认为α晶对应折叠链晶体，β晶对应纤维晶体。目前，关于β晶的晶型和晶胞参数的研究还未达成共识。γ晶是PLLA在六甲基苯上外延生长得到的，分子链构象为3_1螺旋(图2-1)，每个正交晶系晶胞中有两条反平行的螺旋线，属于斜方晶系。除通过外延生长得到γ晶外，还未发现其他方法可以制备这种晶型。

最近有研究表明，PLA还存在另外一种晶型α′，是一种亚稳态结构，在低于100 ℃下等温结晶得到。在一定的温度下，亚稳态α′晶可以向稳定的α晶转变。α′晶属六角晶系，晶胞参数a和b与α晶不同，但是晶胞参数c与α晶相同。Pan等(2007、2008)的研究还发现，在加热熔融过程中，低相对分子质量的α′晶部分转变为α晶，高相对分子质量的α′晶全部转变为α晶。但是，关于α′晶的认识还不全面，特别是α′晶的产生和转变机理还不清楚。

此外，由于PLA分子链之间没有氢键的存在，因此对外界环境比较敏感。不同晶型和构象在物理外场作用下发生相互转化，特别是α晶、α′晶和β晶之间，这为我们全面认识PLA的微观结构和宏观性能提供了新的条件。目前，研究者主要通过改变物理外场的方法研究PLA晶型和构象及其相互转变。

首先，温度是影响聚合物结构的重要因素，有研究表明熔融PLA在不同的结晶温度下形成不同的晶型和分子链构象。例如，α 晶通常可以采用熔融结晶、非晶态冷结晶的方法得到，Zhang 等(2008)将 PLLA 在不同温度下退火，发现晶型的变化依赖于结晶的温度，低于 100℃结晶时主要是 α′晶，高于 120℃结晶时主要是 α 晶；同时还用广角 X 射线衍射(Wide-Angle X-ray Diffraction，WAXD)技术观测到了 α′晶到 α 晶的转变。Pan 等(2007、2008)在对 α′晶进行退火时，在 120～160 ℃温度范围内也发现了 α′晶到 α 晶的固—固相转变。

其次，应力(拉伸、剪切等)对 PLA 的晶型和构象及转变也有明显的诱导作用。Eling 等(1982)在 PLLA 的熔融纺丝研究中首次发现熔融的 PLLA 在高温度、高拉伸率下得到 β 晶，而在低温度、低拉伸率下得到 α 晶。因此，一般的拉伸 PLLA 样品多为 α 晶和 β 晶共存的结构。Sawai 等(2003)研究了 α 晶的 PLLA 在不同拉伸率下的转变，发现在较高拉伸率下 α 晶也可以转变成完美的 β 晶。后来，Zhang 等(2008)发现 α 晶到 β 晶并不是直接的转变，而是经历了中间相 α′晶，即经过了 α→α′→β 转变，得到了 β 晶的 PLA。Wasanasuk 等(2011)详细分析了 α′晶 X 射线衍射数据，并结合理论模型给出了 PLA 的 α、α′、β 晶型之间转变模型，认为在拉伸应力作用下，α 晶的结构域首先随机破坏为小结构域，同时 α 晶 10_3 螺旋发生畸变而形成准有序的 α′晶，拉伸强度进一步增大，畸变的 10_3 螺旋构象转变为 3_1 螺旋构象而形成 β 晶。

最近，研究者还发现高压对于 PLA 的晶体结构也有影响。Huang 等(2010)研究了 PLA 在高压下的结晶结构和熔融行为，研究结果表明高压下 PLA 在 90 ℃以下结晶变得困难，在高压 250MPa 下结晶，能观察到 α 晶到 β 晶的转变。Marubayashi 等(2008)等研究了在以二氧化碳为传压介质的高压下 PLLA 的结晶结构和形态，发现经高压二氧化碳处理后的 PLLA，在 DSC 升温过程中经历了一个从无序的 α″晶到有序的 α 晶的连续变化，而没有发现中间相 α′的存在，而且结晶形态也从微米级的球晶转变为纳米级的棒状晶。Ahmed 等(2009)研究了高压处理后 PLA 的热力学行为，研究发现高压降低了 PLA 的玻璃化转变温度，降低了 PLA 的结晶度。从这些研究结果看，高压对 PLA 的结晶行为和晶体结构的影响比较显著，遗憾的是研究多集中于对处理后的样品进行表征和分析，而关于高压下 PLA 晶型和构象转变过程的动态机制还不清楚。

在研究结晶 PLA 晶型和构象转变的同时，研究者在非晶态 PLA 的分子链构象方面也做了大量的工作。物理外场诱导 PLA 结晶或结构转变是各向同性向各向异性转变的过程，因此，这些过程也将伴随分子链的取向和构象分布的变化。由于非晶态分子链长程结构的无序性，X 射线衍射的方法不能有效地表征其构象的变化。因此，振动光谱技术如红外光谱(FT-IR)和拉曼光谱(Raman)，成为表征分子尺寸范围内局部结构的有效方法，尤其对于非晶态结构的构象。图 2-2 为 PLA 的重复结构单元，其中的 C ═O 双键被认为是反式(Trans)构象，其他两个单键(O—C 和 C—C)比较灵活，具有 tt，tg，gt，gg(其中 t 为对式，g 为旁式)四种不同构象。早期研究表明，在非晶态 PLA 中分子链构象主要以 gt 的形式存在。Yang 等(2004)采用拉曼光谱研究了非晶 PLA 在拉伸变形过程中的构象，发现在拉曼光谱中 $1044cm^{-1}$ 和 $1128cm^{-1}$ 两波数位置对分子链构象分布比较敏感，并认为 PLA 非晶态中主要存在 gt 构象，拉伸可以将 gt 构象从 76%提高到 92%。Meaurio 等(2006)利用红外光谱研究了 PLLA 的构象行为，发现在非晶 PLA 中 gg 构象所占比例低于理论研究结果，而 tt 构象所占比例则高于理论值。事实上，在非晶到晶体的转变过程中，分子链构象如何转变也是一个重要问题。按照经典结晶理论，在晶体生长中聚合物的分子内有序和分子间有序是同时发生的。但是，有研究表明一些聚合物在晶体成长过程中，分子内构象有序先于分子间有序。最近，Na 等(2010)利用红外光谱和偏光散射的方法研究了 PLA 的冷结晶过程，也发现在冷结晶过程中非晶到晶体的转变是一个连续的或者多阶段的过程。后来，Lv 与 Na 等(2011)还在研究非晶 PLA 的拉伸过程中发现了非晶到晶体转变的中间相。这些实验结果都表明，构象为全面理解 PLA 的微观结构，特别是非晶结构方面提供了很多有用信息。但是，有关非晶 PLA 中构象转变的研究报道相对较少，而且研究多集中于一维(纤维)或者二维尺寸(薄膜)，关于块体非晶 PLA 中构象及其转变的研究还未见报道。

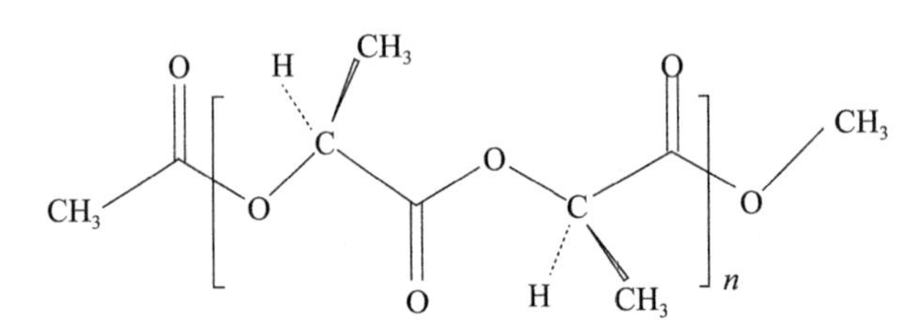

图 2-2　PLA 的分子链结构

2.5　聚乳酸的改性

虽然聚乳酸具有良好的生物相容性和生物可降解性、优异的力学强度等突出优点，但现阶段 PLA 的应用仍然受到限制。这主要是由于聚乳酸存在许多缺点。

(1)机械性能：性脆，抗冲击性差。

(2)结晶性能：结晶速度慢，结晶困难，在一般的挤出、注塑等加工条件下很难得到较高的结晶度，从而导致加工产品模量、强度不够高，热稳定性差。

(3)加工性能：PLA 对热不稳定，即使在低于熔融温度和热分解温度下加工也会使相对分子质量大幅度下降。

(4)价格贵：乳酸价格及其聚合工艺决定了 PLA 的成本较高。

以上缺点严重限制了 PLA 作为通用塑料的广泛应用。为克服上述缺点，人们已经在 PLA 改性方面做了许多的工作。目前国内外对聚乳酸的改性研究主要分为化学共聚改性和物理共混改性两种。

化学共聚改性：主要是通过接枝反应在聚乳酸主链上引入柔性链段。其机理包括两方面：一方面，从微观结构上使分子具有了一定柔顺性；另一方面，接枝的柔性链段也在一定程度上改变了原有分子间的距离或者原有分子间的规整性，使分子更易滑移。Deng 等(2002)利用氨基酸-*N*-羧酸酐同乳酸亚硫酸酐和甲氧基聚氧乙胺反应合成聚 DL 乳酸-聚乙二醇-聚赖氨酸，并通过改变亲水/缩水链段和不同官能团的比例来制备具有不同功能的聚乳酸。Nouvel 等(2004)等用几种方法合成了纤维素双乙酸酯与 PLA 接枝共聚物。测试结果表明，改性后的共聚物均只具有单一的玻璃化转变温度，而且玻璃化转变温度有很大程度的降低。共聚物的断裂伸长率随着 PLA 含量提高而有很大的提高，当摩尔乳酸基取代系数(MS)大于 14 时，最大断裂伸长率达到 2000%。Chen 等(2003)在二甲氨基吡啶(DMAP)和二环己基二酞亚胺碳(DCC)存在下，用丁二酸配处理 PLLA-PEG-PLLA 三嵌段共聚物来制备高分子质量多嵌段 PLLA-PEG 共聚物。该共聚物的结晶性比三嵌段共聚物差，但亲水性好，机械性能好，相对分子质量高达 5 万，而且可通过调节共聚组分来调节药物释放速度。邓先模等(Deng et al, 1997)和吴之中(1999)通过改变聚乙二醇(Polyethylene Glycol, PEG)的用量，将丙交酯(LA)与 PEG 共聚制成嵌段预聚体来改善 PLA 的亲水性和柔软性，发现共聚物拉伸强度随 PEG 含量增加先升后降，而断裂伸长率大幅上升。纯 PLA 的脆性得到了克服，达到一定程度后，聚合物出现屈服拉伸，这是材料硬-韧性拉伸的特性。Cohn 等(2005)先后将聚(ε-己内酯)(Polycaprolactone, PCL)和聚氧化乙烯(Polyethylene Oxide, PEO)与 PLA 嵌段共聚，采用两步法制得 PCL-PLA 和 PEO-PLA 多嵌段共聚物。随着 PLA 相对分子质量的增加，共聚物微观形态会发生变化，得到的多嵌段共聚物提高了机械性能，最大拉伸强度约 32 MPa，杨氏模量低至 30 MPa，断裂伸长率高达 600%。共聚物的降解速度比均聚物快，并且随着 PLA 链段变长，降解速度变慢。PEO-PLA 的多嵌段共聚物中 PEO 段分子质量为 1000~10000，PLA 段相对分子质量为 200~10000。该共聚物有很好的机械性能，最大拉伸强度约 30 MPa，杨氏模量低至 14 MPa，断裂伸长高达 1000%。

物理共混改性：是一种通过选择合适的共混组分，调节两组分之间的配比，改善组分的相容性或采取不同的材料成型加工方法等手段，来获得满足各类要求的新型材料的方法。共混法工艺相对简单，适合工业化。常见的共混方法有与纳米填料共混、与纤维共混、增塑改性、与聚合物共混以及反应共混等。Ignjatovic 等(2004)将聚乳酸与羟基磷灰石复合得到了多孔的复合材料，其压缩强度为 140 MPa，弹性模量为 10 GPa，并且无排斥和感染等现象，生物相容性良好。周福刚等(2000)发现碳纤维经硝酸表面处理后，复合材料的界面结合强度会大幅度提高。王玉林等(1999)采用热压法制备的三维碳纤维增强的聚乳酸复合材料与单轴向连续碳纤维增强的聚乳酸复合材料相比，前者具有更高的拉伸和冲击强度，模量更接近于天然骨，且体外降解速率更低。Ljunberg 等(2002)通过大量的研究发现，甘油三乙酸酯和柠檬酸三丁酯的增塑效果比较明显，PLLA 玻璃化转变温度随着增塑剂用量的提高呈线性降低。金水清等(2007)研究了 PEG、邻苯二甲酸二丁酯(Dibutylphthalate, DBP)、邻苯二甲酸二锌酯(Dioctyphthalate, DOP)对 PLLA 的增塑效果，发现相对分子质量为 400 的 PEG 对 PLLA 的增塑效果最显著，共混物的玻璃化转变温度、熔点都随着增塑剂含量的增加而逐步下降。Anderson 等(2003)研究了线性低密度聚乙烯对 PLA 的增韧作用，并加入 PLLA-PE 嵌段共聚物作为 PLA 和 LLDPE 的增溶剂来提高 PLA/LLDPE 共混物的冲击强度。

目前聚乳酸的改性方法已经有很多，但仍然存在很多问题。通过加入填料以及增塑剂等方法改善聚乳酸结晶性能的效果仍不太理想。聚乳酸在较快的速度下冷却，仍然不能很好地结晶。而关于聚乳酸增韧的研究中，虽然通过共混能够有效提高断裂伸长率和冲击强度，但拉伸强度和模量下降较多，综合力学性能不甚理想。同时，与聚合物共混等方法存在因加入的聚合物与聚乳酸相容性不好导致力学性能恶化等问题。因此，以获得具有优异综合力学性能为目标的聚乳酸改性还需要进一步的研究。

2.6 聚乳酸的高压研究

在材料的研究中，压强、温度和组分是任何研究体系中三个独立的物理参量，压强的作用是任何其他手段无法代替的。高压能增强物质内部电子关联、电子-声子相互作用，改变电子自旋取向，为物质理论结构模型的建立、验证和发展提供新的依据。因此，高压不仅是一种实验手段或者极端条件，而且是改变物质体系的结构、状态和性能的又一新的基本维度。目前，实验室压强可以提高到550万大气压，比地球中心的压强还要高。人们将各种检测技术与DAC等装置结合进行高压原位测量，全面系统地开展了高压下物质的力、热、光、电、声等物性及其变化的研究。目前，关于聚合物材料的高压结晶行为的研究较多，分析方法和实验手段相对成熟。高压提高物质的密度，缩短分子间距，分子链振动受到限制，有利于分子链的堆砌和重新排列，进而形成新的结构或具有特殊的性能。另外，纳米填料的纳米尺寸效应、大比表面积和强界面结合，可以有效地改善聚合物的机械性能、热稳定性、气体阻隔、阻燃、流变和光学性能。因此，采用高压的方法研究聚乳酸/纳米复合材料的改性，对改善聚乳酸的结晶、热稳定性以及优异的综合力学性能等方面具有重要的意义。

开展聚乳酸及其纳米复合材料的高压改性研究，采用高压实验技术研究聚乳酸及聚乳酸/纳米复合材料在高压下的改性行为，并对得到的改性样品进行综合力学性能的分析，给出聚乳酸及其复合材料在高压下改性的规律，并为工业生产高品质改性聚乳酸提供技术指标。这些问题的研究将为聚乳酸及其复合材料的改性提供新的方法和途径，同时对聚乳酸在工业生产和日常生活中的应用起到一定的推动作用。

第3章　离子液体凝胶

3.1　离子液体凝胶概述

聚合物离子液体凝胶(Polymer-Ionic Liquid Gels)，又称“离子胶”，是通过聚合物材料将离子液体凝胶化而得到的一类凝胶材料。离子胶结合了离子液体的稳定性、不挥发以及普通凝胶的环境响应性好等优点，不仅可用于新型太阳能电池、锂电池、超级电容器、人工肌肉和电致变色装置等领域，而且还可作为功能膜材料应用于催化反应、气体分离和微波吸收，作为生物传感器用于葡萄糖、多巴胺等生物分子的检测。此外，聚合物离子液体凝胶电解质具有不流动、不挥发、不易燃的性质，避免了传统液体电解质漏液、自燃或爆炸等安全隐患，具有更好的稳定性和安全性。作为一种新型凝胶电解质，离子液体凝胶在二次能源、电子器件等方面显示出重要的应用前景，引起了国内外研究者的广泛关注。

3.2　离子液体凝胶的制备方法

因为合成离子液体凝胶的初始原料可以是单体、聚合物，或者是单体和聚合物的混合体，所以其制备过程也各有特点，典型的合成方法有自由基聚合、浇铸法和离子液体自聚。

3.2.1　自由基聚合

自由基聚合法是将单体直接溶解于离子液体中，在光或热引发下聚合得到离子液体凝胶的方法。利用自由基聚合法制备离子液体凝胶，要求单体和聚合产物都应有良好的溶剂相容性，否则将发生单体或聚合物与离子液体相分离的现象，以致无法获得对应的离子液体凝胶。如丙烯腈、苯乙烯、丙烯酰胺等单体在离子液体1-丁基-3-甲基-咪唑六氟磷酸盐([Bmim][PF_6])中都有良好的溶解性，但聚合之后因发生相分离而不能形成离子液体凝胶。

3.2.2 浇铸法

浇铸法是把离子液体和聚合物溶于共溶剂，待混合均匀后浇铸到指定模具，蒸发去除共溶剂获得离子液体凝胶的方法。凝胶制备的关键是共溶剂的选择，以保证聚合物和离子液体都具有良好的相容性。这种方法因不涉及聚合反应，简单方便，是目前制备离子液体凝胶最常用的途径。

3.2.3 离子液体自聚

通过在离子液体的阴、阳离子部分引入不饱和双键，进行离子液体凝胶制备的方法为离子液体自聚。由于其本质也是自由基聚合，所以离子液体凝胶制备的关键是适宜不饱和双键的引入。同时，由于离子液体不再作为一种分散介质存在于凝胶中，而是交联聚合构成凝胶的网络结构，所以其活动自由度显著降低，表现为与其他制备方法相比凝胶电导率往往偏小。

(1)阳离子自聚，是指借助于离子液体中阳离子部分(通常是咪唑环) 的不饱和双键，经自由基聚合得到的聚离子液体。

(2)阴离子自聚，是指通过在离子液体的阴离子上引入不饱和双键，合成离子液体凝胶的方法。

3.3 离子液体凝胶的性能

3.3.1 电化学性能

离子液体凝胶具有良好的导电性和宽电化学窗口，在很宽的温度范围内稳定。尽管其导电行为与离子液体相似，但由于阳离子的扩散速度比阴离子快，所以离子液体的性质和凝胶制备方法将显著影响产物的电导率。通常，经离子液体自聚制备的聚离子液体凝胶的电导率普遍偏低，如经离子液体自聚制备的聚离子液体凝胶在 30 ℃时的电导率为 20×10^{-9} S/cm，远小于相同温度下单体本身的电导率(1.0×10^{-4} S/cm)。

3.3.2 热学性能

得益于离子液体优异的热稳定性，合成的离子液体凝胶产物也表现出良好的热稳定性能，例如，PMMA 与[Bmim][PF_6]形成的离子液体凝胶的热稳定温度是 250 ℃，与[Emim][TFSI]形成的离子液体凝胶的热稳定温度则为 257 ℃等。研究表明一些离子液体在离子液体凝胶中可起到增塑剂作用，因而引起聚合物产物玻璃化转变温度 T_g 下降，弹性增加等现象。

3.3.3 环境响应性

离子液体凝胶的环境响应性是指离子液体凝胶可以随环境条件改变而呈现不同的形态。Batra 等(2007)通过紫外光引发合成的含纳米金粒子离子液体凝胶，随溶剂种类变化，其结构和光学性能可发生可逆改变。其相应机理是凝胶在去溶胀状态下为片层结构，粒子与粒子间的强大相互作用使金纳米粒子聚集成群或链。经乙醇溶胀后，凝胶结构转变为无序结构，粒子相互分离无作用，所以出现了凝胶颜色从紫色到淡粉红色的渐变过程。

3.4 离子液体凝胶的研究进展

由于离子液体凝胶普遍存在的电导率较低、机械性能差等缺点，限制了此类材料的规模化应用与发展。同时，有关聚合物离子液体凝胶的形成机制尚不清楚。因此，探索新方法，研究聚合物离子液体凝胶形成的微观机制，通过对聚合物离子液体凝胶微结构的调控，实现对其凝胶性能的优化，对于高性能聚合物离子液体凝胶的设计和开发具有重要意义。

国内外研究者围绕聚合物离子液体凝胶的制备和导电性能改善方面，进行了大量的研究，取得了重要进展。聚合物离子液体凝胶的典型制备方法包括自由基聚合、浇铸法和离子液体自聚。Susan 等(2005)报道了将 MMA 单体在离子液体[Emim][TFSI]中进行自由基聚合，制备了 PMMA/[Emim][TFSI]凝胶电解质，其离子电导率达到了 10^{-2} S/cm，接近纯离子液体的电导率值。He 等(2007)将三元嵌段共聚物(ABA)在离子液体中进行自组装，制备了具有高电导率(5 mS/cm)的热可逆聚合物离子液体凝胶，发现通过控制共聚物的嵌段含量能够实现对凝胶空间结构和性能的调控。Ohno 等(2004)通过酸碱中和反应制备了一系列含烯烃基团的聚阴离子型离子液体，发现通过调节可聚基团与离子之间的距离可以提升和改善聚离子液体凝胶的电导率。这些文献分别从凝胶的制备方法、凝胶剂和离子液体的种类等方面对聚合物离子液体凝胶的形成和导电性能的改进进行了研究，为聚合物离子液体凝胶的设计和性能优化积累了丰富的经验。

同时，研究者还通过采用不同方法和技术手段对离子液体凝胶的形成机制进行了探索。Hanabusa 等(2005)利用傅里叶变换红外光谱研究了凝胶剂/离子液体的溶胶—凝胶转变，发现形成凝胶的驱动力主要来自于分子间氢键作用。Kodama 等(2011)通过调整聚醚的分子链结构和离子液体的阴、阳离子，研究了聚醚高分子材料在离子液体中的相分离行为，发现氢键作用对于混合物的低临界溶解温度(LCST)具有重要的影响。Wang 和 Wu (2011)采用红外光谱及二维红外光谱研究了 PNIPAM 在离子液体[Emim][NTF_2]中的凝胶微动态机制，认为聚合物离子液体凝胶的形成是基于离子环境变化的去溶剂化过程。Asai 等(2013)采用动态光散射技术比较了“四臂”PEG 在离子液体和水中凝胶网络结构的形成，发现“四臂”PEG 可以在离子液体中相互渗透，而在水溶液中则是彼此隔离的，但对于凝胶的形成过程和机制没有深入的探讨。以上研究结果表明：离子液体凝胶的形成机制与水和有机溶剂凝胶具有一定的共性；但是，由于离子液体中所含阴、阳离子的特殊性，其凝胶形成过程及机制又不同于水凝胶和有机溶剂凝胶。

尤为值得关注的是，最近研究者发现聚合物离子液体凝胶的凝胶性能，特别是离子导电性，不仅与组成凝胶的凝胶剂、离子种类及组分有关，而且还与凝胶网络中晶相组成、微相分布、形貌特征等微结构密切相关。

Miranda 等(2013)研究了嵌段共聚物(PPO-PEO-PPO)在离子液体中的自组装行为，发现嵌段高分子在离子液体中的微相分离能够构造出更好的离子导电通道，并且相分离越明显，微畴越宽，电导率越高。

Weber 等(2011)研究了聚离子液体凝胶(POIL)中纳米级结构形态对其导电性能的影响，发现凝胶网络的宏观连通性和缺陷形貌是影响离子传导的主要因素。

Kim 等(2010)采用浇铸法将嵌段聚合物(PSS-MB)分别在离子液体[Emim][BF_4]和[Mmim][MS]中进行了凝胶制备，发现随着嵌段 PSS 磺化程度的增加，凝胶网络中出现了不同形状的纳米微相，且伴随着纳米微相的增多，凝胶的电导率明显增大。

Ye 和 Wang 等(2015)将表面改性的碳纳米材料(零维、一维、二维)添加到聚合物离子液体凝胶中，对凝胶网络进行纳米微结构的构筑。发现凝胶中离子迁移通道受到碳纳米材料尺寸的调控，指出碳纳米材料的高纵横比以及与离子液体咪唑环之间较强的亲和作用，能促进离子的解离和传导。

上述研究进一步表明：聚合物离子液体凝胶的微相结构对其导电性能有重要的影响。因此，通过调控聚合物离子液体凝胶的微结构，有望实现对凝胶性能的改进与优化。

事实上，在物理凝胶体系中，凝胶剂分子通过氢键、π-π 共轭、范德华力等非共价键相互作用进行物理交联，而形成具有空间网络结构的凝胶，凝胶的形成过程和凝胶结构极易受到物理外场的影响。研究者在凝胶微结构的外场调控方面也进行了一些探索。Martin 等(2014)，采用紫外光诱导原位聚合方法制备了 PMMA/PEEMA 的离子液体凝胶膜，发现紫外光能够诱导更短分子链的形成，改变了聚合物分子链的柔性，提高了聚合物离子液体凝胶的离子电导率。Ueki 等(2012)研究了在离子液体([Bmim][PF_6])中由光诱导的双嵌段共聚物的可逆自组装过程，发现在可见光照射下嵌段共聚物自组装成 P(trans-AzoMA-r-NIPAm)(反式)，在紫外光照射下自组装成 P(cis-AzoMA-r-NIPAm)(旁式)，且反式的相转变温度高于旁式。

另外，董珍等(2004)采用 γ-射线辐照法对 1-烯丙基-3-乙烯基咪唑氯盐(A[VIm]Cl)/聚偏氟乙烯(PVDF)离子液体电解质膜进行改性研究，发现辐照能够提高离子膜的热稳定性，且在辐照剂量为 60 kGy 时，电解质膜具有适宜的电导率和较好的力学性能。Lu 等(2008)采用静电纺丝的方法制备出聚苯乙烯-离子液体复合纳米纤维(PS-IL)，发现复合薄膜的纳米、微米级分层结构和离子液体的共同作用可以提高复合纤维的疏水性和导电性。Kim 等(2012)研究了嵌段聚合物(PSS-PMB)在离子液体中的自组装行为，发现在不同的离子液体中聚合物呈现形貌因子(Morphology Factor, MF)不同的有序微相结构(片状、六角柱状、旋转十二面体)，随着温度的变化，这些微相结构还可以相互转变，且形貌因子越大，电导率越大。由此可见，热、光、电等外场能够影响聚合物离子液体凝胶的形成过程，通过外场作用对聚合物离子液体凝胶的微结构进行调控，有望实现对其性能的优化。

3.5 高压对离子液体凝胶的潜在影响

与光、热、电等物理外场一样，压强也是一种重要的外场因素，对物质的结构和性能均有较大影响。压强作为一种有效的外场条件，最直接的结果是缩短物质中原子或分子的间距，能够使物质发生结构的变化；此外，高压还能够改变材料的晶相组成、晶粒尺寸、形貌特征等微结构，有助于获得不同于常压的结构和性质。

Zou 等(1991)研究了表面活性剂溴化十六烷基三甲铵(CTAB)的胶束溶液在压力诱导下的相行为，发现压强为 640 MPa 时，CTAB 胶束溶液发生了凝胶化转变。Mutsuo 等(2008)采用高压研究了 PVA 水溶液的凝胶化行为，发现在超高压条件下(1.0 GPa，10 min)，PVA 水溶液能够转变为稳定的水凝胶，指出压强是一种调节分子间作用力和构造胶粒微结构的有效变量；研究还发现 PVA 水凝胶的微观形貌与浓度和压致凝胶化条件密切相关，且不同的微观形貌影响该凝胶的缓释性能。

Chang 等(2014)采用高压红外技术研究了聚环氧乙烷-聚环氧丙烷-聚环氧乙烷三嵌段共聚物(P123)与离子液体[Bmim][PF_6]之间的相互作用，发现压力能够增强[Bmim]$^+$与 P123 之间的氢键作用，促进离子液体团簇的离解而获得更大的离子浓度。聚合物离子液体凝胶与这些材料类似，因此，在不改变凝胶组分的基础上，采用高压方法对凝胶的微结构进行调控，使离子液体在凝胶的局部区域形成富集区，构建更短的离子迁移通道，有助于获得具有更高导电性的聚合物离子液体凝胶。

我们采用高压技术分别对 PEG/[Emim][$EtSO_4$] 和 PVDF-HFP/[Bmim][BF_4] 聚合物离子液体凝胶体系进行了制备和改性处理，得到了一些有意义的结果。

(1)采用荧光探针技术原位研究了 PEG/[Emim][$EtSO_4$]的高压凝胶化过程，获得了其在 300 MPa 范围内的高压相图，发现该凝胶的溶胶—凝胶转变温度随着压强的增加而升高；经高压处理的 PEG/[Emim][$EtSO_4$]样品，具有致密的凝胶结构和更高的电导率。

(2)在不同压强下对 PVDF-HFP/[Bmim][BF_4]样品进行了制备，发现制备压强在 0.2~500MPa 时，样品电导率逐渐增加，而超过 500MPa 时，样品电导率明显降低；凝胶中自由阳离子的含量随着压强的增加也呈现先升高、后降低的变化趋势。

这其中有两条重要的信息：一是高压对聚合物离子液体凝胶的形成有着重要影响；二是通过改变压强和温度条件，能够实现对凝胶结构和性能的有效调控。然而，由于采用高压技术对聚合物离子液体凝胶的研究才刚刚起步，高压下聚合物离子液体凝胶形成的微观机制，高压对凝胶结构和性能的影响规律及其内在联系等尚不十分清楚。

聚合物离子液体凝胶的微结构与其性能密切相关，采用不同物理外场(热、光、电等)能够实现对聚合物离子液体凝胶微结构的调控和性能的优化。作为一种重要的外场因素，高压能够有效地调节分子间的相互作用。在前期对聚合物离子液体凝胶进行制备和改性研究的基础上，我们采用高压方法原位研究聚合物离子液体凝胶的形成过程和微观机制；应用高温高压技术对聚合物离子液体凝胶的微结构进行调控，实现对凝胶性能的优化。高压下离子液体凝胶的研究，将进一步加深对聚合物离子液体凝胶形成机制的认识，为高性能聚合物离子液体凝胶的设计和开发提供新的方法和理论基础。

第 4 章　分析检测方法

4.1　热分析技术

热分析(Thermal Analysis，TA)是指用热力学参数或物理参数随温度变化的关系进行分析的方法。国际热分析协会于 1977 年将热分析定义为：热分析是测量在程序控制温度下，物质的物理性质与温度依赖关系的一类技术。根据测定的物理参数，热分析又分为多种方法。

最常用的热分析方法有差(示)热分析(DTA)、热重量法(TGA)、导数热重量法(DTG)、差示扫描量热法(DSC)、热机械分析(TM)和动态热机械分析(DM)。此外还有逸气检测(ED)、逸气分析(EGA)、扭辫热分析(TBA)、射气热分析、热微粒分析、热膨胀法、热发声法、热光学法、热电学法、热磁学法、温度滴定法、直接注入量热法等。测定尺寸或体积、声学、光学、电学和磁学特性的有热膨胀法、热发声法、热传声法、热光学法、热电学法和热磁学法等。

热分析技术能快速、准确地测定物质的晶型转变、熔融、升华、吸附、脱水、分解等变化，对无机、有机及高分子材料的物理及化学性能方面，是重要的测试手段。热分析技术在物理、化学、化工、冶金、地质、建材、燃料、轻纺、食品、生物等领域得到广泛应用。

4.1.1　热重分析(TGA)

热重分析法是在程序控制温度下，测量物质的重量与温度关系的一种技术，记录重量变化对温度的关系曲线称热重曲线(TG 曲线)。热重曲线是在氮气流或其他惰性气流下，由于挥发性杂质失去，导致重量减失，以温度为横坐标、重量为纵坐标绘制的图谱。为便于观察，也采用其微分曲线，称为微分热重分析(D/TG)。热重分析仪由装在升温烘箱中的微量天平组成。此天平应对温度不发生称量变化，保证在长期程序升温时测量稳定。

4.1.2　差热分析(DTA)

对供试品与热惰性参比物进行同时加热的条件下，当供试品发生某种物理的或化学的变化时，由于这些变化的热效应，使供试品与参比物之间产生温度差。在程序控制温度下，测定供试品与参比物之间温度差与温度(或时间)关系的技术称为差热分析。

4.1.3　差示扫描量热分析(DSC)

DSC 是在 DTA 基础上发展起来的一种热分析方法，是测量输给待测样品与参比物的热量差(dQ/dT)与温度(或时间)关系的技术，称为差示扫描量热分析。在 DTA 中，样品与参比物在温度变化时热量的变化与样品的温度作图，而在 DSC 中为保持样品与参比物相同温度所需输入能量的差异与样品的温度作图，其精密度与准确度均高于 DTA。在 DSC 仪器中，样品和参比物的支架是热互相隔离的，各自固定在自己的温度传感器及加热器上，样品和参比物放在支架内的金属小盘中，在程序升温过程中，当样品熔融或挥发时，样品与参比物需要保持温度一致所需的能量不同。在 DSC 图谱中，纵坐标为热量差，横坐标为温度，峰面积为样品的转换能，正峰与负峰分别为吸热峰与放热峰，峰面积与热焓成比例。

4.2　X 射线衍射技术

X 射线衍射分析法是研究物质的物相和晶体结构的主要方法。当某物质(晶体或非晶体)进行衍射分析时，该物质被 X 射线照射产生不同程度的衍射现象，物质组成、晶型、分子内成键的方式、分子的构型、构象等决定该物质产生特有的衍射图谱。X 射线衍射方法具有不损伤样品、无污染、快捷、测量精度高、能得到有关晶体完整性的大量信息等优点。因此，X 射线衍射分析法作为材料结构和成分分析的一种现代科学方法，已逐步在各学科研究和生产中广泛应用。

4.2.1　X 射线衍射基本原理

X 射线同无线电波、可见光、紫外线等一样，本质上都属于电磁波，只是彼此之间占据不同的波长范围而已。X 射线的波长较短，为 108~1010 cm。X 射线分析仪器上通常使用的 X 射线源是 X 射线管，这是一种装有阴阳极的真空封闭管，在管子两极间加上高电压，阴极就会发射出高速电子流撞击金属阳极靶，从而产生 X 射线。

当 X 射线照射到晶体物质上，由于晶体是由原子规则排列成的晶胞组成，这些规则排列的原子间距离与入射 X 射线波长有相同数量级，故由不同泵子散射的 X 射线相互干涉，在某些特殊方向上产生强 X 射线衍射，衍射线在空间分布的方位和强度，与晶体结构密切相关，不同的晶体物质具有独特的衍射花样，这就是 X 射线衍射的基本原理。

4.2.2 X射线衍射技术的应用

由X射线衍射原理可知，物质的X射线衍射花样与物质内部的晶体结构有关。每种结晶物质都有其特定的结构参数(包括晶体结构类型，晶胞大小，晶胞中原子、离子或分子的位置和数目等)。因此，没有两种不同的结晶物质会给出完全相同的衍射花样。通过分析待测试样的X射线衍射花样，不仅可以知道物质的化学成分，还能知道它们的存在状态，即能知道某元素是以单质存在或者以化合物、混合物及同素异构体存在。同时，根据X射线衍射试验还可以进行结晶物质的定量分析、晶粒大小的测量和晶粒的取向分析。目前，X射线衍射技术已经广泛应用于各个领域的材料分析与研究工作中。

1. 物相鉴定

物相鉴定是指确定材料由哪些相组成和确定各组成相的含量，主要包括定性相分析和定量相分析。每种晶体由于独特的结构都具有与之相对应的X射线特征谱，这是射线衍射物相分析的依据。将待测样品的衍射图谱和各种已知单相标准物质的衍射图谱对比，从而确定物质的相组成。确定相组成后，根据各相衍射峰的强度正比于该组分含量(需要做吸收校正者除外)，就可对各种组分进行定量分析。

2. 点阵参数的测定

点阵参数是物质的基本结构参数，任何一种晶体物质在一定状态下都有一定的点阵参数。测定点阵参数在研究固态相变、确定固溶体类型、测定固溶体溶解度曲线、测定热膨胀系数等方面都得到了应用。点阵参数的测定是通过X射线衍射峰位置的测定而获得的，通过测定衍射花样中每一条衍射线的位置均可得出一个点阵常数值。

3. 微观应力的测定

微观应力是指由于形变、相变、多相物质的膨胀等因素引起的存在于材料内各晶粒之间或晶粒之中的微区应力。当一束X射线入射到具有微观应力的样品上时，由于微观区域应力取向不同，各晶粒的晶面间距产生了不同的应变，即在某些晶粒中晶面间距扩张，而在另一些晶粒中晶面间距压缩，结果使其衍射线并不像宏观内应力所影响的那样，单一地向某一方向位移，而是在各方向上平均地位移，总的效应是导致衍射线漫散宽化。材料的微观残余应力是引起衍射峰宽化的主要原因，因此衍射峰的半峰宽(The Full Width at Half Maximum，FWHM)，即衍射线最大强度一半处的宽度是描述微观残余应力的基本参数。

4. 宏观应力的测定

在材料部件宏观尺度范围内存在的内应力分布在它的各个部分，相互间保持平衡，这种内应力称为宏观应力。宏观应力的存在使部件内部的晶面间距发生改变，所以可以借助X射线衍射方法来测定材料部件中的应力。按照布拉格定律可知，在一定波长辐射发生衍射的条件下，晶面间距的变化导致衍射角的变化，测定衍射角的变化即可算出宏观应变，因而可进一步计算得到应力大小。总之，X射线衍射测定应力的原理是以测量衍射线位移作为原始数据，所测得的结果实际上是应变，而应力则是通过虎克定律由应变计算得到。

5. 纳米材料粒径的表征

纳米材料的颗粒度与其性能密切相关。纳米材料由于颗粒细小，极易形成团粒，采用通常的粒度分析仪往往会给出错误的数据。采用X射线衍射线线宽法(谢乐法)可以测定纳米粒子的平均粒径。

6. 结晶度的测定

结晶度是影响材料性能的重要参数。在一些情况下，物质结晶相和非晶相的衍射图谱往往会重叠。结晶度的测定主要是根据结晶相的衍射图谱面积与非晶相图谱面积的比，在测定时必须将晶体相、非晶相及背景不相干散射分离开。

7. 晶体取向及织构的测定

晶体取向的测定又称为单晶定向，就是找出晶体样品中晶体学取向与样品外坐标系的位向关系。虽然可以用光学方法等物理方法确定单晶取向，但X衍射法不仅可以精确地单晶定向，同时还能得到晶体内部微观结构的信息。

一般用劳埃法单晶定向，其根据是底片上劳埃斑点转换的极射赤面投影与样品外坐标轴的极射赤面投影之间的位置关系。透射劳埃法只适用于厚度小且吸收系数小的样品，背射劳埃法就无需特别制备样品，样品厚度大小等也不受限制，因而多用此方法。

4.3　扫描电子显微镜

4.3.1　工作原理

扫描电子显微镜的制造依据是电子与物质的相互作用。从原理上讲，扫描电镜就是利用聚焦得非常细的高能电子束在试样上扫描，激发出各种物理信息。通过对这些信息的接收、放大和显示成像，获得测试试样表面形貌的观察结果。电子束和固体样品表面作用时的物理现象：当一束极细的高能入射电子轰击扫描样品表面时，被激发的区域将产生二次电子、俄歇电子、特征X射线和连续谱X射线、背散射电子、透射电子，以及在可见光、紫外光、红外光区域产生的电磁辐射。同时可产生电子空穴对、晶格振动(声子)、电子振荡(等离子体)。

由电子枪发射的电子，以其交叉斑作为电子源，经二级聚光镜及物镜的缩小，形成能谱仪，可以获得具有一定能量、一定束流强度和束斑直径的微细电子束。在扫描线圈驱动下，在试样表面做栅网式扫描。聚焦电子束与试样相互作用，产生二次电子发射(以及其他物理信号)，二次电子信号被探测器收集转换成电讯号，经视频放大后输入显像管栅极，调制与入射电子束同步扫描的显像管亮度，则可以得到反映试样表面形貌的二次电子像。

4.3.2 应用

1. 材料的组织形貌观察

材料剖面的特征、零件内部的结构及损伤的形貌，都可以借助扫描电镜来判断和分析。反射式的光学显微镜直接观察大块试样很方便，但其分辨率、放大倍数和景深都比较低。而扫描电子显微镜的样品制备简单，可以实现试样从低倍到高倍的定位分析，在样品室中的试样不仅可以沿三维空间移动，还能够根据观察需要进行空间转动，以利于使用者对感兴趣的部位进行连续、系统的观察分析；扫描电子显微图像因真实、清晰，并富有立体感，在金属断口和显微组织三维形貌的观察研究方面获得了广泛的应用。

2. 镀层表面形貌分析和深度检测

金属材料零件在使用过程中不可避免地会遭受环境的侵蚀，容易发生腐蚀现象。为保护母材、成品件，常常需要进行诸如磷化、达克罗等表面防腐处理。有时为利于机械加工，在工序之间也进行镀膜处理。由于镀膜的表面形貌和深度对使用性能具有重要影响，所以常常被作为研究的技术指标。镀膜的深度很薄，由于光学显微镜放大倍数的局限性，使用金相方法检测镀膜的深度和镀层与母材的结合情况比较困难，而扫描电镜却可以很容易完成。使用扫描电镜观察分析镀层表面形貌是方便、易行的最有效的方法，样品无需制备，只需直接放入样品室内即可放大观察。

3. 微区化学成分分析

在样品的处理过程中，有时需要提供包括形貌、成分、晶体结构或位向在内的丰富资料，以便能够更全面、客观地进行判断分析。为此，相继出现了扫描电子显微镜-电子探针多种分析功能的组合型仪器。扫描电子显微镜如配有 X 射线能谱(EDS)和 X 射线波谱成分分析等电子探针附件，可分析样品微区的化学成分等信息。由于材料内部的夹杂物等的体积细小，因此无法采用常规的化学方法进行定位鉴定，扫描电镜可以提供重要的线索和数据。

工程材料失效分析常用的电子探针的基本工作方式为：①对样品表面选定微区做定点的全谱扫描定性；② 电子束沿样品表面选定的直线轨迹做所含元素浓度的线扫描分析；③ 电子束在样品表面做面扫描，以特定元素的 X 射线讯号调制阴极射线管荧光屏亮度，给出该元素浓度分布的扫描图像。

一般而言，常用射线能谱仪能检测到的成分含量下限为 0.1%(质量分数)。可以应用在判定合金中析出相或固溶体的组成，测定金属及合金中各种元素的偏析，研究电镀等工艺过程形成的异种金属的结合状态，研究摩擦和磨损过程中的金属转移现象，以及失效件表面的析出物或腐蚀产物的鉴别等方面。

4.4 偏光电子显微镜

4.4.1 偏光显微镜的原理

偏光显微镜(Polarizing Microscope，POM)，是载物台下装有起偏器，而在物镜与目镜之间装有检偏器，从而检测出物质的各向同性和各向异性的一种双折射性质的显微镜。凡具有双折射的物质，在偏光显微镜下就能分辨得清楚。偏光显微镜是以自然光和其他外来光作为光源，利用光的偏振特性对具有双折射性物质进行研究鉴定，可做单偏光观察、正交偏光观察、锥光观察。

根据光通过矿物晶体所发生的折射、反射、干涉等现象或光在矿物磨光面上反射时所产生的现象以及化学试剂的侵蚀反应等进行矿物晶体的鉴别和研究。用于鉴定样品的组成、物相，观察显微镜组织结构，测定样品的晶粒大小、折射率、显微硬度，研究样品在加热过程中的物相和形态变化。

4.4.2 偏光显微镜的应用

1. 单偏光镜下的晶体光学性质

利用单偏光镜鉴定晶体光学性质时，仅使用偏光显微镜中的下偏光镜，而不使用锥光镜、上偏光镜和勃氏镜等光学部件，利用下偏光镜观察、测定晶体光学性质。单偏光下观察的内容有：晶体形态、晶体颗粒大小、百分含量、解理、突起，糙面、贝克线以及颜色和多色性等。

(1)晶体的形态。每一种晶体往往具有一定的结晶习性，构成一定的形态。晶体的形状、大小、完整程度常与形成条件、析晶顺序等有密切关系。所以研究晶体的形态，不仅可以帮助我们鉴定晶体，还可以用来推测其形成条件。

(2)晶体的解理及解理角。晶体沿着一定方向裂开成光滑平面的性质称为解理。裂开的面则称为解理面，解理面一般平行于晶面。许多晶体都具有解理，但解理的方向、组数(沿几个方向有解理)及完善程度不一样，所以解理是鉴定晶体的一个重要依据。解理具有方向性，它与晶面或晶轴有一定关系。

(3)颜色和多色性。光片中晶体的颜色，是晶体对白光中七色光波选择吸收的结果。如果白光中七色光波被晶体同等程度地吸收，透过晶体后仍为白光，但是强度有所减弱，此时晶体不具颜色，为无色晶体。如果晶体对白光中各色光的吸收程度不同，则透出晶体的各种色光强度比例将发生改变，晶体呈现特定的颜色。光片中晶体颜色的深浅，称为颜色的浓度。颜色浓度除与该晶体的吸收能力有关外，还与光片的厚度有关，光片越厚，吸收越多，则颜色越深。

2. 正交偏光下的晶体光学性质

根据聚合物晶态结构模型可知：球晶的基本结构单元是具有折叠链结构的片状晶(晶片厚度在100Å左右)。许多这样的晶片从一个中心(晶核)向四面八方生长，发展成为一个球状聚集体。电子衍射实验证明了在球晶中分子链(c轴)总是垂直于球晶的半径方向，而b轴总是沿着球晶半径的方向。

在正交偏光显微镜下，球晶呈现特有的黑十字消光图案，这是球晶的双折射现象。分子链的取向排列使球晶在光学性质上具有各向异性，即在不同的方向上有不同的折光率。当在正交偏光显微镜下观察时，分子链取向与起偏器或检偏器的偏振面相平行时，就会产生消光现象。有时，晶片会周期性地扭转，从一个中心向四周生长(如聚乙烯的球晶)，结果在偏光显微镜中就会观察到一系列消光同心圆环。

4.5 拉曼散射光谱

由于近几年来测试技术的集中发展，且在各领域有了更广泛的应用，为拉曼光谱技术的发展提供了条件。特别是CCD检测系统在近红外区域的高灵敏性，体积小而功率大的二极管激光器，与激发光及信号过滤整合的光纤探头，这些产品与高口径短焦距的分光光度计，促进拉曼光谱仪发展成为具有低荧光本底而高质量的拉曼光谱以及体积小、容易使用的特色。

当用波长比试样粒径小得多的单色光照射气体、液体或透明试样时，大部分的光会按原来的方向透射，而一小部分则按不同的角度散射开来，产生散射光。光照射到物质上发生弹性散射和非弹性散射，弹性散射的散射光是与激发光波长相同的成分，非弹性散射的散射光有比激发光波长长的和短的成分，统称为拉曼效应。由于拉曼谱线的数目，位移的大小，谱线的长度直接与试样分子振动或转动能级有关。目前拉曼光谱分析技术已广泛应用于物质的鉴定、分子结构的研究。

拉曼光谱技术的优越性是提供快速、简单、可重复的，且更重要的是无损伤的定性定量分析，它无需样品准备，样品可直接通过光纤探头或者通过玻璃、石英和光纤测量。拉曼光谱分析技术是以拉曼效应为基础建立起来的分子结构表征技术，其信号来源于分子的振动和转动。拉曼光谱的分析方向有3种。

定性分析：不同的物质具有不同的特征光谱，因此可以通过光谱进行定性分析。

结构分析：对光谱谱带的分析，又是进行物质结构分析的基础。

定量分析：根据物质对光谱的吸光度的特点，可以对物质的量做很好的定量分析。

4.6　红外光谱

分子的振动能量比转动能量大，当发生振动能级跃迁时，不可避免地伴随转动能级的跃迁，所以无法测量纯粹的振动光谱，而只能得到分子的振动-转动光谱，这种光谱称为红外吸收光谱。红外吸收光谱也是一种分子吸收光谱。当样品受到频率连续变化的红外光照射时，分子吸收了某些频率的辐射，并由其振动或转动运动引起偶极矩的变化，产生分子振动和转动能级从基态到激发态的跃迁，使相应于这些吸收区域的透射光强度减弱。记录红外光的百分透射比与波数或波长关系曲线，就得到红外光谱。红外光谱广泛用于有机化合物的定性鉴定和结构分析。

4.6.1　定性分析

1. 已知物的鉴定

将试样的谱图与标准的谱图进行对照，或者与文献上的图进行对照，如果两张图各吸收峰的位置和形状完全相同，峰的相对强度一样，就可以认为样品是该种标准物。如果两张谱图不一样，或峰位不一致，则说明两者不是同一化合物，或样品有杂质，如用计算机谱图检索，则采用相似度来判别。使用文献上的谱图应注意试样的物态、结晶状态、溶剂、测定条件以及所用仪器类型均应与标准谱图相同。

2. 未知物结构的测定

测定未知物的结构，是红外光谱法定性分析的一个重要用途。如果未知物不是新化合物，可以通过两种方式利用标准谱图进行查对：①查阅标准谱图的谱带索引，与寻找试样光谱吸收带相同的标准谱图；②进行光谱解析，判断试样的可能结构，然后再由化学分类索引查找标准谱图对照核实。

3. 确定未知物的不饱和度

由元素分析的结果可求出化合物的经验式，由相对分子质量可求出其化学式，并求出不饱和度。从不饱和度可推出化合物可能的范围。

4.6.2　定量分析

红外光谱定量分析是通过对特征吸收谱带强度的测量来求出组分含量。其理论依据是朗伯比耳定律。

由于红外光谱的谱带较多，选择的范围大，所以能方便地对单一组分和多组分进行定量分析。此外，该方法不受样品状态的限制，能定量测定气体、液体和固体样品。因此，红外光谱定量分析应用广泛。但红外光谱法定量分析的灵敏度较低，尚不适用于微量组分的测量。

4.6.3 差示光谱

在光谱分析中，经常需要知道两种光谱之差。例如，在溶液光谱中去掉溶剂的光谱，便可得到纯溶质的光谱；在二元混合物中，去掉一个组分的光谱，便可得到另外一个组分的光谱，该光谱成为差示光谱。

4.7 电化学分析

电化学分析是利用物质的电化学性质来测定物质组成的分析方法。电化学性质表现于化学电池中，它包括电解质溶液和放置于此溶液中的两个电极，有时还包括与之相联系的电源装置。化学电池本身能输出电能的，称为原电池；在外电源作用下，把电能转换为化学能的称为电解池。电解池和原电池中发生的一切电现象，如溶液的导电、电极与溶液界面间的电位、电流、电量以及电流-时间曲线、电流-电位曲线等都与溶液中存在的电解质的含量有关。

研究这些电现象与溶液中电解质浓度之间的关系是电化学分析的主要内容之一。电化学分析就是利用这些关系把被测物质的浓度转化为某种电信号而加以测量的。在不同信息的转换中，力图准确、灵敏并应具有一定的特效性，才能应用于分析。

(1)线性扫描伏安法：是指在汞电极上添加一个线性变化的电压，即电极电位是随外加电压线性变化记录工作电极上的电解电流的伏安分析方法，它具有灵敏度高、分辨率高、抗还原能力强等优点，因此被广泛地应用于包括有机、无机高分子和生物医药物质的分析测定之中。线性扫描伏安法在电极过程中电子与质子转移数的确定，配合物配位比的计算以及极谱催化波的表征等几个方面有重要的应用。

(2)交流阻抗谱：在测量阻抗的过程中，如果不断地改变交流激励信号的频率，则可测得随频率而变化的一系列阻抗数据。这种随频率而变的阻抗数据的集合被称为阻抗频率谱或阻抗谱。阻抗谱是频率的复函数，可用伏安特性和相频特性的组合来表示，也可在复平面上以频率为参变量将阻抗的实部和虚部展示出来。测量频率范围越宽，所能获得的阻抗谱越完整。

(3)循环伏安法(Cyclic Votammetry，CV)：往往是首选的电化学分析测试技术，非常重要，已被广泛地应用于化学、生命科学、能源科学、材料科学和环境科学等领域中相关体系的测试表征。现代电化学仪器均使用计算机控制仪器和处理数据。CV 测试比较简便，所获信息量大。

分析 CV 实验所得到的电流-电位曲线(伏安曲线)可以获得溶液中或固定在电极表面的组分的氧化和还原信息，电极溶液界面上电子转移(电极反应)的热力学和动力学信息，和电极反应所伴随的溶液中或电极表面组分的化学反应的热力学和动力学信息。与只进行电位单向扫描(电位正扫或负扫)的线性扫描伏安法相比，循环伏安法是一种控制电位的电位反向扫描技术，所以，只需要做个循环伏安实验，就可既对溶液中或电极表面组分电极的氧化反应进行测试和研究，又可测试和研究其还原反应。

第5章　聚左旋乳酸的高压结晶

5.1　聚左旋乳酸结晶行为概述

随着石油能源的不断枯竭和环境污染的不断加剧，社会如何可持续发展成为当今世界面临的一个重要问题。在提倡节能减排和发展低碳经济的背景下，研究者把更多的目光投向了可降解的、对环境友好的高分子材料。近年来一种新型可生物降解的热塑性高分子材料——聚乳酸引起了人们的强烈关注。

聚乳酸(PLA)作为一种可生物降解的聚合物，具有可由生物发酵的乳酸分子直接聚合得到，属于可再生资源，而且在自然界中能够降解为对人体无害的乳酸，无毒，不会造成对环境的污染等优点，受到了来自基础和实用方面的学者的广泛关注。聚乳酸可用于生物医学领域，如人体植入性材料(如骨钉等)，手术缝合线。因其和药物有很好的生物相容性的优点，可用于药物缓释系统。此外，由于其生物降解性和良好的机械性能，使其成为很有前景的制造一次性产品的材料，如婴儿尿布、纸杯、塑料袋和电影幕布等。

根据结晶条件的不同，聚左旋乳酸[PLLA，Poly-(L-Lactide)]晶体具有三种结晶类型：α晶型，β晶型，γ晶型。此外，研究人员还发现了PLLA的α′晶(准晶α)的形式。常压下，α′晶体多形成于100℃以下，而α晶则形成于超过120℃。α′晶被认为是一种构象无序的α晶体，其晶格间距较α晶略有增加，且在加热后可变成稳定的α晶。目前，由温度诱导PLLA的结晶行为的研究较多，但是关于PLLA在高压下的结晶行为的研究却相对较少。

Ahmed等(2009)研究发现：处理压强增大到约650MPa后，PLLA的结晶度显著降低。Asai等(2013)研究了PLLA在超临界二氧化碳中的晶型转变，发现一定压强下随着温度升高，非晶PLLA直接转变为α晶而不经过α′晶。Huang等(2010)采用时间分辨同步加速器SAXS观测到在100MPa以上α′晶体转变到α晶。这些研究结果表明：PLLA在高压下的结晶行为有别于常压时的结晶行为。

由于目前关于PLLA在高压下的结晶行为和机制还不太清楚，研究聚左旋乳酸在高压强下的晶体结构和微观形貌具有潜在的应用价值和重要意义。

5.2 高压下非晶 PLLA 的退火结晶

对于聚左旋乳酸的处理，大致分为两个部分，即非晶 PLLA 的制备和非晶 PLLA 在高压下退火结晶过程。在本书中，PLLA 样品购于西格玛-奥德里奇(上海)贸易有限公司(Sigma-Aldrich Co. LLC)。凝胶渗透色谱(Gel Permeation Chromatography，GPC)测得原始样品的重均分子质量为(M_w)为 67000 g/mol，分子质量分散实验指数(M_w/M_n)为 1.4。

5.2.1 非晶 PLLA 的淬火制备

由于 PLLA 初始样品为半结晶的高分子材料，不利于研究晶型和晶体结构的转变。因此，为了便于研究 PLLA 在高压下的结晶行为，将 PLLA 高压结晶的初始状态设置为非晶态，有利于研究其晶体转变过程和类型。首先将 PLLA 样品加热至 200 ℃，并在此温度下保持 1min，使其完全熔化为无色透明的液体；接着快速地将熔融的 PLLA 扔入冰水中淬冷，得到透明的非晶 PLLA 样品。非晶 PLLA 在室温下真空干燥 1 日，以完全去除水分。

5.2.2 非晶 PLLA 的高压退火

PLLA 的高压退火结晶实验在一台两面顶压机上完成。非晶 PLLA 置于外径为 20 mm、内径 18 mm、厚度为 1 mm 的铝盒内。将铝盒(含样品)置于直腔体直径为 20 mm 的活塞圆筒内。通过两面顶压机的上下挤压，使样品获得高压，并采用电阻丝加热套对整个装置进行加热。压强和温度通过压力传感器和热电偶直接读出。

首先将样品加压至预置压强点，接着对装置加热至预置温度；保持温度和压强不变，使 PLLA 退火等压结晶 6 h。然后断电，自然降温至室温(25 ℃左右)，缓慢卸压至常压，取出样品。为了便于对比，在常压下非晶 PLLA 也进行了预定温度和时间下的退火结晶实验。实验条件和样品标号如表 5-1 所示。

表 5-1 **PLLA 样品的退火实验条件和热力学参数**

样品	退火温度 T_a(℃)	退火压强 P_a(MPa)	熔点 T_m(℃)		晶化焓 ΔH_c(J/g)	熔化焓 ΔH_m(J/g)	结晶度 X_c(%)
			$T_{m\text{-low}}$	$T_{m\text{-high}}$			
PLLA-非晶	—	—	168.8	175.3	41.9	66.6	16
PLLA-0.1-130	130	0.1	163.2	175.3	—	63.8	45
PLLA-100-75	75	100	169.6	176.2	38.17	64.7	18
PLLA-100-85	85	100	171.6	174.5	7.014	66.2	41
PLLA-100-95	95	100	171.5	175.5	—	65.9	46

续表

样品	退火温度 T_a(℃)	退火压强 P_a(MPa)	熔点 T_m(℃)		晶化焓 ΔH_c(J/g)	熔化焓 ΔH_m(J/g)	结晶度 X_c(%)
			$T_{m\text{-low}}$	$T_{m\text{-high}}$			
PLLA-100-105	105	100	173.4	175.7	—	67.6	47
PLLA-100-115	115	100	171.9	176.7	—	71.4	50
PLLA-100-130	130	100	162.6	169.6	—	82.1	58
PLLA-100-145	145	100	162.0	164.4	—	73.4	52
PLLA-200-105	105	200	167.8	177.5	42.70	68.8	18
PLLA-200-110	110	200	169.1	174.4	36.91	64.6	19
PLLA-200-115	115	200	171.1	174.9	—	65.4	46
PLLA-200-130	130	200	163.2	167.3	—	78.9	56
PLLA-200-145	145	200	162.3	166.9	—	76.0	53

5.2.3 分析测试方法

实验中，采用差示扫描量热仪(DSC TA Q-100)测量实验样品的热力学行为，扫描速率采用 10 ℃/min，扫描范围 25~190 ℃，测试全程采用氮气作保护。另外，样品的结晶度采用下列公式算出：

$$x_{c\text{-DSC}} = \frac{\Delta H_m - \Delta H_c}{\Delta H_m^0} \times 100 \tag{5-1}$$

式中，ΔH_m^0 为 PLLA 完全结晶时的熔化焓，根据 Hoffman 等(1962)的研究，该值为 142 J/g；ΔH_m 为 PLLA 的熔化焓；ΔH_c 为 PLLA 的结晶焓。这些值均可通过 DSC 曲线获得。

样品的结晶结构通过广角 X 射线衍射(WAXD，Bruker Nanostar)来确定，采用铜靶 K_α 射线，波长为 λ=0.1542 nm。管电压为 30 kV，管电流为 20 mA，扫描范围 10°~35°，扫描速率 3 °/min。

采用扫描电镜(Hitachi S3400+EDX SEM)对样品的表面形貌进行测量，扫描电压为 10 kV。对样品截面进行喷金处理，以提高截面的导电性。

5.3 高压对 PLLA 结晶行为的影响

5.3.1 PLLA 的热力学参数

图 5-1 是在 0.1 MPa、100 MPa 和 200 MPa 下，不同结晶温度的 PLLA 样品的 DSC 曲

线。由 DSC 得出的样品的熔点、结晶度和熔化焓等参数见表 5-1。为了便于比较，将初始非晶样品和常压退火结晶样品的 DSC 曲线也置于图 5-1 的下部。从图 5-1 中可以看出，随着扫描温度的上升，初始样品呈现出非晶的玻璃化转变平台，有明显的结晶和融化过程。经计算得出样品的结晶度约为 16%。常压 130 ℃退火结晶 6 h 的 PLLA，随扫描温度的上升过程中，并未发现明显的玻璃化转变和晶化放热峰，在温度为 175℃时出现了明显的熔融吸热峰，通过对熔化焓的计算，可得 PLLA 的结晶度为 45%，表明非晶 PLLA 在常压 130 ℃下经历了有效的结晶过程。

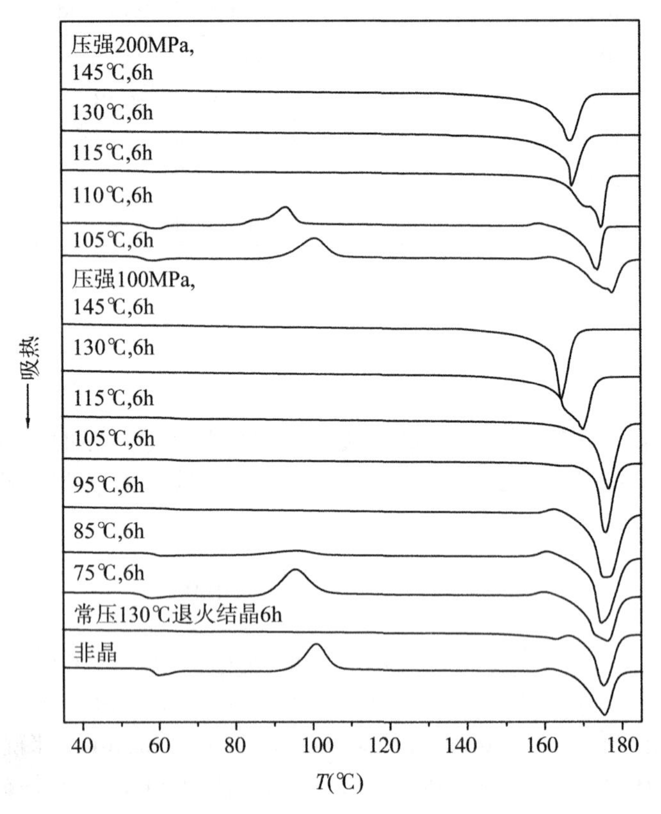

图 5-1　不同温度和压强下退火 PLLA 样品的 DSC 曲线

图 5-1 中，100 MPa 压强下，随着退火结晶温度的不同，PLLA 的结晶行为明显不同。首先在结晶温度 75 ℃，PLLA 的 DSC 曲线与初始非晶样品基本一致，在 95 ℃和 175 ℃存在明显的放热峰和吸热峰，计算结晶度为 18%，与初始样品相差不大。因此，认为 100 MPa，75 ℃退火时，非晶 PLLA 未发生结晶现象。

对于在 85 ℃的退火结晶样品，DSC 曲线显示存在玻璃化转变和晶化过程，但是结晶焓明显降低，计算得到其结晶度为 41%，表明在该退火条件下 PLLA 部分结晶。

随着结晶退火温度的进一步升高，在 95~145 ℃范围内，所有的样品均与常压 130 ℃退火结晶样品的曲线相同，未看到明显的玻璃化转变和结晶峰，表明非晶 PLLA 在温度超过 95 ℃时经历了较好的结晶转变。

此外，对于退火温度为 85～95 ℃的样品，在其熔化前 156 ℃处均存在一个小的明显的放热峰。有研究认为该放热峰为准晶 α′向 α 转变的标志，这也与后面的 WAXD 的结果相一致。

图 5-1 中，对于在 200 MPa、105～110 ℃退火的样品，其 DSC 曲线均呈现出明显的放热和吸热行为，与初始样品的曲线基本相同，表明在该温度范围内退火的样品没有发生结晶行为。但是，105～110 ℃退火样品的晶化温度(T_c)分别为 98 ℃和 93 ℃，都明显低于初始样品的 101 ℃。随着退火温度的增加，PLLA 的结晶温度减小。减小的原因还不太清楚，但可以断定是温度和压强共同影响的结果。对于退火温度为 115～145 ℃的样品，其 DSC 曲线均显示在 175 ℃附近，有一个明显的吸热峰，表明在该退火温度和压强下 PLLA 完全结晶。

对比 100 MPa 和 200 MPa 退火压强下 PLLA 的熔化过程，发现 200 MPa 压强下退火的样品在熔化前均未出现明显的放热峰。这些表明：在 200 MPa 压强，不同退火温度下 PLLA 均未形成准晶——α′晶。

根据 PLLA 在不同退火条件下的热力学参数，图 5-2 展示了 PLLA 的结晶度($X_{c\text{-DSC}}$)和熔点(T_m)与退火温度的关系曲线。PLLA 样品均显示双熔点行为，采用高的 T_m 进行比较。随着退火温度的升高，100 MPa 和 200 MPa 下退火样品的结晶度均升高。其中，在130 ℃附近存在最大结晶度，表明 100 MPa 和 200 MPa 退火时，130 ℃为 PLLA 的最佳结晶温度。

此外，对于 100 MPa、75～85 ℃范围和 200 MPa、110～115 ℃范围结晶的 PLLA，结晶度都非常低，几乎与原始样品相同。这表明：该退火压强下 PLLA 的结晶温度分别为 85 ℃和 115 ℃。很显然，压强提高了 PLLA 的结晶温度，这可能是由于压强提供了大的过冷度($\Delta T = T_m - T_c$)。

图 5-2 (b)为 PLLA 的熔点与退火温度的变化曲线。100 MPa 退火时，在 75～115 ℃范围内 PLLA 熔点基本不变。但是，退火温度超过 115 ℃，熔点温度明显降低。根据 Thomson-Gibbs 方程，熔点与结晶厚度相关，熔点越高，结晶厚度越大。基于此，我们推测当退火温度超过 115 ℃时，PLLA 的层间厚度变得更薄。同样地，在 200 MPa 压力下，退火温度为 105～145 ℃时也具有这样的趋势。

通过 DSC 的分析，我们发现在相同压强下，低温和高温退火时 PLLA 的结晶机制不同。高压退火时，PLLA 的结晶度较常压退火高，而样品的熔点却较常压退火有所减小。这些结果应该归因于高压受限空间下的分子链运动。Kovarski(1994)曾提出高分子的自由体积随着温度的增加而增加，随着压强的增加而减小。因此，温度能够促进分子链的运动和迁移，提高 PLLA 的结晶度。除此之外，压强可能限制了分子链的流动，限制层间厚度的分子链折叠。

5.3.2 PLLA 的 WAXD 图谱

图 5-3 为 PLLA 样品在不同退火温度和压强下的 WAXD 图谱。从图中我们可以看出，退火压强为 100 MPa 时，退火温度为 75 ℃的 PLLA 呈现出一个非晶的鼓包，没有发现锐

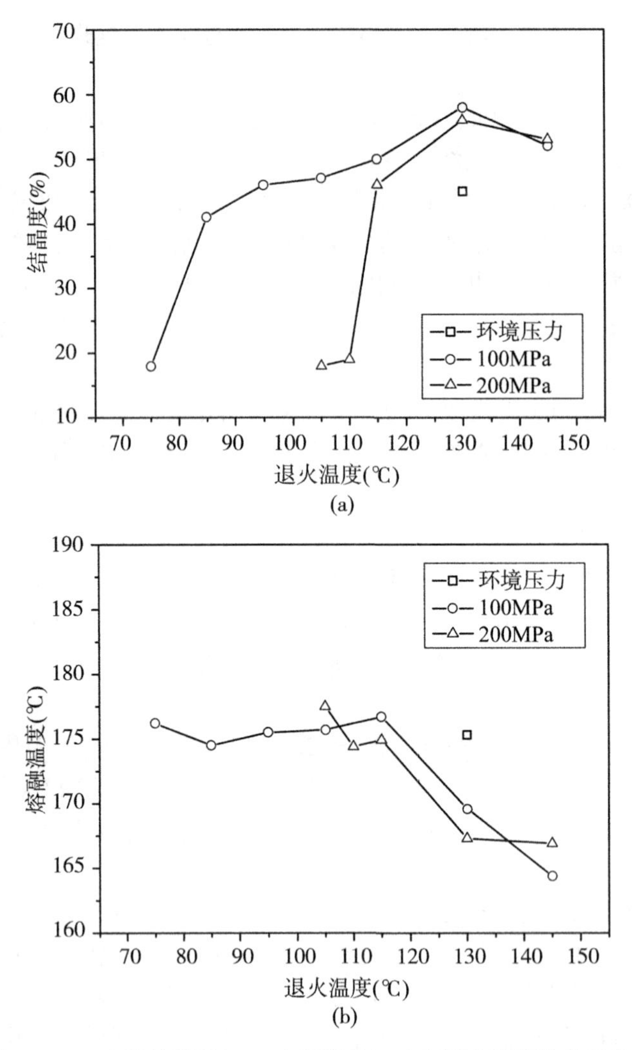

图 5-2　PLLA 的结晶度($X_{c\text{-DSC}}$)和熔点(T_m)与退火温度的关系曲线

利的衍射峰，说明在该退火温度和压强下 PLLA 没有发生结晶。随着退火温度由 85 ℃增加至 95 ℃，图谱中 $2\theta=16.5°$ 和 $18.9°$ 处能够看到明显的衍射峰。而退火温度在 115～145 ℃范围内，PLLA 在 $2\theta=16.7°$ 和 $19.1°$ 处出现了明显的衍射峰。Zhang 和 Duan 等(2005)对两种衍射峰进行了区分，认为 16.5°和 18.9°的衍射峰属于 α′ 晶 PLLA，而 16.7°和 19.1°的衍射峰应该归属于 α 晶 PLLA。

另外，图 5-3 的 WAXD 图谱还显示，100MPa 下，一个弱的衍射峰 $2\theta=24.5°$ 存在于退火温度为 85～95 ℃的 PLLA，而对于退火温度 115～145 ℃的 PLLA 在 22.4°有弱的衍射峰，它们分别归属于 PLLA 的 α′ 晶和 α 晶。对于退火温度为 105 ℃的 PLLA，WAXD 图谱显示 $2\theta=16.6°$，19.0°，22.4°和 24.5°四个明显的衍射峰，且主衍射峰介于 16.5°～16.7°、18.9°～19.1°之间。这些都说明：在该退火条件下 PLLA 为 α′ 晶和 α 晶的混合晶体。

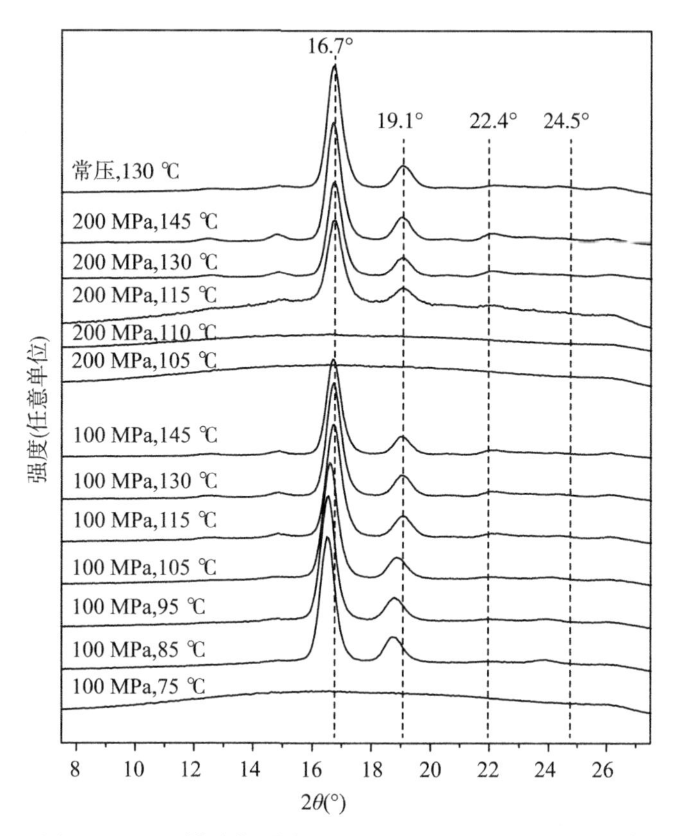

图 5-3 PLLA 样品在不同退火温度和压强下的 WAXD 图谱

PLLA 在 200 MPa 下退火时，退火温度在 105 ~110 ℃条件，WAXD 图谱显示为一个大的漫反射的鼓包，未发现明显的衍射峰，表明在该条件下 PLLA 没有发生结晶现象。退火温度在 115~145 ℃范围内，PLLA 的 WAXD 显示在 2θ=16.7°和 19.1°处有明显衍射峰，且在 2θ=22.4°还存在微弱的衍射峰，这说明在该退火温度下 PLLA 结晶为 α 晶。WAXD 结果都表明，PLLA 在 105~110 ℃退火条件下为非晶态，在 115~145 ℃范围内结晶为 α 晶，这些结果也与 DSC 的结果保持一致。

5.3.3 PLLA 的高压结晶相图

结合 WAXD 和 DSC 的实验结果，我们发现 PLLA 的结晶行为不仅受到温度的控制，而且还受到压强的约束。在上述研究的基础上，将 PLLA 的结晶行为用 PLLA 的高压结晶相图表示(图 5-4)，其中 PLLA 在常压下的结晶温度(T_c)和 α′—α 晶的转变温度($T_{\alpha'\text{-}\alpha}$)来源于已有文献。由图 5-4 可知，随着退火压强的升高，PLLA 的结晶温度和 α′—α 晶的转变温度都升高，但是它们的增加速率不同。显而易见，PLLA 的结晶温度比 α′—α 晶的转变温度上升得更快，且在低压段 PLLA 的结晶温度低于 α′—α 晶的转变温度。因此，两条曲线最终交于点 C(P_C，T_C)，即存在 PLLA 的结晶温度与 α′—α 晶的转变温度重合点。

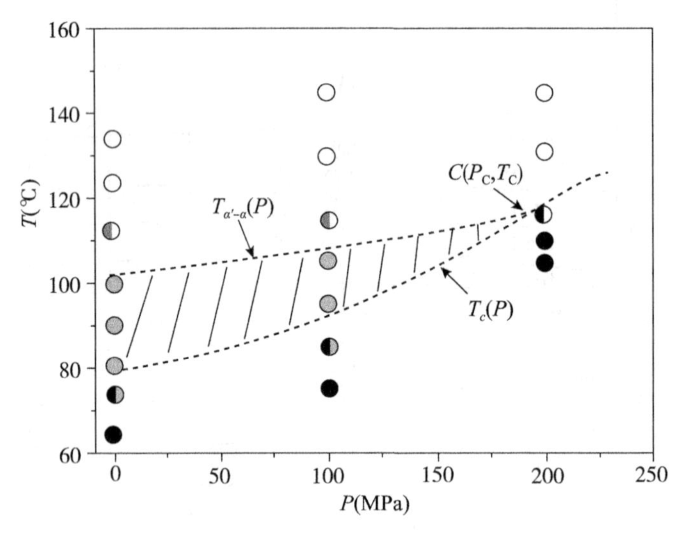

图 5-4　不同温度和压强下 PLLA 的结晶相图

另外，随着退火压强的增加，α′ 晶形成的退火温度范围越来越小；同时也在退火压强大于 200 MPa 时，PLLA 直接由非晶态转变为 α 晶，而没有经过中间晶体 α′ 晶。由此，我们认为，PLLA 的 α′ 晶只在有限的退火温度和压强下形成。由于此次实验压强的限制，超过临界退火温度和压强点后，PLLA 结晶行为还未知。但是，我们可以通过高压结晶相图外推其结晶状态。另外，由于 C 点为临界温度和压强的退火点，在该处 PLLA 可能是 α 晶、α′晶、非晶，也可能是两者或三者的混合物。

以上的分析结果表明：α′晶 PLLA 只能在有限的退火温度和压强下形成。这可能有两个方面的原因，即高压导致的自由体积减少和受限空间的结晶行为。一般而言，高压能够有效地减小分子间距离，缩小分子链的自由体积，增加分子间的相互作用，大大限制分子链的运动和滑动，影响分子链在晶核周围的堆砌。因此，压强提高了 PLLA 的结晶温度。另外，由于非晶相的可压缩率大于 α′晶，所以随着压强的增加，结晶温度变化速率大于 α′—α 晶体转变的速率。

综上所述，曲线 P-T_c 和 P- $T_{\alpha'-\alpha}$ 相交于一点 C，这也解释了 PLLA 的 α′晶只存在于 P_C 以下，不能形成于 P_C 以上的原因。

5.3.4　PLLA 的微观形貌

为了进一步了解压强对 PLLA 结晶形貌的影响，对不同压强下退火的 PLLA 进行了断面的微观形貌的表征。图 5-5 为不同退火条件下 PLLA 样品的扫描电子显微镜(Scanning Electron Microscope，SEM)照片。从图中我们可以看出，常压 130 ℃退火的样品断面比较密实、紧凑，具有凹凸不同的褶皱，且具有能够分辨的球晶结构[图 5-5(a)]。而高压退火的 PLLA 却与之完全不同。高压退火的样品多为有序的片状晶体排列，层状清晰可见，晶层厚度较薄[图 5-5(b)和(c)]。

对于 100 MPa，130 ℃结晶的 PLLA，其断面形貌与其他 PLLA 的形貌完全不同，断面为许多薄片晶体排列的无序的层状结构，像风化的页岩石[图 5-5(d)]。对比常压 130 ℃样品，高压显著地改变了 PLLA 的结晶形貌。这可能是由于高压降低了分子链的流动性，抑制了 PLLA 球晶的生长，而促进了折叠链片晶的形成。

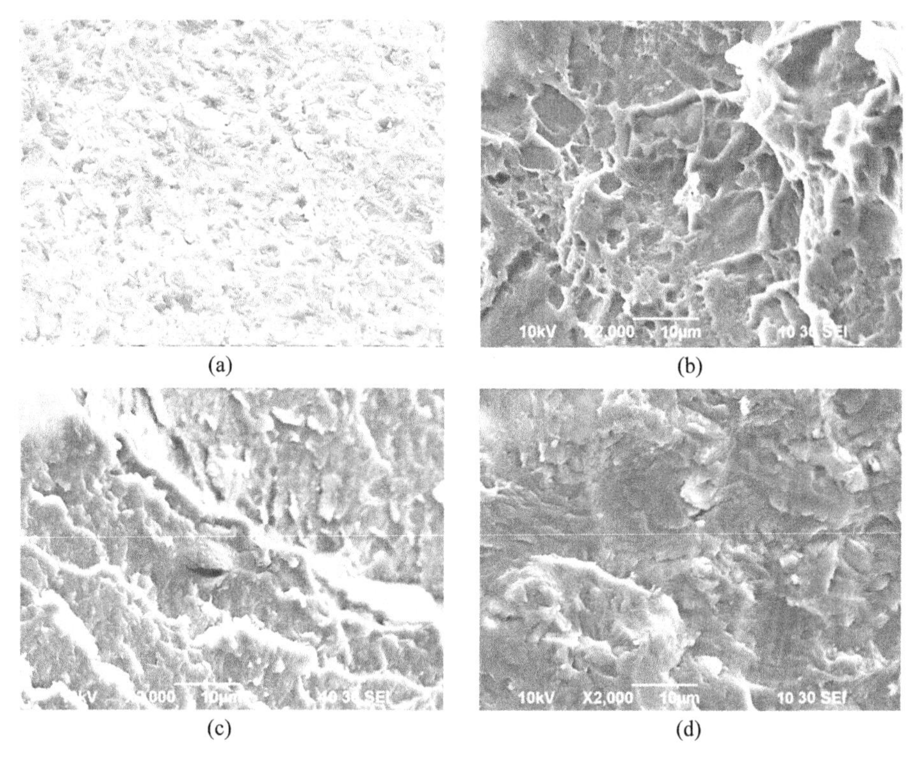

图 5-5 100MPa 下不同退火温度的 PLLA 样品的 SEM 照片[(a)为常压下 130℃退火结晶的 PLLA；(b)~(d)为 100MPa 下 95℃，115℃和 130℃退火结晶的 PLLA]

通过对不同退火压强和温度条件下非晶 PLLA 结晶行为的研究，我们发现 PLLA 的结晶状态受压强的调控。DSC 和 WAXD 的研究结果表明：PLLA 的结晶温度随压强的增加而增大，α′晶体只存在于低于 200 MPa 范围内，当压强超过 200 MPa 时，非晶 PLLA 将直接转变为 α 晶体。实验获得了 PLLA 高压退火结晶的高压相图，为研究 PLLA 的晶型转变和制备提供了实验依据。通过对不同退火条件下 PLLA 样品断面微观形貌的表征，发现高压退火的 PLLA 样品多为层状晶体，而常压退火多为球晶结构，我们认为是高压降低了 PLLA 的结晶速率和 PLLA 在受限空间的分子链运动导致的。这些研究结果对 PLLA 结晶结构和转变规律的认识具有重要的意义。

第 6 章　高压下聚左旋乳酸的熔融结晶

6.1　聚左旋乳酸结晶研究的进展

随着高分子科学的发展，塑料给我们带来了生活的便利。然而大量的废塑料已经成为一个严重的环境问题。我们生活在塑料时代，全球每年生产超过 3 亿吨塑料，其中 5 亿~15 亿吨流入已经被污染的海洋。聚左旋乳酸(PLLA)由于其可再生、无毒、可生物降解、生物相容性好等优点，在近几十年里备受研究者、环保者关注。

此外，PLLA 具有独一无二的性能，如模量高、强度高、透明度好，因此，它已广泛应用于包装纺织和组织工程领域，使其成为石油基商品聚合物最有潜力的替代品之一。由于其在室温下的脆性限制了其应用，PLLA 通常与增塑剂混合，以改善其脆性行为，提高应用性能。与上述方法相比，通过控制结晶条件来调节 PLLA 的晶体结构和形态也可以有效提高其抗冲击能力，但可以避免聚左旋乳酸的脆性行为。

聚左旋乳酸(PLLA)已知的三种形式晶型转变，即 α，β 和 γ 的形式，以及一个新的准晶，命名为 α′晶型。不同晶体结构的形成取决于各种加工条件，包括温度、剪切和拉伸。最常见的 α 晶型在传统熔体和熔融结晶条件下获得，在结晶温度低于 100 ℃时形成 α′晶型。伸展的 α 晶型在高倍拉伸和高温(如在熔体或熔融)纺丝纤维的热拉伸下获得 β 晶型，更加有序的晶型 γ 也被同一研究报道。

然而，关于 PLLA 高压结晶行为的文献报道甚少。Ahmed 等(2009)研究发现，当处理压强增加到约 650 MPa 时，PLLA 的结晶度明显降低。Huang 等(2010)报道通过时间分辨同步加速器小角度 X 射线散射(SAXS)观察到，100 MPa 以上的压强下获得 α′晶体结构转换为 α 结构。我们也曾研究过非晶 PLLA 高压下的结晶行为，发现 α′晶只在一个有限的温度和压强范围内形成。最近，Ru 等(2016)利用自制的加压剪切装置研究了 PLLA 在剪切和压力共存条件下的结晶形态和结构；他们直接通过 PLLA 熔体结晶获得了 β 晶型。因此，采用拉伸和加压等方式研究 PLLA 的结晶行为和微观结构，无论是对其潜在应用，还是对其结晶机制的理解都具有重要的意义。

虽然有关研究通过各种方式对聚乳酸高压下的结晶行为进行了探索，但对聚乳酸在高压下的熔融结晶行为还未见研究报道。在本章中，主要讲述压强对熔体 PLLA 等温结晶行为的影响。通过对熔融的 PLLA 在不同温度和压强下进行制备，并分别用差示扫描量热法(DSC)和广角 X 射线衍射法(WAXD)研究 PLLA 晶体的结构和熔化行为。研究发现在一定的温度和压强范围内，PLLA 存在多种晶体形式。此外，研究还发现压缩速率对 PLLA 熔体结晶过程的影响，压缩速率越高，PLLA 越容易形成非晶相，并根据 PLLA 的相图讨论了高压下 PLLA 的结晶机理。

6.2 高压下 PLLA 的熔融结晶

6.2.1 实验材料

PLLA 的黏度(η)1.22 dL/g、重均分子质量约 121000 g/mol（济南岱罡生物科技有限公司，中国）。供应商提供的信息表明，在 25 ℃、浓度为 1 g/dL 的氯仿中测定 PLLA 样品的旋光度为-155°。这里，PDLA 对 PLLA 结晶的影响可以忽略不计。先在常压下干燥处理，原始的 PLLA 样品在 60 ℃的真空中放置 24 小时以消除水分。

6.2.2 样品制备

高压实验是在一台两面顶压机上完成的，最高压力为 100 kN。高压实验模具为活塞圆筒装置，材质为碳化物硬质合金，芯筒直径 26 mm。圆筒外围加载有电阻线圈，可以对活塞圆筒进行加热，最大功率为 2500 W。采用 K 型热电偶测量样品的温度。首先，将 PLLA 粉末填充到内径为 24 mm、深 3 mm 的铝制容器中，并用盖子盖好。然后，将铝盒(含样品)置于活塞圆筒中，并通过两面顶压机将样品预压至预定压强(约 0.1 MPa)。对整个装置进行加热至预定温度，保持 30 min，使 PLLA 完全熔化。接着以 500 MPa /min 的压缩速率对 PLLA 熔体进行加压至期望值。保持温度和压强不变，约 6 h。最后，关闭电源自然冷却到室温，缓慢卸压，取出样品。

此外，为了探讨压缩速率对 PLLA 结晶行为的影响，我们还增加了 3 个不同压缩速率条件下 PLLA 的退火实验。PLLA 粉末被完全填充在一个内径为 24 mm、深度为 3 mm 的铝容器中。与上述操作类似，PLLA 熔体样品保持在 175 ℃，然后分别以 200 MPa/min、300 MPa/min 和 400 MPa/min 的压缩速率压缩至 400 MPa，并保持温度和压强不变，约 6 h。

6.2.3 表征方法

样品的热力学参数由差示扫描量热法(DSC)得到，设备采用 TA DSC-Q250。将大约 10 mg 的样品放入铝坩埚，升温范围 25～190 ℃，升温速率为 10 ℃/min。实验过程中采用氮气进行气氛保护。PLLA 样品的结晶度由下式得到

$$X_c = \frac{\Delta H_f}{\Delta H_f^0} \tag{6-1}$$

式中，ΔH_f^0=93 J/g 是 100%结晶聚乳酸的熔化焓。

广角X射线衍射(WAXD)测量样品的晶体结构，设备为Bruker Nanostar System。其中，入射X射线辐射源，采用镍-铜靶K_α，辐射波长$\lambda=0.1542$ nm。管电压为30 kV，管电流为20 mA，扫描范围10°~35°，扫描速率3 °/min。

根据谢乐方程，对晶粒尺寸进行了估计：

$$D=\frac{k\lambda}{\beta\cos\theta} \tag{6-2}$$

式中，$k=0.90$；β是最大衍射峰的半峰宽；2θ是布拉格衍射角。

结晶度可根据Hay等(1989)使用结晶度计算公式得出：

$$X_c=1+\frac{A_{am}}{A_c} \tag{6-3}$$

由WAXD图形进行拟合、积分得到相应的面积，A_c为对应衍射峰的相对面积，A_{am}为对应非晶的面积。

6.3 结果与讨论

6.3.1 晶型结构分析

图6-1为在175 ℃不同压强退火的PLLA样品的WAXD图像。从衍射图可以看出，随着退火压强P_c的增加，衍射峰的强度逐渐减弱。对退火压强为0.1 MPa和50 MPa的PLLA样品，从图中能够清晰地看到，在$2\theta=16.7°$和19.1°时有两个强的衍射峰。随着退火压强P_c从100 MPa增加到200 MPa，我们发现两个衍射峰向更小的衍射角方向移动，在$2\theta=16.5°$和18.9°处。已有研究表明：衍射峰为$2\theta=16.7°$和19.1°对应的是PLLA的α晶体，发现衍射峰在$2\theta=16.5°$和18.9°处对应的是α′晶体。

此外，在0.1 MPa和50 MPa下退火的样品，在$2\theta=22.4°$处存在一个较弱的衍射峰，这也对应PLLA的α晶型；而在100 MPa和200 MPa下退火的样品在$2\theta=24.5°$衍射角处也存在较弱的衍射峰，其对应PLLA的α′晶。因此，由这些结果可得，在0.1~50 MPa压强范围内退火时PLLA样品主要生长为α晶，在100~200 MPa压强范围内退火时PLLA样品主要生成α′晶。

随着退火压强P_c的进一步增大，在250 ~ 400 MPa下PLLA样品的WAXD图谱显示为非晶的晕，说明在退火过程中PLLA没有结晶，而是形成了PLLA的非晶相。WAXD图像表明PLLA熔融退火结晶行为与其退火压强条件密切相关。

图6-2为190 ℃不同压强下退火的PLLA样品WAXD图谱。在0.1 MPa到200 MPa压强下退火的PLLA样品，在$2\theta=16.7°$和19.1°处有两个强的衍射峰，且在$2\theta=14.9°$和22.4°有较弱的衍射峰，这些发现表明在0.1~200 MPa压强范围内PLLA主要形成α晶型。随着退火压强P_c从250 MPa增加到400 MPa，WAXD图谱显示PLLA样品为一个非晶晕，意味着在这一结晶过程中PLLA没有发生结晶。但是，在所有压强下结晶的PLLA样

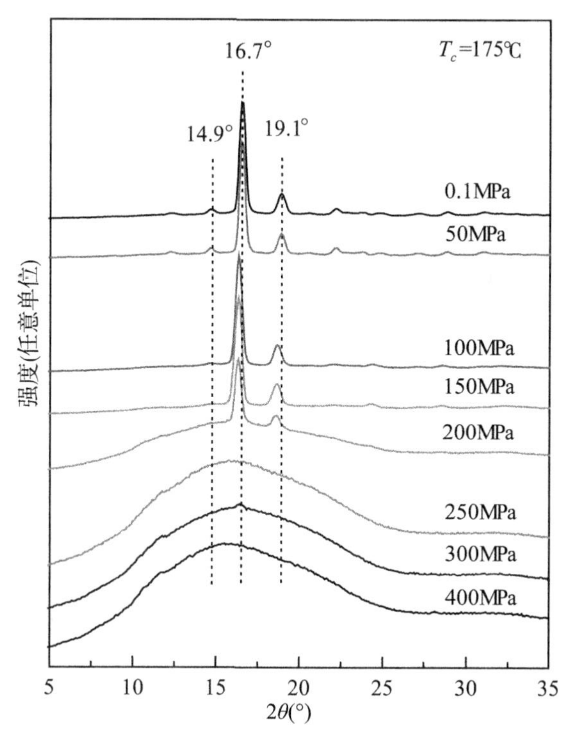

图 6-1　不同压强下 175 ℃下退火的 PLLA 样品的 WAXD 图谱

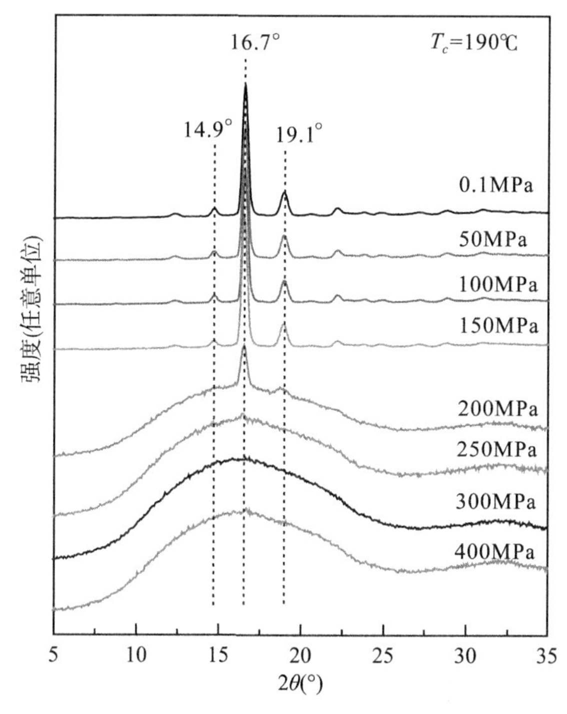

图 6-2　不同压强下 190 ℃下退火的 PLLA 样品的 WAXD 图谱

品均未检测到 α′晶体，这可能是由于在这一熔融退火过程中，高温降低了 PLLA 的熔体过冷度，增加了分子链的自由度；同时压强下特殊的结晶机制也会影响其结晶行为，这一变化将在下面的章节中进一步解释。

为了获得更多关于压强下晶体结构的信息，我们使用 WAXD 图谱计算晶格间距和晶体尺寸。图 6-1 和图 6-2 展示了两个截然不同的衍射峰(在 $2\theta=16.7°$和 $19.1°$处)，它们属于 PLLA 晶体的(200)，(100)和(203)面。例如，图 6-3 和图 6-4 分别展示了在 175 ℃和 190 ℃下退火 PLLA 样品(203)面的逆晶格间距和晶体尺寸随退火压强 P_c的变化关系。

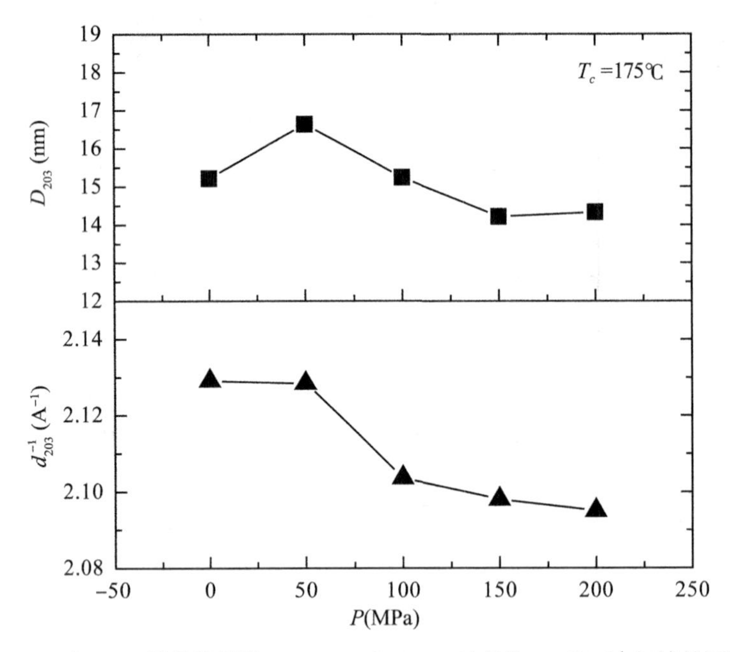

图 6-3　175 ℃时 PLLA 样品衍射峰 $2\theta=16.7°$和 $19.1°$对应的 D_{203}和 d_{203}^{-1}与结晶压强的关系

对于在 175 ℃下等温结晶的 PLLA，其逆晶格间距(d_{203}^{-1})随着 P_c的增大而减小，说明层状堆积逐渐松散。晶粒尺寸(D_{203})在 50 MPa 时增大，之后随着 P_c的增大而减小，在 100 MPa 及以上时，样品的 d_{203}^{-1}和 D_{203}值均减小，这可能由于 PLLA 形成的是 α′晶型。根据之前的报道，PLLA 的 α′晶型具有一个关于链的构象和堆积模式的无序结构。

对于在 190 ℃熔体中等温结晶的 PLLA，样品的 d_{203}^{-1}在 0.1~100 MPa 范围内几乎是一个常数，然后在 150~200 MPa 这个范围内略有下降，这意味着层状堆积在 150 MPa 以上变得更松散。另外，随着结晶压强的增加，样品的 D_{203}也几乎是一个常数。在 190 ℃不同压强下制备的样品的 d_{203}^{-1}和 D_{203}无明显变化，不同于 175 ℃下 PLLA 的结晶，意味着在这些结晶条件下没有 α′晶型的 PLLA 形成，这与 WAXD 的结果是一致的。

6.3.2　PLLA 的热力学性质

为了获得更多关于不同压强下制备的 PLLA 晶体结构的信息，我们采用 DSC 研究了样

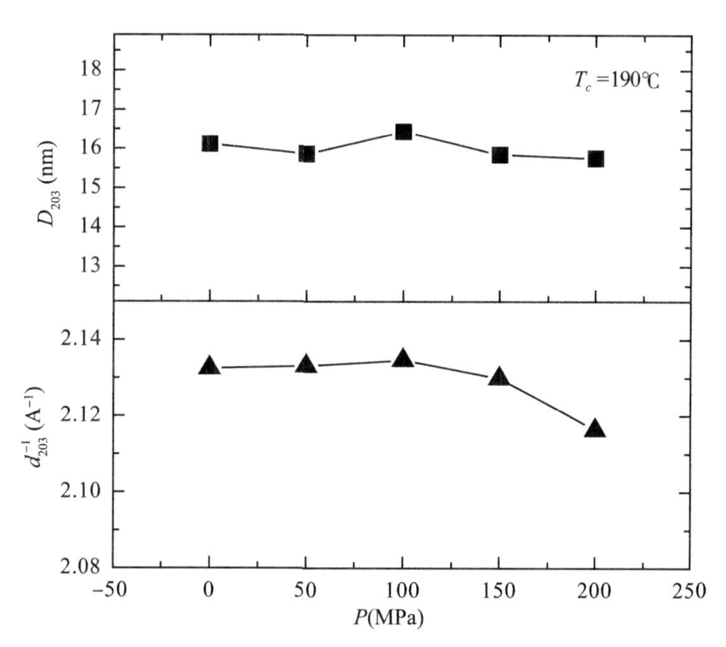

图 6-4 190 ℃时 PLLA 样品衍射峰 2θ=16.7°和 19.1°对应的 D_{203}和 d_{203}^{-1}与结晶压强的关系

晶的热力学行为。图 6-5 为不同压强下，在 175 ℃下 PLLA 等温结晶的 DSC 升温曲线。显然，PLLA 样品的熔融行为与结晶压强密切相关。在 0.1~50 MPa 压强下，175 ℃等温结晶的 PLLA 样品，仅在约 175 ℃处出现吸热峰，对应 PLLA 的熔化峰，说明 PLLA 在该温度和压强下已充分结晶。对于 PLLA 样品在 100~150 MPa 下等温结晶，DSC 的结果显示与 0.1~50 MPa 压强下结晶相同，但是在熔化峰前约 156 ℃处存在小的放热峰，这是由于 α′晶向 α 晶的转变。

这些结果表明在 0.1~50 MPa 下 PLLA 能够形成 α 晶，在 100~150 MPa 下能够形成 α′晶。当 P_c从 200 MPa 增加到 400 MPa 时，可以观察到明显的放热和吸热行为，这对应着 PLLA 在热扫描过程中的玻璃化、结晶和熔化过程，表明在 175 ℃、200~400 MPa 下，PLLA 主要以非晶相存在。

此外，对于 190 ℃不同压强下等温结晶的 PLLA 样品，其 DSC 曲线如图 6-6 所示。对于 190 ℃、0.1~150 MPa 下等温结晶的 PLLA 样品，DSC 曲线均在约 175 ℃下存在明显的代表熔融行为的吸热峰。但是，在熔融峰前未观察到小的放热信号。我们推测，PLLA 在这些条件下只形成 α 晶型，这与 WAXD 的结果是相一致的。

当 P_c从 200 MPa 增加到 400 MPa 时，可以观察到明显的放热和吸热行为，这对应着 PLLA 在热扫描过程中的玻璃化转变、非晶晶化和晶体熔化的行为，这是典型的非晶 PLLA 的热力学行为。这表明在 190 ℃、200 ~ 500 MPa 条件下，PLLA 没有能够发生结晶，而是形成了 PLLA 的非晶相。

对比图 6-5 和图 6-6，我们发现在 200~400 MPa 压强下退火的非晶样品，在其玻璃化转变时均出现了 post-T_g 的吸热峰。Stoclet 等(2010)和 Lv 等(2011)认为，post-T_g 的吸热

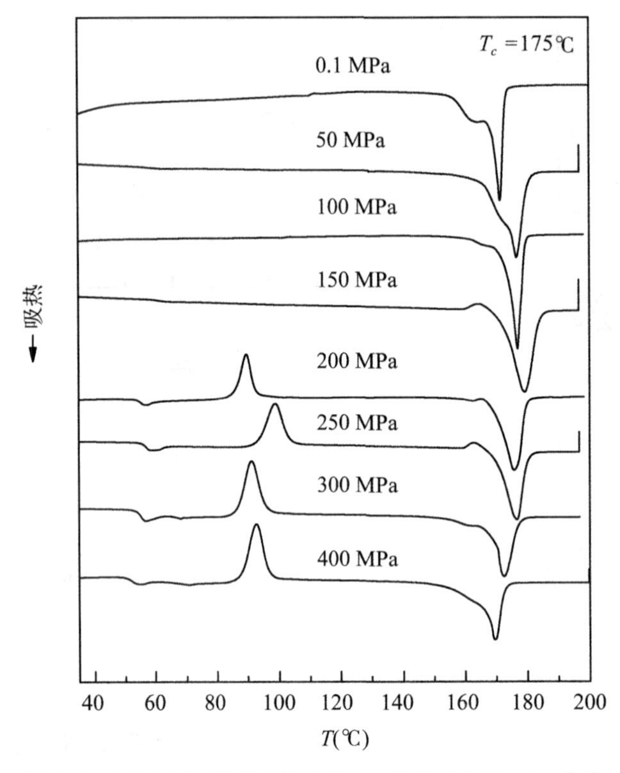

图 6-5　在 175 ℃不同压强下 PLLA 等温结晶的 DSC 曲线

峰归结为具有一定有序的中间相的熔化，因此我们推测 PLLA 的中间相可能是在压缩过程中形成的。此外，随着 P_c 值的增加，post-T_g 的吸热峰温度逐渐降低，说明压强能够降低 PLLA 中间相的热稳定性，这可以用高压下形成了更小的中间相晶体来解释。从这些结果来看，我们得出一个合理的结论，即压缩对结晶过程的影响是不容忽视的。

图 6-7 为由 DSC 曲线确定的 PLLA 结晶度(X_c)与退火压强的关系曲线。对于在 175 ℃和 190 ℃下结晶的 PLLA，在 0. 1～150 MPa 的压强范围内结晶度相差不大。但是，退火压强从 150 MPa 增加到 200 MPa 时，PLLA 的结晶度迅速下降，随着压强的进一步增加，结晶度几乎保持在一个较低的水平。

作为对比，我们采用了 WAXD 的测定结果对 PLLA 的结晶度(X_c)进行了计算，并建立了结晶度与 P_c 的关系。从图 6-7 中可以看出，尽管 WAXD 与 DSC 得到的结晶度值有偏差，但是两种方法得到的结晶度的变化趋势是一致的。

这些结果表明，压强在晶体生长中起着重要的作用。换句话说，PLLA 的结晶速率随着压强的增大而减小。特别地，在 175 ℃和 190 ℃下退火的 PLLA 样品，可能存在一个结晶临界压强点，在该压强点之上 PLLA 将不能结晶。这一现象可以归因于熔体在高压下获得了更高的过冷度和受限的分子链运动，这将在后面的章节中进行解释。

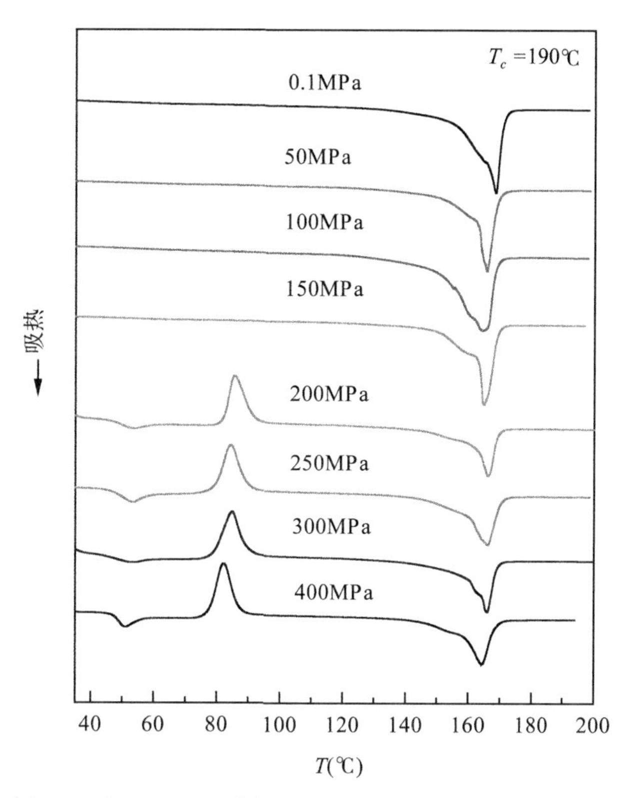

图 6-6 在 190 ℃、不同压强下 PLLA 等温结晶的 DSC 曲线

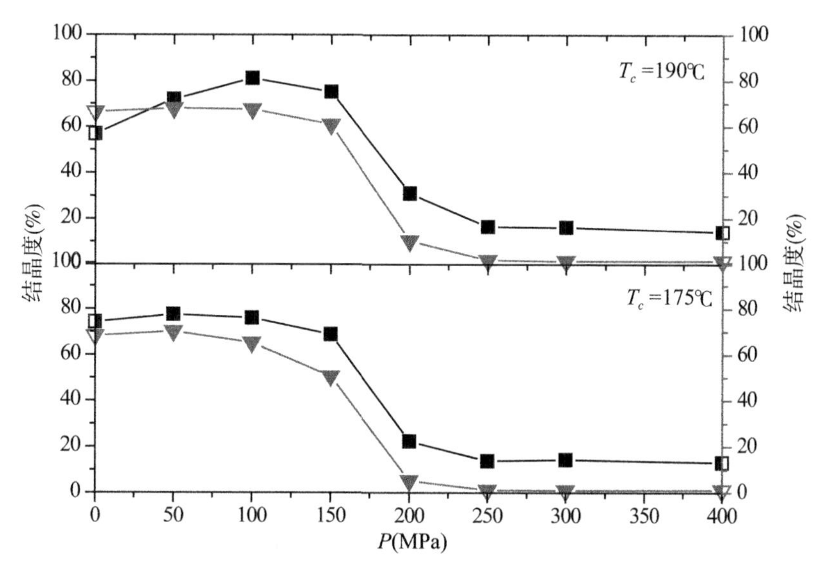

图 6-7 PLLA 分别在 175 ℃和 190 ℃时的结晶度(X_c)与退火压强的关系曲线(图中小正方形代表 DSC 的结果，三角形代表 WAXD 的结果)

6.4　PLLA的压致非晶化

如前所述，我们发现PLLA在结晶过程中存在一个结晶的截至压强，或者说非晶形成的临界压强。近年来，Yuan等(2011)称通过快速压缩法可以获得非晶材料，而这种方法要求的实验条件非常苛刻，需要具有较高的制备压强和较快的压缩速率。Li和Zhang等(2015)报道了以100 GPa/s的压缩速率，将熔融的PLLA凝固到2.0 GPa，并获得了PLLA的大块非晶相。显然，这种非晶PLLA的制备过程和方法是非常严格的。难道非晶PLLA的形成真的需要这么高的压强和这么快的压缩速率吗？答案是不一定的。

图6-8为400 MPa下，压缩速率分别为200 MPa/min、300 MPa/min和400 MPa/min制备的PLLA样品的WAXD图形。从图中可以看出，所有制备样品的WAXD图形均在衍射角2θ从5°~28°展示出一个宽而光滑的衍射带，没有任何可分辨的衍射峰。这个表明：该加压条件下制备的PLLA样品形成了均匀的非晶相。这些结果似乎表明，完全的非晶PLLA形成并不需要那么极端的压缩速率。

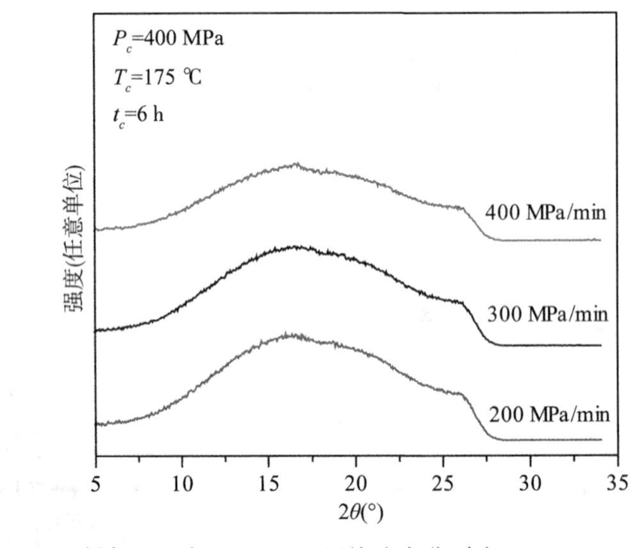

图6-8　制备压强为400 MPa，压缩速率分别为200 MPa/min、300 MPa/min和400 MPa/min的PLLA样品的WAXD图形

当然，如果以较低的速率压缩固化熔融的PLLA，则PLLA可能有足够的时间在低压强阶段结晶而不能形成非晶。因此，有一个合理的假设，高压制备中存在PLLA非晶形成的临界压缩速率，熔融PLLA样品只要在高于临界加压速率，压强增至250 MPa以上均可凝固为全非晶相。

在这种情况下，至少可以在更低的压强下以较慢的压缩速率制备出完整的非晶PLLA，这与快速加载制备非晶高分子的方法形成了互补，这一发现也将有利于大块非晶

PLLA 的制备及其在某些领域的应用。

6.5 PLLA 熔融固化的规律与机制

通过上述分析，针对不同结晶条件下 PLLA 的 WAXD 和 DSC 的结果，我们发现 PLLA 在不同的温度和压强下可能形成不同的晶体结构。这种奇特的结晶行为可以解释为 PLLA 在高压受限空间中的结晶行为。

图 6-9 为不同压强和温度条件下 PLLA 熔体结晶的相图。这里采用 Nakafuku(1994)关于 PLLA 的固液平衡线理论，高分子材料的熔点随着压强的增加而线性升高。如图 6-9 所示，明显地，PLLA 熔体的过冷度($\Delta T = T_m^0 - T_c$)随着压强增加而增加。当熔体在高压下获得的过冷度较低时，即结晶温度相同、压强较小时，PLLA 的自由体积也较大，分子链扩散也比较容易。较低的压强可能不足以影响链段的折叠和滑动，进行结晶堆砌；压强只影响晶体的生长速率和晶体堆积的程度。因此，使得样品在 175 ℃、0.1~50 MPa 下形成 α 晶型。

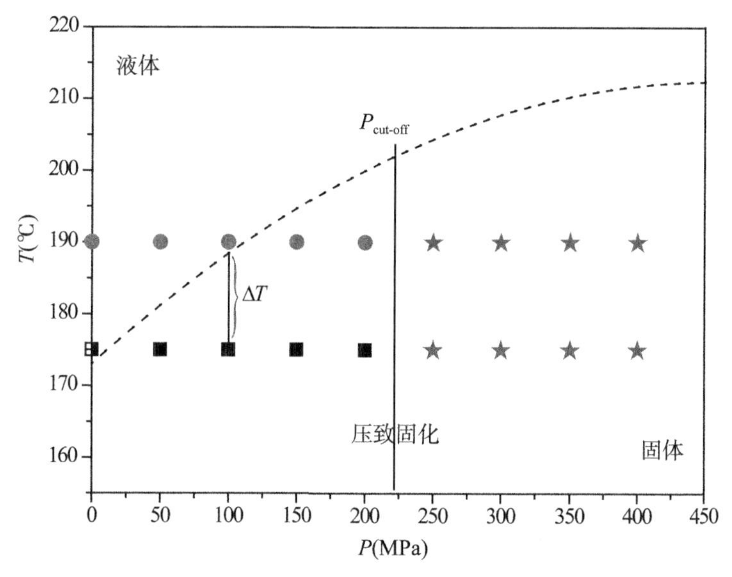

图 6-9 不同压强和温度条件下 PLLA 熔体结晶的相图

随着压强的增大，分子链段的扩散受到高压作用的限制。同时，在 175 ℃、100~200 MPa 下链折叠模式和层间滑移使有序度和定向度降低，样品结构更倾向于形成一种无序的 α 晶型。随着压强的进一步增大，过冷度升高，进一步降低了样品的比体积，增加了分子间的相互作用。此外，在压缩过程中可能更容易形成大量的晶核或介质晶，进一步抑制了分子链的运动，降低了结晶生长速率。因此，在 250 MPa 以上可以得到非晶相。

当压强较低时，PLLA 的熔点随压强上升得比较快，因此，在 0.1~150 MPa 的范围内，对于结晶温度在190℃的PLLA样品，其加压后的状态没有发生改变，仍然以固态的形式存在。所以，在以后的6h的结晶中都是以熔体的状态存在，不可能发生结晶的情况。但是，在实验的最后降温阶段，PLLA熔体在高压下降温，该过程中PLLA发生了由熔体到晶体的转变。因此，我们推测，α晶是在最后的冷却过程中形成的。

而在压强为200 MPa结晶时，PLLA样品熔体结晶只形成α晶型，而没有形成α′晶型，这可能由于高的结晶温度减少过冷度。在结晶压强为250 MPa以上，虽然熔体具有较高的过冷度，但PLLA熔体凝固成非晶而非α′晶型，这可能是由于较高的压强降低了PLLA的结晶速率，分子主链的运动受到抑制。

有意思的是，在以200 MPa/min、300 MPa/min和400 MPa/min的压缩速率进行固化实验时，PLLA在400 MPa下均形成完全的非晶。尽管如此，这并不意味着非晶PLLA的形成与压缩速率无关，而事实是非晶PLLA的形成应该存在低临界压缩速率。因此，非晶的形成不仅依赖于加压速率，还依赖于加压的大小，正是在加压速率和加压的大小的共同作用下实现温和压强条件下非晶PLLA的制备。

6.6　小结

综上所述，我们研究了熔体PLLA在高压下的等温结晶行为，随着等温结晶压强P_c值的增加，PLLA样品的晶体类型呈现出明显的多样性。PLLA在175 ℃等温结晶时，在0.1~50 MPa压强范围内形成α晶型，在100~200 MPa压强下结晶为α′晶型。然而，PLLA样品在190℃等温结晶时，在0.1~200 MPa均能获得α晶型，而不能得到α′晶。更有趣的是，对于在175 ℃和190 ℃下等温结晶的PLLA样品，当结晶压强P_c高于250 MPa时，PLLA均不发生结晶现象。

这些结果表明：似乎存在一个PLLA结晶发生的截至压强点，将退火压强范围分为高压和低压两个区间。在这两个区间退火结晶时，PLLA的结晶结构和结晶行为可能不同，这一结晶现象可以用低压下的热效应和高压下的压强诱导晶核或中间相来解释。

此外，当将PLLA压致固化至400 MPa压强下，分别以200 MPa/min、300 MPa/min和400 MPa/min的压缩速率进行压缩时，均得到了PLLA的完全非晶的样品。可以预见的是，非晶PLLA的形成应该存在临界压缩速率，这意味着在较温和的条件下(较低的压强和较慢的压缩速率)可以制备出完全非晶的PLLA。这一发现将有利于大块非晶PLLA的制备及其在某些领域的开发和应用。

第7章　聚左旋乳酸的高压溶液结晶

7.1　高分子的溶液结晶

聚乳酸(PLA)是国际公认的绿色高分子材料，具有可降解性以及良好的生物相容性，因此被广泛用于包装、生物医药领域。聚乳酸(PLA)是一种以乳酸为单体聚合而成的聚合物。聚乳酸(PLA)的熔点是175~180 ℃。因为聚合的单体不同，聚乳酸(PLA)分为3种，分别是聚左旋乳酸(PLLA)、聚右旋乳酸(PDLA)和消旋乳酸(PDLLA)，目前文献对PLLA的研究比较多。

由于聚乳酸(PLA)是可生物降解的、无毒的乳酸聚合物，且具有良好的热塑性，所以聚乳酸(PLA)可应用于纺织领域、包装领域，如可用于食品包装袋、购物塑料袋等。因此聚乳酸(PLA)也被国际公认为绿色环保材料。同时聚乳酸(PLA)还具有良好的生物相容性，所以聚乳酸(PLA)在医学领域的应用很广泛，如可用于接合与固定的接骨材料、释放药物的包衣等。

随着生物医药科技的发展，生物可降解高分子在溶液中的行为越来越受到重视。对生物可降解的高分子材料而言，在溶液中发生的聚集或者结晶行为，将是影响其裂解速率及其他物理性质的关键因素。高分子结晶成核机理有两种，分别是均质成核和异质成核。当组分不借助外在已存的晶相或另一物质的表面，而通过结晶组分的形成有序聚集成结构体，形成新的相，则称为均质成核。反之，通过在已存相的表面形成有序的聚集体，称为异质成核。

7.1.1　聚合物结晶成长理论

关于聚合物结晶，一般认为结晶成长是以晶核为起点，在分子链段的持续参与下，沿着晶面生长的方式进行的。对于这种模式有两种观点，Hoffman 和 Lauritzen(1959)提出了表面成核模型(Surface Nucleation Model)；Gilmer 和 Sadler(1984)提出了熵障模型(Entropy Barrier Model)。

表面成核模型认为晶体的成长的影响因素是由于分子链段附着于成长表面时而引起的结晶表面能的增加。由于分子链段不断地贴附在结晶的表面，使得晶体不断地长大，因此也改变了结晶表面的自由能，导致分子链段的附着所需能量的改变，进而影响了晶体的成长。

熵障模型认为除了表面自由能这个影响因子之外，混乱度也是一个影响因素。根据热力学第二定律，孤立系统会自发地使系统的混乱度增加。所以，在成长的表面存在分子链段的附着(Attachment)与解离(Detachment)，由此可以推测晶体的成长是由结晶表面的分子链段的附着与解离的概率的差异决定的。

虽然两种模型对影响晶体生长因素的解释有不同的观点，但都一致认为晶体的成长是分子链段从无序的混乱状态，通过适当地折叠(Chain Folding)，持续有序地贴附(Deposition)在生长表面(Crystal Growth Front)。

图 7-1 是分子链段通过折叠的方式附着在生长表面，实现晶体的生长。由图可以看出，链段的伸张长度(Extended Length，l)是影响晶体厚度的至关因素。由此可以推论，随着伸张长度 l 的增加，晶体的厚度也增加，但是由于伸张长度 l 的增加，分子链段的有序化程度提高，混乱度降低，结晶成长的自由能也增高。所以，伸张长度 l 的增加不利于聚合物晶体的生长。

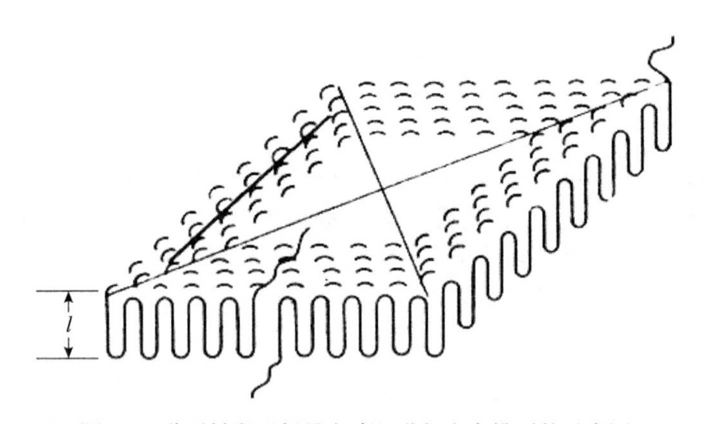

图 7-1　分子链段以折叠方式，进行有序排列的示意图

聚合物结晶初期的成长速率与层晶厚度(Lamellar Thickness)，主要是由晶面的自由能与分子克服此能量势垒(Energy Barrier)的概率决定的。但由于晶相内存在不稳定的区域，如区域存在缺陷，因而这些区域的分子链段处于较不稳定的热力学状态，驱使分子链段的运动(包括空间形态的改变与位置的滑移)，使晶体进行重组，最终使得系统处于热力学稳态。由于高分子链段沿着分子链的方向滑移，使得层晶的厚度增加(图 7-2)。

7.1.2　PLLA 结晶行为的研究

目前已知的 PLLA 的晶型有 3 种，分别是 α、β、γ。其中，斜方晶系的 α 晶型最为常见。α 晶是 De Sanctis 和 Kovacs 在研究 PLLA 时发现的。α 晶是由螺旋的 PLLA 分子链段构成的正交晶系，平均每个晶胞中含有两个螺旋的分子链。β 晶是 Eling 和 Gogolewski 等(1982)在研究 PLLA 纤维的实验中发现提出的一种晶型。关于 β 晶的晶格参数与晶型结

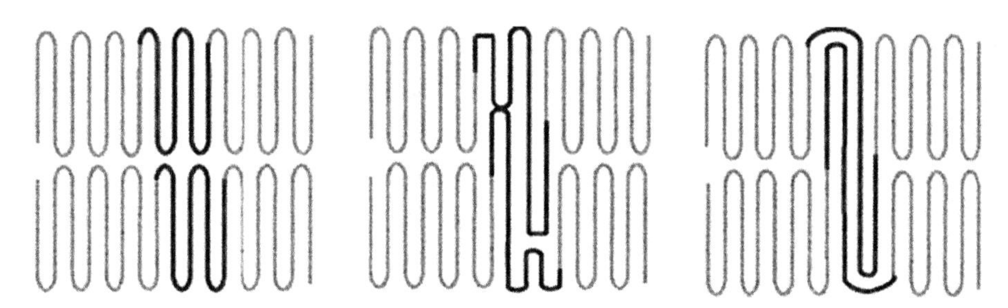

图 7-2 层晶的重组与增厚的示意图

构仍有很多的疑问，需进一步研究。γ 晶是 Cartier 等(2000)通过外延生长的方法首次获得的一种晶型。目前研究发现 γ 晶只能在六甲基苯上通过外延生长的方法获得。

Kalb 和 Pennings(1980)在对 PLLA 普遍的结晶行为的研究中发现了在质量分数为 0.08%的甲苯溶液中持温(55 ℃)一段时间，出现了增厚的菱形层晶；实验还发现 PLLA 在质量分数为 0.08%的对二甲苯溶液中持温(90 ℃)一段时间后形成了增厚的截角菱形层晶。

Iwata 和 Doi(1998)在观察 PLLA 单晶形态及酶催化降解的实验中，将 PLLA 在130 ℃溶解 15 min 配制了质量分数约为 0.06%的对二甲苯溶液，在 90 ℃等温结晶 24 h 后缓慢降温至室温，得到了增厚的标准菱形层晶(锐角为 60°，钝角为 120°)与六角层晶(六个角都大约为 120°)。

黄星源(2009)对质量分数 0.1%的 PLLA/二甲苯的混合溶液，在 90 ℃等温结晶10 h 后搅拌，然后改变温度做等温结晶的实验研究。实验发现不同的结晶温度出现了不同的 PLLA 结晶形态，在晶体的后续生长过程中，当温度高于 85 ℃时，晶体最终形成菱形晶。实验还分析了搅拌对 PLLA 的结晶行为的影响，研究指出搅拌对于晶体内部增厚、晶体的后续成核以及晶体的转变都有至关重要的作用。

Huang 等(2010)探讨了质量分数为 0.3%PLLA/(对-，邻-)二甲苯溶液中 PLLA 的结晶行为。实验观察了不同结晶时间的 PLLA 结晶形态，发现不同培养时间对于 PLLA 最终的结晶形态没有影响，最终都形成了截角菱晶(Truncated Lozenge)。实验认为搅拌能促进 PLLA 的结晶成核，有利于晶体的后续成长。

Ungar 和 Putra(2001)指出 PLLA 在结晶前，会在溶液中形成一种预有序的分子链，通过这种预有序 PLLA 链能够很好地对 PLLA 在溶液中的结晶行为进行解释，但文中指出这种预有序的分子链需要进一步的实验证明。

以上文献都一致认为 PLLA 的透镜菱晶的增厚是从中心六边形区域开始的，六边形区域的扩展速率要大于透镜菱晶的成长速率，最终形成大小可观的六边形。随着时间的延长，发现截角菱晶(六边形)的厚度并无很显著的变化，截角菱晶的生长也只集中在边缘的截角区域。

综上所述，我们可以作出以下推论，90 ℃时 PLLA 在 PLLA/二甲苯混合溶液中的结晶形态随着时间的延长，由透镜菱形晶逐渐转变为截角菱晶。在结晶过程中，搅拌对于结晶成核、晶体的形态的改变也是一个决定因素。和以上文献的压强条件相比，高压能使溶液中 PLLA 的自由体积减小，能定向地诱导 PLLA 链段的聚集，增强 PLLA 分子链相互作用以及分子链段的伸张。所以，在 PLLA 溶液结晶过程中，高压将会影响晶体的体积、空间构象以及形态。

研究高压下 PLLA 溶液结晶行为不仅是对聚合物结晶成长理论在高压领域的重要补充，也完善了聚合物结晶成长理论中晶型转变与晶型结构的理论机制，进一步推动了聚合物结晶成长理论的发展。

对于工业应用方面，由于 PLLA 的结晶行为与晶型对 PLLA 的降解、力学等物理性质有着至关重要的影响。探讨高压下 PLLA 的溶液结晶行为，对于 PLLA 的制备方法和合成工艺有着重要的指导意义，将促进 PLLA 在实际生活中的应用与发展。

7.2　高压环境下 PLLA 的溶液结晶

7.2.1　活塞圆筒中 PLLA 的溶液结晶

1. PLLA 溶液结晶实验

聚左旋乳酸(PLLA)，纯度大于 99.5 %，M_w = 67000，分子质量分布指数小于 1.4，Segma-Aldrich 公司生产；二甲苯，相对分子质量为 106.17，纯度为 99%，沸点在 136～140 ℃，天津风船化学试剂科技有限公司生产。采用拉曼光谱仪(Raman)和红外光谱仪(FT-IR)对样品的结构进行表征；采用高分辨透射电子显微镜(HRTEM)对样品的形貌进行表征。

溶液制备：为了尽量避免溶液内过多杂质或离子造成 PLLA 的异质成核，首先将对二甲苯通过蒸馏的方法进行提纯。然后，配制溶液浓度为 0.1wt%的 PLLA/对二甲苯的混合溶液，室温放置 12 h 以上，确保 PLLA 溶解均匀，最后将其倒入内径为 24 mm，深度为 5 mm的铝盒内。

样品制备：利用两面顶压机对 PLLA/对二甲苯溶液进行高压实验，图 7-3 为样品组装示意图。其中，采用电阻丝加热套提供外加热，样品的温度可由热电偶直接测量得到，样品压强由油压换算得到。首先将装满溶液的铝盒按照图 7-3 的方式组装后，再把整个装置至于两面顶压机上。

高压结晶：PLLA 在极稀二甲苯溶液中的单晶生长速率较慢，一般分为培育期(90 ℃时约 10 h)和生长期。为了研究高压对 PLLA 等温结晶行为的影响，分别在不同条件下对样品进行了制备。

(1)常压等温结晶：先将活塞圆筒预压至 0.2 MPa(预压为防止加热时溶液膨胀溢出)，然后将样品加热至 128 ℃，并保持 30 min，使 PLLA 样品完全溶解于对二甲苯溶液；然后降温至 90 ℃并保持不变，进行 15 h 的等温培育和结晶；最后降温，回收样品(PLLA-1)。

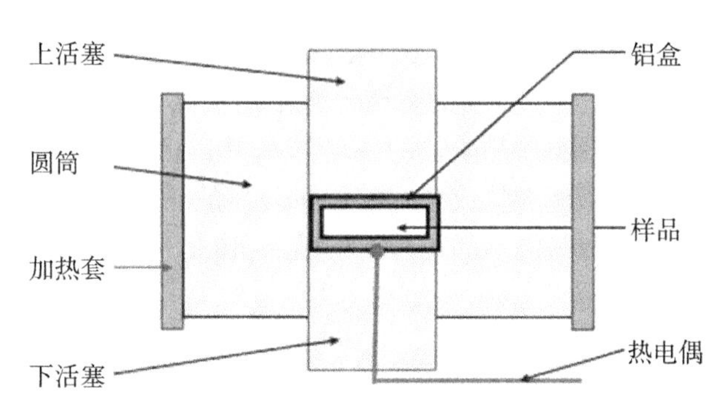

图 7-3 聚左旋乳酸样品高压结晶装置示意图

(2)高压等温结晶：先将活塞圆筒预压至 0.2 MPa，然后将样品加热到 128 ℃，并保持30 min，使 PLLA 样品完全溶解于对二甲苯溶液；然后将样品加压至 500 MPa，并降温至 90 ℃，保持温度和压强不变，进行 15 h 的等温培育和结晶；最后降温卸压，回收样品(PLLA-2)。

(3)高压诱导等温结晶：先将活塞圆筒预压至 0.2 MPa，然后将样品加热到 128 ℃，并保持 30 min，使 PLLA 样品完全溶解于对二甲苯溶液；降温至 90 ℃并保持不变，等温培育 10 h 后，加压至 500 MPa 并保持不变，继续等温结晶 5 h；最后降温卸压，回收样品(PLLA-3)。

2. PLLA 结晶结构的表征

将回收的样品滴至硒化锌玻片上，对二甲苯自然挥发，在玻片上形成一层 PLLA 的薄膜，通过拉曼光谱仪(Renishaw，英国雷尼绍)和红外光谱仪(Nicolet-V66，美国尼高力)进行晶体结构的分析。采用对二甲苯将回收的样品溶液稀释至适当浓度，取适量滴至覆盖碳膜的铜网上，待溶剂挥发后，采用透射电子显微镜(JSM-2100UHR，日本电子)观察样品的结晶形态。由于回收样品较少，没有进行 XRD 和 DSC 的检测和分析。

7.2.2 高压对 PLLA 单晶的微观形貌的影响

1. 形貌特征

图 7-4 为 PLLA 在不同条件下等温结晶 15h 后的结晶形态。从图 7-4 可以发现，常压和高压环境下等温结晶得到的 PLLA-1 和 PLLA-2 皆为透镜状菱晶。但样品 PLLA-1 的菱晶锐角大约为 58°，接近于标准菱晶的 60°锐角；样品 PLLA-2 的菱晶锐角大约为 46°，明显低于 PLLA-1。这可能是由于在 PLLA 单晶的(110)成长面上晶核向两边的扩张成长速度不同造成的，而形成了透镜状菱晶。PLLA-2 的锐角较 PLLA-1 小，说明在高压环境下 PLLA 分子链段更倾向于在锐角端参与结晶生长，或者说高压抑制钝角端的结晶生长速度。另外，PLLA-2 单晶的层晶厚度明显大于 PLLA-1，这些结果表明高压溶液环境有助于 PLLA

的单晶生长。

图 7-4 中 PLLA-3 为高压诱导下 PLLA 的结晶形态，显示为形状各异的片晶形态，且在局部有片晶“团簇”的现象，零星可见有尺寸较小的菱晶形态。这表明在等温培育 10h 后，高压的引入，破坏了 PLLA 单晶生长的环境，不利于 PLLA 的晶体生长。这可能是由于高压诱导溶液中 PLLA 分子链大量成核，抑制了晶核的长大。因此，高压改变 PLLA 样品的结晶形态，影响 PLLA 在等温结晶过程中的结晶机制。

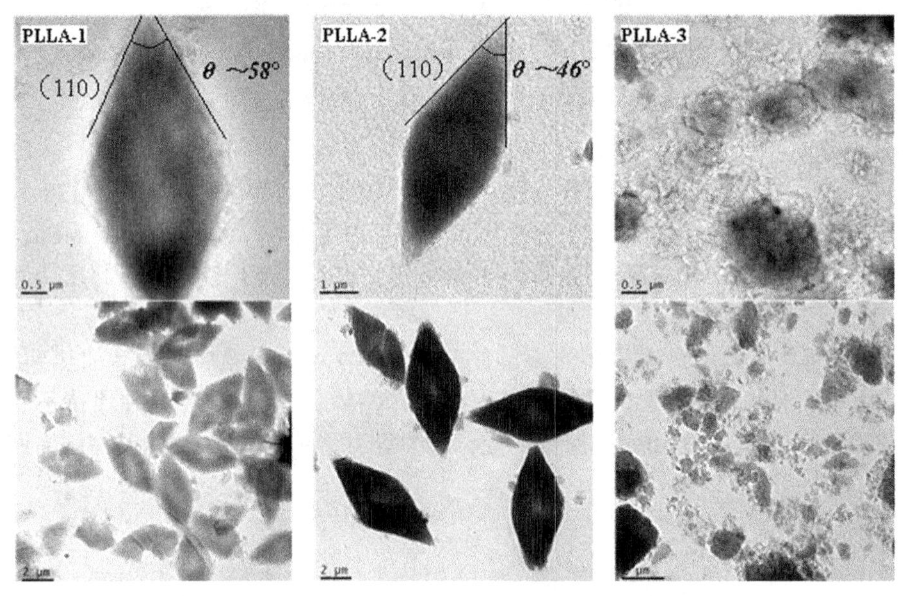

图 7-4　质量分数为 0.1%的 PLLA/二甲苯混合溶液在 90 ℃等温结晶 15 h 后的 TEM 图 [PLLA-1 是未加压(0.2 MPa)的 TEM 图；PLLA-2 是压强为 500 MPa 的 TEM 图；PLLA-3 是等温培育 10 h 后加压(500 MPa)，等温结晶 5 h 的 TEM 图]

2. 红外光谱分析

几种样品的红外光谱分析结果如图 7-5 所示，其中 PLLA-0 为未经任何处理的初始样品的红外光谱图。在 PLLA 的红外光谱中，特征峰 956 cm^{-1}与无定形区相关，924 cm^{-1}与 α 晶(10_3螺旋构象)的变化相关；912 cm^{-1}为 β 型 PLLA 晶体的特征峰。从图 7-5 可以看出，所有样品均在 924 cm^{-1}处出现明显的结晶峰，而在 956 cm^{-1}处没有无定形相特征峰的出现，912 cm^{-1}处也没有出现 β 晶的特征峰，表明等温结晶后样品为 α 晶 PLLA。另外，α 晶 PLLA 的 C═O 伸缩振动在 1776 cm^{-1}、1759 cm^{-1}和 1749 cm^{-1}处显示出较为复杂的撕裂缝。图 7-5 中结晶后的样品在 1776 cm^{-1}、1759 cm^{-1}和 1749 cm^{-1}处均为复杂的撕裂缝，表明常压和高压等温结晶后的样品仍为 α 晶 PLLA。

另外，在 1000～1260 cm^{-1}波数范围是骨架 C—O—C 的伸缩振动和—CH_3摇摆振动的复杂耦合振动谱，与 PLLA 的晶型转变相关。从图 7-5 可以看出，所有样品在 1213 cm^{-1}和 1183 cm^{-1}处均出现明显的撕裂峰，且相对强度 I' ($I' = I_{1213}/I_{1183}$) 也明显不同。相对于初始样品，溶液等温结晶样品的 I' 均较高；对比等温结晶样品，高压结晶 PLLA-2 和 PLLA-3 的 I' 均小于常压 PLLA-1；高压结晶 PLLA-2 和高压诱导 PLLA-3 的 I' 相差不大。峰相对强度的不同暗示着 PLLA 可能形成了不同的 α 型晶体，这可能与 PLLA 的形成过程有关。初始样品 α 晶的形成通常是熔融—结晶过程，而等温结晶的样品是溶液—结晶的形成过程，不同结晶过程和结晶环境下分子链的堆砌和排列方式不同，可能形成不同的 α 晶的 PLLA。

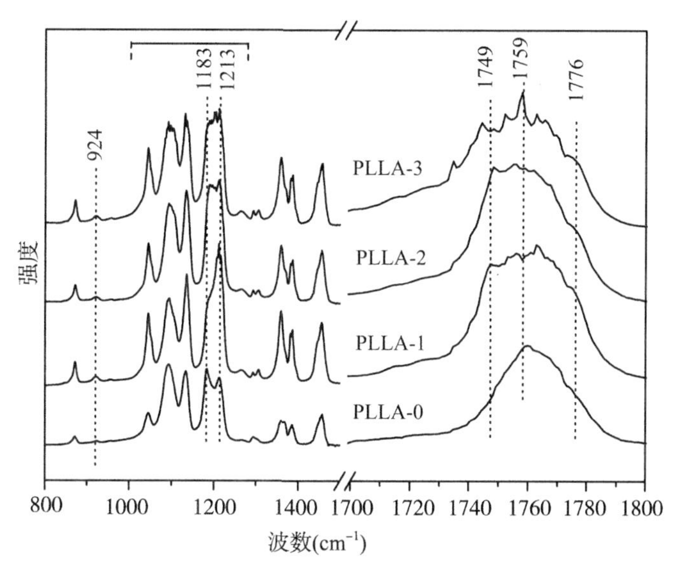

图 7-5 样品在室温下的红外光谱图

3. 拉曼光谱分析

图 7-6 为不同条件下结晶的 PLLA 的拉曼光谱。从图 7-6 可以看出，所有样品在波数 922 cm^{-1} 处出现明显的特征峰，该峰对应 PLLA 的结晶峰，表明常压和高压结晶的 PLLA 均为结晶态；在 1720~1820 cm^{-1} 范围内出现 1773 cm^{-1}、1763 cm^{-1}、1749 cm^{-1} 特征峰，它们对应 α 型 PLLA 的 C═O 伸缩振动。这些结果表明常压和高压结晶的 PLLA 为 α 型晶体。另外，等温结晶的样品在 1720~1820 cm^{-1} 范围内的特征峰相对于原始样品明显变锐，说明等温结晶的样品的结晶更完整，这与红外光谱得到的结果类似。

另外，在每个 PLLA 的重复单元内包含有 C—O，O—C_α 和 C_α—C 三个骨架节点，其中 C—O 总是反式构象，因此存在 tt′t，tg′t，tt′g 和 tg′g 四种不同的构象状态。据 Yang 和 Kang 等(2004)的研究，在拉曼光谱的 1000~1200 cm^{-1} 波数范围内时，分子链的四种构象变化比较敏感，特征峰 1128cm^{-1} 对应 tg′t 构象，1044 cm^{-1} 对应 tg′g 构象，tt′t 和 tt′g 构象特征峰归属于 1044~1128 cm^{-1}，特征峰的强度表示四种构象的分布。从图 7-6 可以看出，所有样品均在 1044 cm^{-1}、1090 cm^{-1} 和 1128 cm^{-1} 出现明显的特征峰，但是特征峰的相对强度有差异。将 1128 cm^{-1} 特征峰归一化，1044 cm^{-1} 和 1090 cm^{-1} 的相对强度如表 7-1 所示。

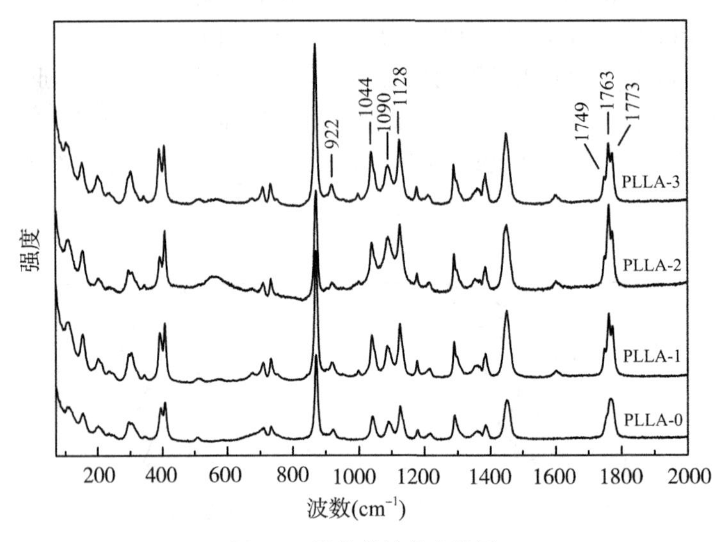

图 7-6　样品的拉曼光谱图

对比特征峰的强度，发现 PLLA-1 和 PLLA-3 在 1044 cm^{-1}特征峰处的相对强度高于 PLLA-2，但是在 1090 cm^{-1}特征峰处明显低于 PLLA-2。按照 Yang 等(2004)的分子链构象变化理论，可以得出高压环境下溶液等温结晶的 PLLA-2 晶体中，tg′g 构象比率降低，而 tt′t 和 tt′g 构象所占比率升高，这暗示高压改变了溶液等温结晶 PLLA 的分子链构象分布，可能形成了结构更加复杂的亚稳态 α 晶。

表 7-1　　**拉曼峰 1044 cm^{-1}、1090 cm^{-1}、1128 cm^{-1}的相对强度**

	PLLA-0	PLLA-1	PLLA-2	PLLA-3
I_{1044}	0.70	0.79	0.75	0.80
I_{1090}	0.54	0.59	0.83	0.58
I_{1128}	1.0	1.0	1.0	1.0

7.2.3　小结

我们通过初期探索发现，高压可以作为 PLLA 溶液等温结晶生长的重要参数，它不仅有利于晶体生长，而且影响 PLLA 的结晶形态和构象结构。这可能有两方面的原因：首先，相对于常压而言，在高压环境下 PLLA 分子链在溶液中自由体积减小，分子链之间的相互作用增强，使分子链重新排列而形成预有序的凝聚态结构，降低系统自由能，进而有助于晶核的形成和长大；其次，高压还将改变分子链与溶剂分子之间的相互作用，对分子链的振动方式进行微调整，形成了有别于常压溶液中预有序的聚集状态，导致了晶面上晶核两边有差异更大的成长速度，而形成了非对称菱晶的生长(锐角大约为46°)和分子链构象分布的改变。

7.3 低压下 PLLA 的结晶

采用活塞圆筒研究了聚左旋乳酸的结晶行为，发现了 PLLA 的片状晶的生长形态。由于高分子材料分子链的灵活性以及分子链折叠结晶的特点，一般高分子材料的生长压强都不高。过高的压强会使高分子材料的生长停止而发生像溶剂“中毒”的现象，得到的高分子材料的晶体较小。因此，我们还讨论了 PLLA 在低压(小于 100 MPa)段的等温生长过程。

7.3.1 实验材料与检测仪器

1. 实验材料

①PLLA，购于西格玛-奥德里奇(上海)贸易有限公司，货号 94829-1G-F；②二甲苯，购于天津市风船化学试剂科技有限公司(原天津市化学试剂三厂)，纯度≥99.0%；③高纯氮气，购于普莱克斯(PRAXAIR)公司，纯度≥99.999%。

2. 实验仪器

①电子秤，梅特勒-托利多(Mettler Toledo)公司，型号 ML204/02，量程 220 g，精度 0.0001 g；②高压反应釜，Parr Instrument Compony，型号 4570 HP/HT Reactors，容量 250 mL，最大压强 5000psi（345bar），最高温度 500℃，控制装置为 4848 Reactor Controller；③偏光显微镜，奥林巴斯(Olympus)公司，型号 BX51，灯箱 U-LH100-3，相机 Canon EOS600D。图 7-7 为实验仪器的示意图。

晶体物质对光的折射率存在差异，有单折射，也有双折射。偏光显微镜原理是通过偏振片改变光的偏振方向，观察晶体等物质在视场中的变化，并由此来推断物质的性质。当两个偏振片的偏振方向互相垂直，物体为单折射时，视场内看不到任何物质，当物质是双折射时，仍会看到物质的形状等现象。例如，球晶在偏振片互相垂直时，会出现“十”字消光现象，因此可以通过偏光显微镜的“十”字消光现象判断物质是否为球晶(图 7-8)。

7.3.2 实验过程

1. 常压实验过程

(1)为避免杂质对 PLLA 溶液结晶过程的影响，将约 150 mL 的酒精倒入高压反应釜，用高纯氮气排除空气，加热至 180 ℃，保持约 20 min，对反应容器进行清洗。

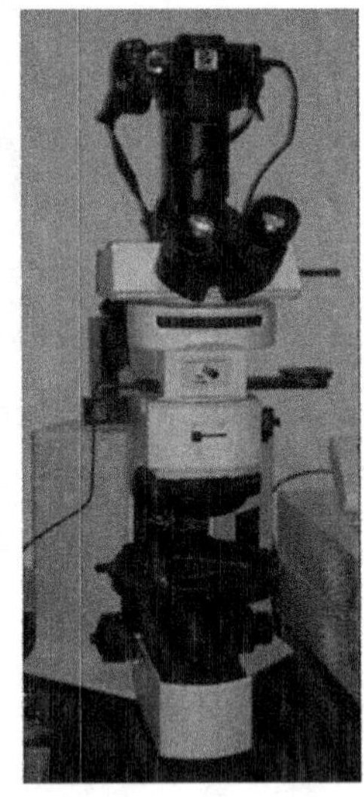

图 7-7　高压反应釜控制装置实物图(左)和偏光显微镜实物图(右)

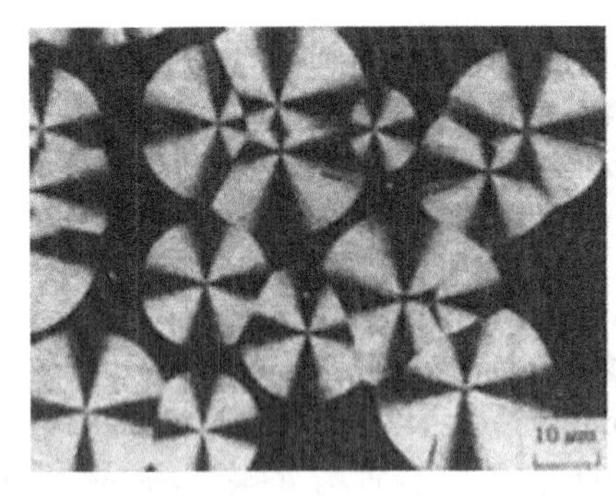

图 7-8　球晶在偏光显微镜下的完全消光的偏光图

(2)反应容器清洗完毕后，用电子秤称取 PLLA 颗粒 0.1 g，放入反应容器中。

(3)以烧杯为容器称量 99.9 g 的二甲苯，倒入反应容器中，配成质量分数为 0.1%的 PLLA/二甲苯溶液。

(4)组装实验装置。为避免高温下空气与溶液的反应，通入高纯氮气加压至 2~3 MPa，卸压排出气体，如此反复三次。

(5)为使 PLLA 完全充分溶解，选择Ⅱ挡加热，为使 PLLA 充分地溶解于二甲苯，加热至 165 ℃，持温约 30 min。为避免设备无法及时控温，采用梯度降温，并且每次降温都从加热指示灯闪烁 2~3 次之后开始。降温顺序为 165 ℃—150 ℃—140 ℃—130 ℃—120 ℃—110 ℃—105 ℃—100 ℃—95 ℃。从 95 ℃开始，每次下降 1 ℃，降温至 90 ℃，保持温度，开始计时。

(6)持温 10 h 后，通过搅拌器对溶液进行搅拌，搅拌速率为 40~70 r/min，搅拌时间为 60~80 s。

(7)36 h 后关闭仪器，停止加热，自然降温至室温。

(8)取出样品，并用锥形瓶盛装。

2. 高压实验过程

步骤(1)~(4)，(6)~(8)与常压实验过程一样，但步骤(5)中降温至 90 ℃后，要通入高纯氮气加压至 15 MPa，保持温度、压强恒定，开始计时。

本实验选择二甲苯作为溶剂的原因是二甲苯具有良好的热稳定性，在高温下不易与高分子聚合物发生化学反应。因为温度为 90 ℃时有利于 PLLA 的结晶。研究认为在 90 ℃的初期，溶液中的 PLLA 会逐步形成一种有序的聚集状态，随着时间的增加会形成菱形晶或者截角菱晶。所以若时间太长，形成菱形晶或者截角菱晶，将不利于后续结晶行为的进行，实验发现在 10 h 左右搅拌，会显著增加 PLLA 的成核数目，十分有利于 PLLA 晶体的后续生长。

7.3.3 实验结果与分析

从图 7-9 中可以清晰地看出，常压下质量分数为 0.1%的 PLLA/二甲苯溶液在 90 ℃时等温结晶 36 h 后，形成了大量增厚的透镜状菱晶和少量的平行四边形晶体，并且可以看到显著的层晶重组与增厚现象。Ruan 等(2010)指出搅拌可以促进 PLLA 的表面成核，由此可以推测由于搅拌，促进了层晶的形成以及层晶的增厚与重组。

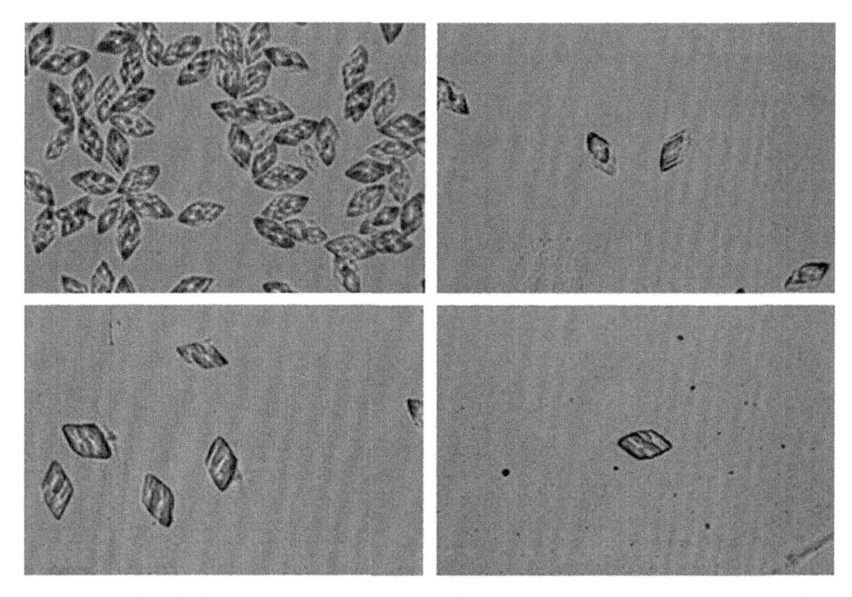

图 7-9 质量分数为 0.1 %的 PLLA/二甲苯溶液在常压下、温度为 90 ℃时等温结晶 36h 后的偏光照片

从图 7-10 可以看出，PLLA 在二甲苯溶剂中的成长增厚模式有两种，以图 7-10(a)为

增厚模式的占绝大部分，有少量的 PLLA 是以图 7-10(b)所示的增厚模式成长。从图 7-10(a)可以看出，溶液中 PLLA 的层晶增厚是以菱晶锐角端为公共端，仍以透镜状菱晶的方式向菱形晶的中心区域生长。图 7-10(b)可以表明 PLLA 的另一种增厚模式是以(110)面为一公共边，平行地向内菱形晶的内部区域扩展。

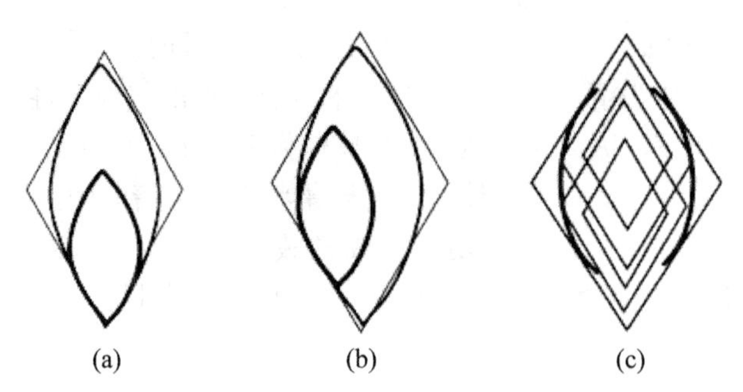

图 7-10　(a)、(b)为 PLLA 层晶增厚模式示意图；(c)图为 PLLA 菱形层晶增厚时钝角转变为圆弧示意图

从形成的阶梯状晶体可以看出新一层的透镜菱晶与其下的透镜菱晶有一共同晶界或者晶区边缘。由此我们可以作出这样的推论，晶体在晶界处发生了层晶重组。层晶的增厚与重组，主要由于晶相内存在不稳定的区域，使得高分子链发生沿晶面的滑移。由此可以认为晶区边缘与溶剂分子的不断作用，导致晶区边缘的 PLLA 分子链段处于运动比较活跃的状态，使分子链沿着排列的方向滑移。

根据聚合物结晶成长理论，PLLA 会形成 α 相菱形晶。在本次实验则出现了大量的透镜状的晶体。首先我们可以推测是由于搅拌促进了晶体的表面成核，形成了层晶；又因为锐角比较利于分子链的贴附，所以菱晶生长过程沿锐角的扩展速率会较快，先于钝角方向形成较完整的锐角端区域，随着层晶的重组与生长，逐步形成阶梯状的层晶，再随着增厚与层晶的生长，菱形的钝角不断弱化，形成圆弧形的钝角端，如图 7-10(c)所示。

从图 7-9 可以发现，PLLA 透镜状菱晶与平行四边形晶体的形貌与厚度有很大的不同。透镜状菱晶的圆弧钝角边缘很薄，显得不是很完整。通过偏光显微图中视场深度的差异，可以看出，平行四边形晶体的厚度比透镜菱晶厚，另外平行四边形晶体晶区内的厚度分布很不均匀。根据聚合物结晶理论，当温度一定时，聚合物分子链存在解离与附着的动态平衡，由于溶液中温度的均匀性，所以在一定的温度下，PLLA 等温溶液结晶形成的晶体存在平衡的层晶厚度(Equilibrium Lamellar Thickness)。因此推断，结晶 36h 的晶体厚度仍处于中间过渡的厚度。

如图 7-11 所示，当压强为 15 MPa 时，质量分数为 0.1%的 PLLA/二甲苯溶液在温度为 90 ℃时等温结晶 36 h，自然降温至室温后，通过偏光显微镜发现了大量的透镜状菱晶。其中也存在极少量的锐角端极度锐化、尺寸较大的透镜状菱晶。

图 7-9 与图 7-11 都是在偏光显微镜放大一样的倍数后拍摄的照片，因此通过图 7-9 与图 7-11 能清晰看出，与常压下透镜状菱晶相比，高压下的透镜状菱晶的尺寸要小得多，但高压下透镜状菱晶的晶区边缘明显增厚，而且锐角端的角度更加狭小。另外，通过图片

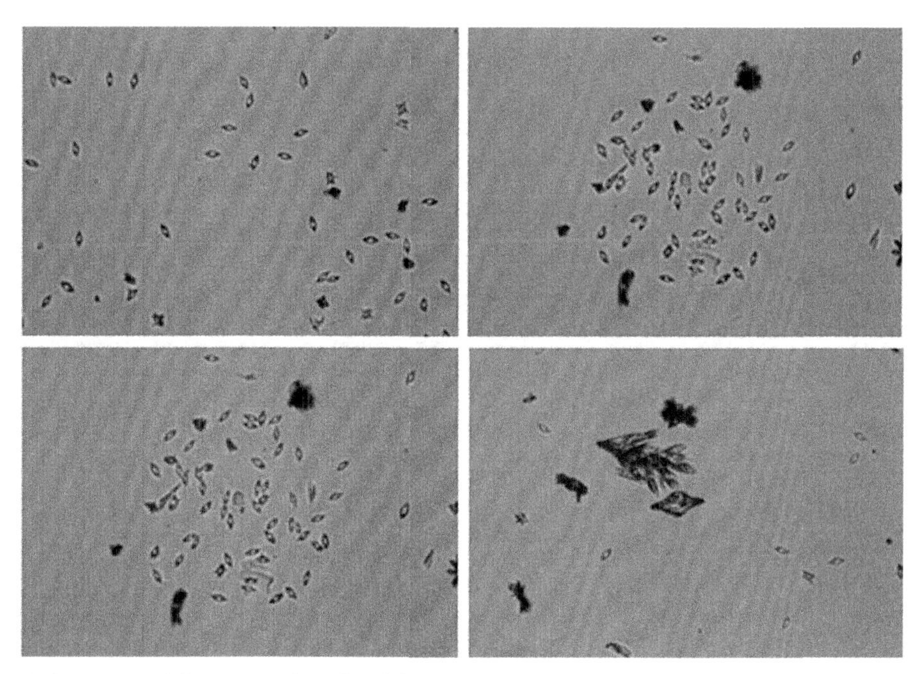

图 7-11 压强为 15 MPa 时，质量分数为 0.1%的 PLLA/二甲苯溶液在温度为 90 ℃时等温结晶 36 h 后形成的透镜菱晶的偏光显微图

我们可以清楚地看到高压下透镜菱晶的中心很薄，而两个锐角端区域则明显地增厚。

如图 7-12 所示，本实验中发现了 PLLA 新的结晶形状。这种树枝状的结晶形状在本实验所调研的文献中未见有报道。从图 7-12 中可以看出，在此结晶环境下形成了大量的树枝状晶体，说明这种树枝状的晶体形态在该实验条件下具有一般规律性。通过与放大同样倍数的图 7-9 对比，发现树枝状的晶体尺寸要大得多，有的甚至肉眼可见。在偏振片垂直消光后，发现树枝状晶体没有被完全消光，仍然存在一个树枝状的亮场。

本实验中除了在溶液中发现了有规则的晶体形态外，在反应容器的内壁上，也发现了团聚的球晶，图 7-13 和图7-14所示的偏光照片分别是在高压(15 MPa)和常压下获得的样品在偏光显微镜下拍摄得到的。这些球晶尺寸都非常大，肉眼即可看见，而且两种压强条件下此种球晶都出现了团聚，但团聚的方式不一样。通过两者偏光照片(图 7-13 和图 7-14)的表面光泽的对比，发现高压下球晶的形貌比较粗糙，没有常压下获得的球晶的表面光滑。

7.3.4 讨论

1. 高压对 PLLA 在溶液中结晶行为的影响分析

首先可以推断，高压定向地改变了 PLLA 分子链沿(110)面的扩展速率，促进了 PLLA

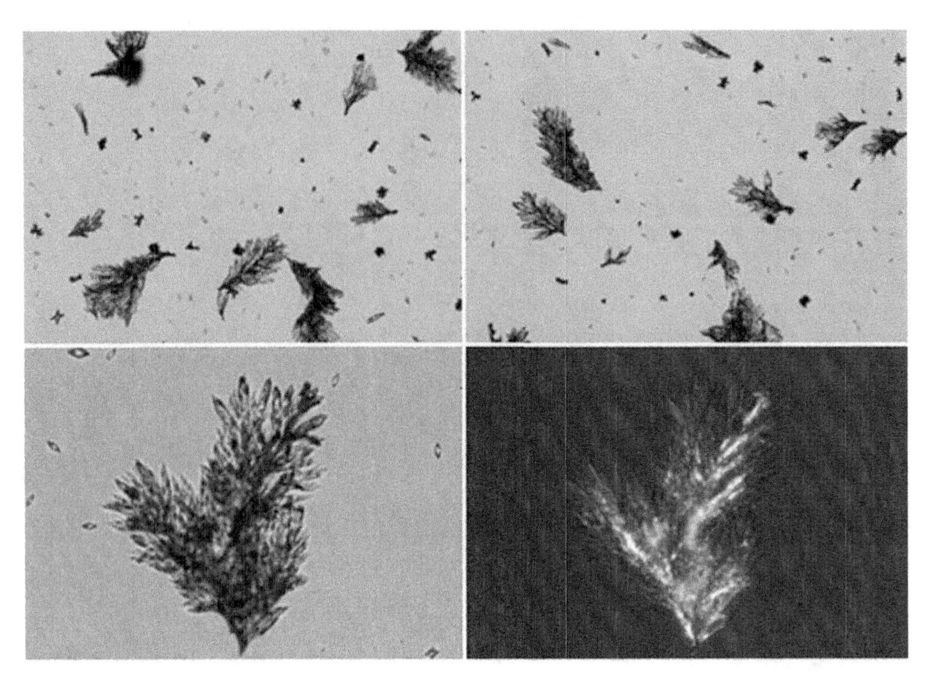

图 7-12　压强为 15 MPa 时，质量分数为 0.1%的 PLLA/二甲苯溶液在温度为 90 ℃时等温结晶 36 h 后形成的树枝状晶体的偏光显微图

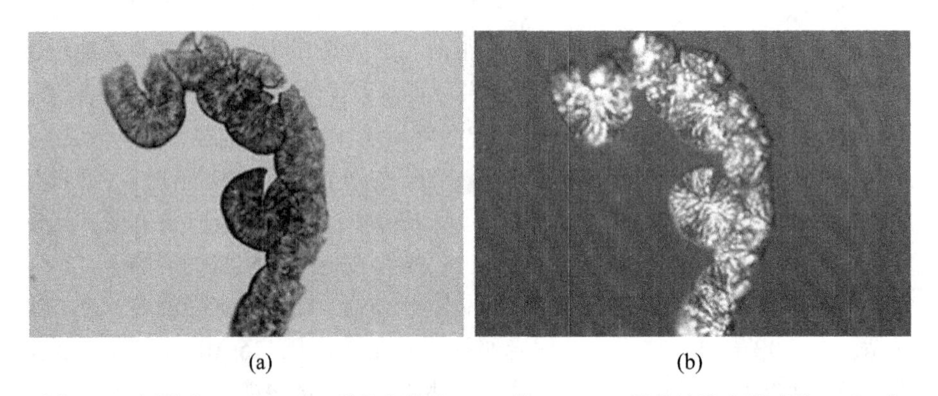

(a)　　(b)

图 7-13　压强为 15 MPa 时，质量分数为 0.1%的 PLLA/二甲苯溶液在温度为 90 ℃时等温结晶 36 h，析出附着在容器内壁的样品的偏光照片[(a)图是单偏振片时拍摄的偏光照片；(b)图是偏振片垂直消光拍摄的偏光照片]

分子链沿锐角方向的扩展速率，因而形成了锐角端锐化的透镜菱晶。至于晶区的边缘部分明显增厚，这可能是由于高压下透镜状菱晶的锐角端的锐化，有利于 PLLA 分子链段在此区域附着，所以在锐角端有较明显的增厚现象。由于高压能促进溶液中溶剂分子与分布在晶区边缘的 PLLA 分子链段的相互作用，使得晶区边缘的分子链段处于一种动力学不稳定的状态，在晶区边缘很有限的区域内发生了分子链段沿排列方向滑移，同时高压又引导了

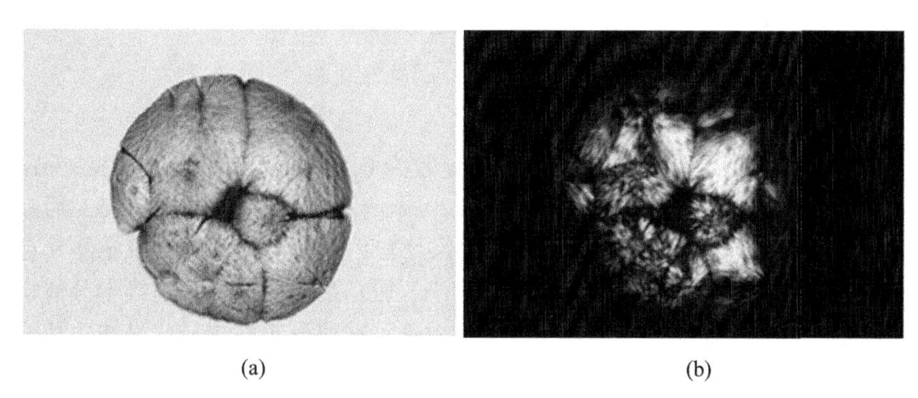

(a) (b)

图 7-14 质量分数为 0.1%的 PLLA/二甲苯溶液在常压下、温度为 90 ℃时等温结晶 36 h，析出附着在容器内壁的样品的偏光照片[(a)图是单偏振片时拍摄的照片；(b)图是偏振片垂直消光拍摄的照片]

溶液中 PLLA 分子链段的有序聚集，所以晶区边缘有明显的增厚。

对于树枝状晶体的形成，目前调研的文献中未见有报道。黄星源(2009)和 Huang Yifang(2010)等在研究 PLLA 于稀溶液中的结晶行为中指出，在 90 ℃等温结晶时，PLLA 在 PLLA/二甲苯混和溶液中的结晶初期，会形成一种有序的聚集状态，这种有序的聚集状态随着结晶时间的增加会形成透镜状菱晶、菱晶或者截角菱晶。高压下透镜菱晶的生长受到了抑制，所以高压下 PLLA 透镜菱晶的尺寸小于常压下的。

由于搅拌可以使成核的数目增加，高压则能促进晶核的有序聚集。所以，就有可能形成一定排列的晶核，这些晶核随着 PLLA 分子链的附着而不断生长，在生长的过程中这些晶核通过 PLLA 分子链彼此连接，形成本实验中树枝状的晶体。由于高压改变了 PLLA 的结晶途径，使得 PLLA 的分子链聚集形成树枝状晶体。因为树枝状的晶体参差错落的排列，所以树枝状的晶体对光的折射率不同。这就能很好地解释图 7-12 中的树枝状晶体不能被完全消光的现象。然而，对于树枝状晶体形成的微观动力学机制，目前还没有研究清楚。

2. PLLA 溶液结晶过程中球晶的形成

Yuryev 等(2008)通过将 0.1% PLLA/二氯甲烷溶液滴加在玻璃片上获得了 PLLA 薄膜，通过加热后降温获得了球晶的 PLLA。这与在反应容器内壁上发现球晶的现象一致。由此我们可以作出如下推测分析：实验中由于搅拌使得 PLLA/二甲苯溶液滴从溶液中溅出，在容器的内壁上形成了一层 PLLA/二甲苯溶液薄膜，随着容器壁不断地加热、后又降温，因而形成了球晶。然而由于高压反应釜是通入高纯氮气提供一个高压环境，气体与溶液滴薄膜的相互作用很强，因此高压环境下形成的球晶表面比较粗糙(图 7-13、图 7-14)。

7.4　小结

本章主要探讨了以二甲苯为溶剂、质量分数为 0.1%的 PLLA 的高压溶液结晶行为。实验通过对比常压与高压(15 MPa)下 PLLA/二甲苯溶液在 90 ℃等温结晶 36 h 后晶体偏光照片，发现常压下溶液结晶的 PLLA 普遍形成尺寸较大的透镜状菱晶，该晶体具有明显的层晶增厚现象；高压下则普遍形成晶粒尺寸较小、锐角端锐化、晶区边缘十分清晰、没有明显层晶增厚的透镜状菱晶，然而在高压下还发现了普遍分布的树枝状晶体。这表明了高压能定向地影响 PLLA 在溶液中的结晶成长速率，同时高压还可以引导溶液中 PLLA 分子链和晶核的聚集，促进溶剂分子、分子链段彼此之间的相互作用，即压强可以影响 PLLA 在溶液中的结晶形状、晶体厚度、结晶途径。虽然通过实验证明了高压对 PLLA 的溶液结晶行为有着重要影响，但是对于树枝状晶体形成的微观动力学机制仍有待探索。

第8章　碳纳米管/聚左旋乳酸复合材料的高压结晶

8.1　高压研究纳米掺杂PLLA的意义

聚乳酸(PLA)是备受关注的一种高分子材料。合成聚乳酸的原料可以通过玉米等粮食作物发酵获得，属于一种低能耗产品，不依赖石油资源，这对人类的可持续发展具有重要的意义。并且聚乳酸具有很好的生物降解性和环境友好性，在自然界中的生物作用下能完全降解为水和二氧化碳，不会对环境造成任何污染和危害。

但是，由于目前聚左旋乳酸(PLLA)存在亲水性差、抗拉抗压强度略低、脆性较高等缺点，在材料制备与应用方面存在较大难度。随着复合材料的深入研究，添加一定比例的纳米材料能对聚左旋乳酸的结晶速率、拉伸强度、脆性等性能具有积极的影响。因此，研究掺杂纳米材料的聚左旋乳酸在高压下的退火结晶行为，为聚左旋乳酸材料的改性和应用提供了新的途径和方法。

碳纳米管的结构是由一层层的石墨片通过不同的弯曲达到圆形闭合形成的，又由于层状石墨薄片发生弯曲时所造成的直径大小和弯曲角度的不同，导致其闭合形成的链状结构各异。石墨片完全弯曲闭合形成的类似管状结构的外部直径通常具有几纳米至几十纳米大小，而石墨片管内部直径尺寸通常有一纳米大小，其管长尺寸一般多为微米数量级。由于碳纳米管的长度和直径的比值非常大，所以碳纳米管是一种典型的平面一维线状纳米材料。

在材料的研究中，压强、温度和组分是任何研究体系中三个独立的物理参量，压强的作用是任何其他手段无法代替的。高压能增强物质内部电子关联、电子-声子相互作用，改变电子自旋取向，为物质理论结构模型的建立、验证和发展提供新的依据。因此，高压不仅是一种实验手段或者极端条件，而且是改变物质体系的结构、状态和性能的又一新的基本维度。目前，实验室压强可以提高到550万大气压，比地球中心的压强还要高。人们将各种检测技术与DAC等装置结合进行高压原位测量，全面系统地开展了高压下物质的力、热、光、电、声等物性及其变化的研究。特别是高压技术与低温技术、激光加热技术和同步辐射等技术联用，为人类探索高压下物质结构的研究提供了更加有效的途径。

因此，采用高压技术研究PLA的结晶行为，可以提供PLA在高压下的结构转变的动态行为，有利于发现新问题、新现象，为全面揭示PLA晶型和构象的转变规律提供新的思路和方法。通过高压和纳米掺杂两种途径对聚乳酸材料进行改性研究，以期获得性能优异的聚乳酸材料。

本章主要采用纳米材料对聚乳酸进行复合，并用高压的方法研究了聚乳酸及其复合材料在高压下的结晶行为。研究发现，熔融结晶的聚乳酸材料在不同的温度和压强条件下存在不同的晶体结构，且纳米材料的添加能够有效地改变聚乳酸在高压下的结晶能力。这些研究结果对工业上聚乳酸产品制备过程中，如挤出、模塑、浇注成型、熔融纺丝、吹塑等成型加工方式具有很好的指导作用。另外，纳米材料对聚乳酸材料的结晶性能的影响规律，为调控聚乳酸材料的机械性能提供了实验的依据和方法。

8.2　高压制备碳纳米管/PLLA

8.2.1　复合材料的溶剂法制备

1. 实验材料

聚左旋乳酸(PLLA)购于济南岱罡生物工程有限公司，平均相对分子质量120000，为白色粉末状固体。碳纳米管(SWCNT)，是内径为5~8 nm，平均长度为50 nm的多壁碳纳米管，购于西格玛-奥德里奇(上海)贸易有限公司。三氯甲烷(氯仿)，纯度98%，购于阿拉丁试剂(上海)有限公司。实验采用铝为密封材料，将铝棒经车床加工为符合实验要求的盒子，外径26 mm，内径24 mm，并装配上紧密贴合的盖子。

2. 碳纳米管/聚左旋乳酸复合材料的制备

(1) 用电子天平称取2.000 g聚左旋乳酸放入锥形瓶中，再加入50 mL三氯甲烷，再用保鲜膜封住锥形瓶口，使其不会因温度升高导致三氯甲烷挥发溢出；再将锥形瓶放入设定水温50 ℃的磁力搅拌器中均匀搅拌2 h。

(2) 再次用称量天平称取0.060 g处理过后的碳纳米管，然后加入上一步的锥形瓶中，并在水温50 ℃下继续用磁力搅拌器搅拌4 h。

(3) 将搅拌完成的锥形瓶放入超声处理器中，在50 ℃下超声处理2 h，使碳纳米管能够更加分散和均匀。

(4) 将超声处理过后的样品倒入培养皿中，放入50 ℃烘干箱中烘干12 h。

(5) 最后将样品放入真空干燥箱中在80 ℃真空干燥2 h，以除去剩余的三氯甲烷和水分，待用。

8.2.2 复合材料的高压制备

1. 碳纳米管/聚左旋乳酸复合材料的装样

(1)将碳纳米管/聚左旋乳酸复合材料(CNT-PLLA)薄片剪成长度6 mm、宽度2 mm的条状碎片。

(2)每次加入0.5 g碳纳米管/聚左旋乳酸复合材料至盒子中，并用小型压机对样品加压至10 MPa，使样品密实无缝隙。

(3)重复步骤(2)，直到装入2.0 g碳纳米管/聚左旋乳酸复合材料，并用盖子盖好。

另外，为了便于与未掺杂碳纳米管的样品进行比较，纯的聚左旋乳酸也进行了相同方式的装配，制作方法和过程与上述复合材料相同。

2. 碳纳米管/聚左旋乳酸复合材料的高压组装

(1)将铝盒(含碳纳米管/聚左旋乳酸复合材料)放入硬质合金活塞圆筒中，并将活塞圆筒置于两面顶压机的台面上，然后设定预压压力将其压紧。

(2)将加热套安装在活塞圆筒的外面，可通过功率变压器对活塞圆筒进行外加热。K型热电偶置于活塞圆筒上表面的空洞内(深约3 cm)，用于测量样品的温度。样品的压强值由标定的油压与样品实际压强的关系直接给出，样品的温度由标定温度与实际温度的对应关系直接给出。

3. 高压结晶实验过程

(1)将样品预压至10 MPa，然后接通电源对样品加热至195 ℃(高于聚左旋乳酸的熔点165 ℃，以确保CNT-PLLA样品可以充分熔融)，保持此温度不变约30 min。

(2)分别对样品缓慢加压至0 MPa、50 MPa、100 MPa、150 MPa、200 MPa、250 MPa、300 MPa、350 MPa、400 MPa、500 MPa，然后保持温度和压强不变，使碳纳米管/聚左旋乳酸复合材料进行等温结晶约6 h。

(3)给装置断电，自然冷却至室温，卸压，取出样品。

8.2.3 复合材料的结构表征

(1)差热扫描量热分析，采用TA Q-100对样品进行DSC的测量，加热速率为10 ℃/min，加热范围为25~190 ℃，并有氮气保护。样品的结晶度通过下面的方程计算：

$$X_{c\text{-DSC}} = \frac{\Delta H_m - \Delta H_c}{\Delta H_m^0} \times 100\% \tag{8-1}$$

式中，ΔH_m^0 为完全结晶的PLLA熔化焓，根据Hoffman等(1962)测得的结果，约为142 J/g；ΔH_m 为DSC测得的熔化焓；ΔH_c 是DSC测得的PLLA的结晶焓。

(2)广角X射线衍射：采用Bruker Nanostar系统得到样品的WAXD，X射线源为

0. 1542 nm，Ni 过滤的铜靶 K_α 射线。测量条件为 30 kV、20 mA，扫描速率为 3 °/min，范围在 10°~35°。

(3)扫描电子显微镜：采用 Hitachi S3400+EDC SEM 对样品的微观形貌进行表征，工作电压为 10 kV。首先将样品在液氮中处理，折断得到样品的脆断面，并对断面进行喷金处理以增强其导电性。

8. 3　高压对碳纳米管/PLLA 结晶的影响

8. 3. 1　广角 X 射线衍射分析

图 8-1 为 CNT-PLLA 样品在不同温度和压强条件下结晶样品的 WAXD 曲线。从图中可以看出，样品在结晶压强范围为 0~250 MPa 时都展现出明显的衍射峰，衍射峰的位置 2θ= 16. 7° 和 19. 1°，它们分别对应着聚左旋乳酸 10_3螺旋结构的(200)和(203)，图中并没有看到明显的衍射峰的移动。这些结果说明 CNT-PLLA 样品在 185℃结晶时在结晶压强为

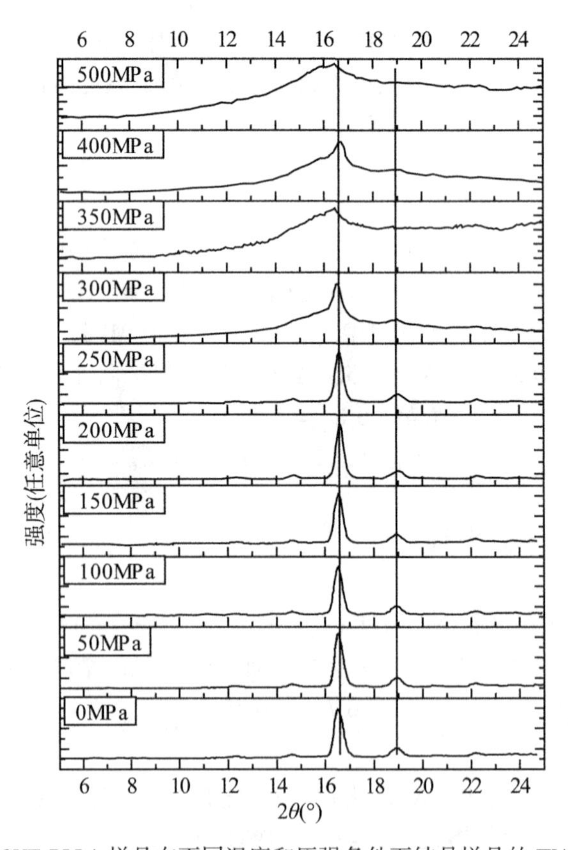

图 8-1　CNT-PLLA 样品在不同温度和压强条件下结晶样品的 WAXD 曲线

250 MPa 以下为 α 晶，没有 α′晶体的形成。当结晶压强超过 250 MPa 时，样品的衍射峰出现了漫反射鼓包，展现出衍射峰与非晶峰的叠加，说明样品不完全结晶，为晶体与非晶共存的状态。随着结晶压强的进一步增加，当结晶压强达到 500 MPa 时，样品展现为完全漫反射的鼓包，说明样品为完全的非晶态，聚左旋乳酸在这样的条件下完全失去了结晶的能力而非晶化。图 8-1 中没有看到碳纳米管的衍射峰，可能是由于掺杂的量太少，其微弱的衍射峰被聚左旋乳酸掩盖了。这些结果与未掺杂实验对比，发现：碳纳米管的添加，使得聚左旋乳酸的结晶能力得到显著的提高，使结晶压强由原来的 200 MPa 提高到 400 MPa。这可能是由于碳纳米管表面的高度有序，使聚左旋乳酸的分子链在其表面有序排列；其较强的表面能使分子链即使在高温高压下也能够折叠成晶体。

8.3.2 红外光谱分析

图 8-2 为在不同压强 195℃下 CNT-PLLA 样品的红外光谱图。常压下 PLLA 有三个共同的特征峰，分别是 1752 cm^{-1}、1457 cm^{-1}、1382 cm^{-1}，它们分别对应的是 PLLA 的 α 晶

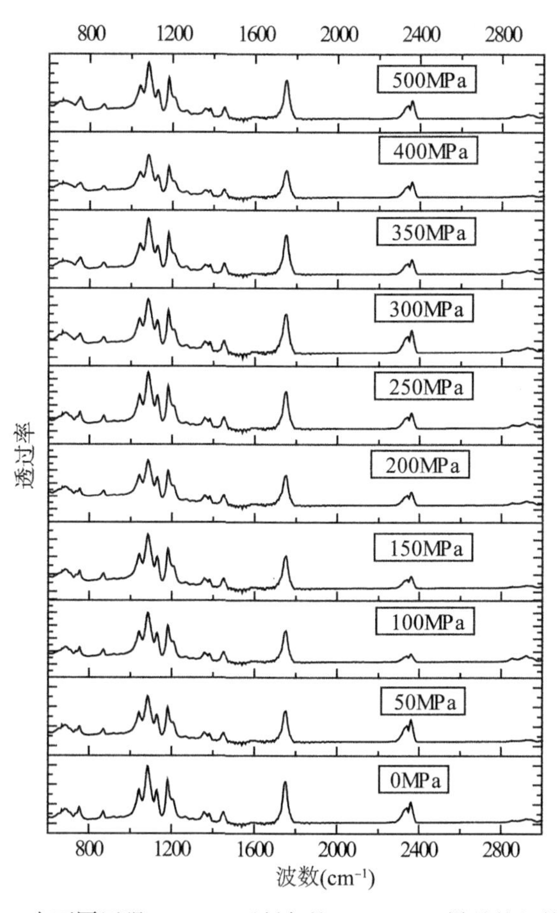

图 8-2 在不同压强、195 ℃下制备的 CNT-PLLA 样品的红外光谱

型的 C═O 伸缩振动、—CH_3反对称扭曲震动和—CH_3扭曲振动。在 1400～1350 cm^{-1}的波数范围内，PLLA 显示出在 1382 cm^{-1}附近的谱带，是由于—CH_3的扭曲振动对于聚左旋乳酸 α 晶体的 10_3面螺旋结构的影响。随着结晶压强的增加，样品的红外振动特征峰基本没有变化，相对强弱的变化也不大，说明碳纳米管和压强的作用没有改变聚乳酸样品的分子链振动模式。

8.3.3　扫描电镜分析

图 8-3 为在各压强、185 ℃下 CNT-PLLA 样品的 SEM 照片。由于样品不导电，在进行检测扫描前进行了真空喷金处理。另外，由于 250 MPa 结晶压强以后的样品为晶体与非

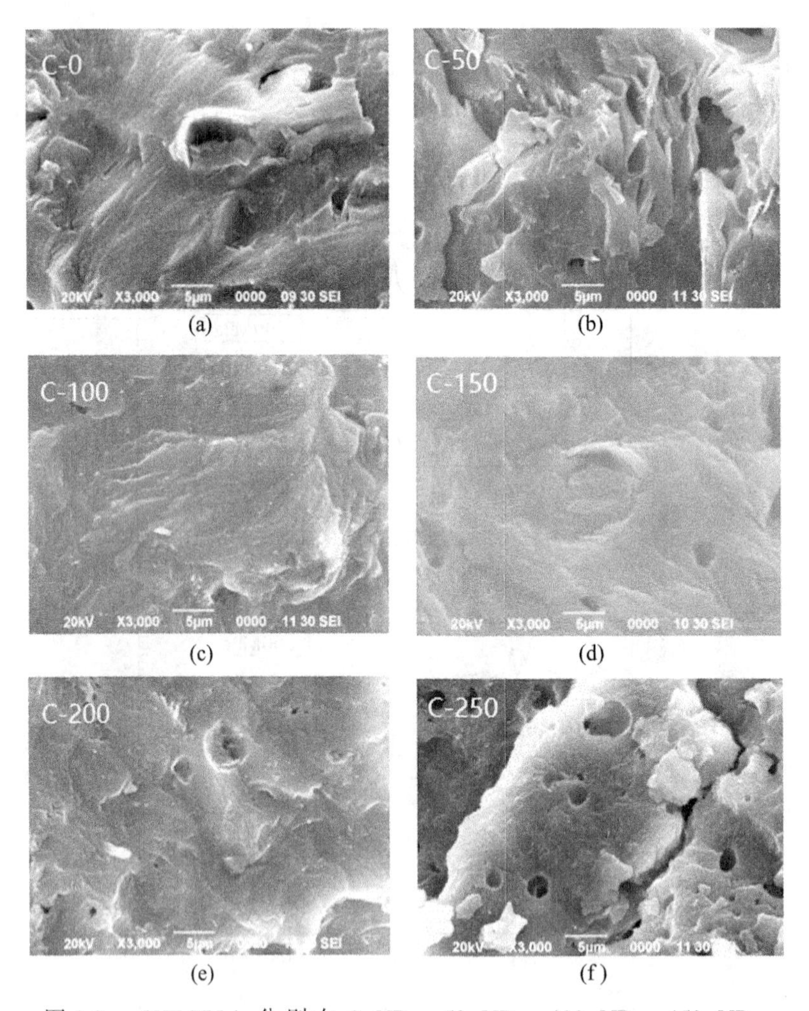

(a)　(b)　(c)　(d)　(e)　(f)

图 8-3　CNT-PPLA 分别在 0 MPa、50 MPa、100 MPa、150 MPa、200 MPa、250 MPa 压强下 SEM 放大 3000 倍的表面形貌图像

晶的混合物，或者非晶态，SEM 的检测结果中看不出有关的信息，所以这里只展示 0~250 MPa 压强范围内样品的 SEM 照片。

(1)图 8-3 中(a)和(b)分别是在常压下和 50 MPa 压强下制得的 CNT-PLLA 样品表面微观形貌，我们可以看出 CNT-PLLA 在 0 MPa 和 50 MPa 压强下样品出现一层层紧密贴实的片状晶体。并且在压强由常压转变为 50 MPa 后，CNT-PLLA 出现的片状晶体厚度变厚。

(2)图 8-3 中(c)和(d)分别是在 100 MPa 和 150 MPa 压强下制得的 CNT-PLLA 样品表面微观形貌，我们可以看出 CNT-PLLA 在 100 MPa 和 150 MPa 压强下，样品晶体层随着压强增加逐渐变得更加紧密。且在 150 MPa 压强下 CNT-PLLA 样品开始出现孔洞。

(3)图 8-3 中(e)和(f)分别是在 200 MPa 和 250 MPa 压强下制得的 CNT-PLLA 样品表面微观形貌，我们发现 CNT-PLLA 样品出现孔洞。随着压强的增加，片状晶体更加紧密，出现的孔洞数量逐渐增加，孔洞直径增大。

通过对 SEM 图像的分析，我们发现：常压下 CNT 增加了 PLLA 的结晶度，随着压强的增加使得晶体的结构更加密实。当压强达到 150 MPa 后，CNT-PLLA 开始出现孔洞，导致结晶变差，并且随着压强的增加，孔洞数量增加，孔洞直径变大。这可能是由于复合样品中添加的 CNT 导致 PLLA 发生分解行为。

8.4 压强对纳米掺杂 PLLA 结晶的影响机制

通过使用 X 射线衍射仪、激光拉曼光谱分析仪、傅里叶红外分析仪、扫描电子显微镜等仪器对 PLLA 和 CNT-PLLA 的改性研究与分析，我们可以得出 PLLA 和 CNT-PLLA 在 195 ℃初始熔融状态时，分别在 0 MPa、50 MPa、100 MPa、150 MPa、200 MPa 压强下保持 6 h 后，其晶体结构为结晶态；且在 250 MPa 压强下开始有非晶体出现；在 300 MPa、350 MPa、400 MPa 和 500 MPa 压强下，呈现玻璃化非晶状态。

从实验分析结果得出以下结论：①聚左旋乳酸在 195 ℃熔融温度下结晶时，压强超过 300 MPa则形成非晶态；当压强小于 250 MPa 时，PLLA 则可以形成晶体。②聚左旋乳酸在 0 MPa、50 MPa、100 MPa 压强下时呈现 α 晶型，在 150 MPa、200 MPa 属于 α 和 α′晶型，250 MPa压强下存在 α 和 α′晶型，当处于大于 250 MPa 时是 α″(非晶)晶型；随着压力逐渐增加，PLLA 的结晶度逐渐减小，当达到 250 MPa 晶态转变压强临界值时，PLLA 完全呈现非晶状态。

本章的研究结果表明：压强是影响聚左旋乳酸结晶的一个重要环境因素，其直接影响分子链的排列。分析扫描电子显微镜的表面形貌，碳纳米管的掺杂使得 PLLA 的表面形貌得到改变，即 PLLA 的片状晶体结构更加密实，并增强了处于相同压强下 PLLA 的抗压强度。随着压强的增加，使得 CNT-PLLA 片状晶体中出现孔隙，且孔隙的密度和直径也随着压强的增加而变大。这可能是高温、高压下提高了碳纳米管内表面的活性，使得 PLLA 在碳纳米管的表面发生了分解反应，分解产生的气体破坏了晶体的完整性，进而在微观上出现了孔洞。

第9章　阿拉伯胶的高压熟化研究

9.1　阿拉伯胶的概述

9.1.1　阿拉伯胶的成分与性质

阿拉伯胶(Gum Arabic、Gum Acacia、Turkey Gum、Gum Senegal)，是公认的使用历史最悠久、应用最广泛的无毒天然亲水胶体。古埃及人早在4000多年前就将阿拉伯胶用于矿物颜料的粘结，化妆品和墨水制造以及木乃伊制作。阿拉伯胶的药用价值也早有论述。例如，它能够减轻皮肤局部刺激性，并且能够对皮肤脱落、溃疡、烧伤部位起到保护作用。基于阿拉伯胶的营养和界面性质，阿拉伯胶在食品工业中已被广泛用作乳化剂、成膜剂、上光剂、稳定剂、增稠剂、悬浮剂、黏合剂、上光剂、水溶性膳食纤维等。

阿拉伯胶来源于豆科(Leguminosae)金合欢树种(Acacia Trees)的黏稠渗出物，经干燥后而得。金合欢树种在非洲、印度、澳大利亚、中美洲和北美西南部都有分布。天然的阿拉伯胶是一种含有钙、镁、钾、钠盐以及少量蛋白质的杂多糖，一般是泪滴状或球状，呈略透明的琥珀色。粉末状阿拉伯胶的颜色从水白色(无色)到淡黄色不等，上好的阿拉伯树胶几乎是无色的，有一些淡的黄色花纹，有的还有一些粉红线。

阿拉伯树胶的硬度取决于水分的含量、密度大小，以及内部的气泡数量。目前已商品化的阿拉伯胶主要有两种，一种是最常见的*A. Senegal*(GumHashab)，其功能最广，可满足食品工业使用的所有要求；另一种是*A. Seyal*(GumTalha)，在食品中工业中不能用于乳化食用香料和铸模成型的糖果，但其他用途均可满足。

凝胶渗透色谱(GPC)分离阿拉伯胶可以得到三种馏分：阿拉伯半乳聚糖(AG)、阿拉伯半乳聚糖蛋白复合物(AGP)和糖蛋白(GP)。其中，AGP能够在空气/水或者油/水界面处形成高弹的膜，被认为是阿拉伯胶具有良好表面活性(乳化)的原因。

Schmitt等(1999)发现在水体系中，阿拉伯胶与β-乳球蛋白的相互作用受到两者质量比、pH值和离子强度的强烈影响。Weinbreck等(2004)还发现在水体系中阿拉伯胶与β-乳球蛋白相分离速度最快，最终分离出的静电复合物体积和密度最大。

最近，Al-Assaf等(2005)研究发现“熟化”处理的阿拉伯胶相对分子质量明显提高，AGP组分含量也明显增加，黏度也大大提高。因此，形成的聚集体可以有效提高“熟化”

阿拉伯胶的表面活性，进而提高乳化性能。

9.1.2 高压对天然大分子结构的影响

超高压处理(High Pressure Processing，HPP)就是使用100 MPa以上(100~1000 MPa)的压强(一般是静水压)，一般我们所指的超高压处理即大于400 MPa，在常温或低温下对食品物料进行处理，使食品中酶、蛋白质、核酸和淀粉等生物大分子改变活性、变性或糊化，从而达到灭菌、物料改性和改变食品的某些理化反应速度的效果。

超高压处理过程是一个纯物理过程，瞬间压缩、作用均匀、操作安全、耗能低，处理过程中不发生化学变化，有利于保护生态环境。超高压处理能够很好地保持食品原有的色香味性，是目前一项公认的具有发展前景的加工技术。

超高压处理主要是破坏构成蛋白结构的三级、四级结构非共价键，而对共价键影响很小。研究发现超高压处理对蛋白质结构影响方向和程度不仅取决于压强大小，也与蛋白种类、溶液浓度、温度、溶剂及施压时间等有一定关系。超高压对食品(生物)大分子作用主要是压强所产生的物质体积变化，物质组分在结构上的差异，导致它们在超高压下压缩变形不同。当这一变形足够大时，可能会影响物质分子间结合形式，导致键的破坏和重组，从而使食品(生物)大分子功能特性发生变化。超高压处理能影响蛋白质溶解性、凝胶性及乳化活性等。

本章以天然阿拉伯胶为对象，分别考察了压强、温度和处理时间对阿拉伯胶熟化的影响。结果表明：温度是阿拉伯胶熟化改性的主要影响因素，温度越高，阿拉伯胶的平均相对分子质量越大，在100 ℃，12 h后平均相对分子质量可达到28000000；超高压不能改变阿拉伯胶的熟化程度，但是能够明显地缩短熟化时间，提高改性效率；红外光谱检测结果表明，高压没有改变阿拉伯胶组分。这些结果将为天然阿拉伯胶的改性提供一种新的方法和途径。

9.2 阿拉伯胶的高压熟化

9.2.1 阿拉伯胶的预处理及实验装置

本实验采用的阿拉伯胶样品购于西格玛-奥德里奇(上海)贸易有限公司，颗粒状，来源于刺槐，平均相对分子质量约为550000。阿拉伯胶在使用前先将固体颗粒中的杂质挑出，将适量固体颗粒倒入研钵中手动研磨成粉末。

高压设备为自制两面顶压机和内径为20 mm的碳化物硬质合金活塞圆筒模具(图9-1)，最高压强可达到5 GPa；圆筒的外围采用缠绕式电阻丝为整个装置提供加热，最高可到500 ℃。腔体内的压强是通过活塞上受到的压力和活塞的直径计算得到，并忽略了活塞壁与圆筒内壁之间的摩擦力的影响。温度是采用NiCr-NiSi热电偶测量，由数显温度表直接得到，图 9-1 中测量点与样品之间的温度差在实验前已经进行了标定。

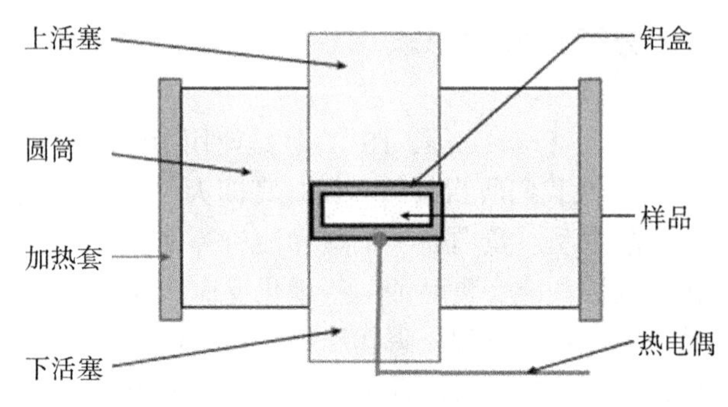

图 9-1　活塞圆筒模具及样品组装方式示意图

采用 waters-1515 型凝胶渗透色谱仪(Gel Permeation Chromatography，GPC)对回收样品进行相对分子质量的测量；采用 DSC 进行阿拉伯胶的热力学参数测量；采用红外光谱(Bruker，70 V)进行阿拉伯胶样品结构的表征。

9.2.2　阿拉伯胶的高压熟化实验

对于阿拉伯胶的高压熟化研究，本实验考虑了温度、压强和时间三个方面的影响。具体实验条件和过程如下所示。

(1)温度对阿拉伯胶熟化的影响。将铝盒(包含样品)置于活塞圆筒高压模具中，首先将样品预压至 0.1 MPa，然后加热至 40 ℃，60 ℃，80 ℃，100℃，并在每个温度下保持 2 h；为了对比压强的影响，还进行了 250 MPa 的对照实验(实验条件见表 9-1)。

表 9-1　　不同温度和压强条件下阿拉伯胶的平均相对分子质量检测结果

样品序号	T(℃)	P(MPa)	t(h)	M_w(10^5)
A1	40	0.1	2	5.502
A2	60	0.1	2	5.214
A 3	80	0.1	2	5.705
A4	100	0.1	2	8.158
A5	40	250	2	5.054
A6	60	250	2	4.749
A7	80	250	2	5.381
A8	100	250	2	8.936

(2)阿拉伯胶熟化的时间效应。取原始的阿拉伯胶样品，将样品放置在铝盒中，然后

置于活塞圆筒高压模具中。首先将样品预压至0.1 MPa，然后升温至100 ℃，在此温度下分别保持4 h、6 h、8 h、10 h、12 h，最后降温卸压，取出样品；同时，在压强为250 MPa下重复上述实验过程，获得高压下的对照实验(实验条件见表9-2)。

表9-2　　不同时间和压强条件下阿拉伯胶的平均相对分子质量检测结果

样品序号	T(℃)	P(MPa)	t(h)	M_w(10^6)
B1	100	0.1	4	1.071
B2	100	0.1	6	1.099
B3	100	0.1	8	1.345
B4	100	0.1	10	1.573
B5	100	0.1	12	2.793
B6	100	250	4	1.159
B7	100	250	6	1.382
B8	100	250	8	1.258
B9	100	250	10	2.064
B10	100	250	12	2.693

(3)压强对阿拉伯胶熟化的影响。在上述实验的基础上，得出阿拉伯胶熟化的温度、时间条件。采用最优的温度和时间条件，考察不同压强条件对阿拉伯胶相对分子质量的影响。按照上述放置步骤将样品放置好，然后将样品分别加压至预定压强(0.1 MPa，250 MPa，500 MPa，750 MPa，1000 MPa)，并升温至100 ℃，在此温度和压强下保持12 h，最后降温、卸压，取出样品(实验条件见表9-3)。

表9-3　　不同压强下阿拉伯胶的平均相对分子质量检测结果

样品序号	T(℃)	P(MPa)	t(h)	M_w(10^6)
C				0.5398
C0	100	0.1	12	2.793
C1	100	250	12	2.693
C2	100	500	12	2.748
C3	100	750	12	2.958
C4	100	1000	12	2.744

9.3　阿拉伯胶的高压熟化特性

9.3.1　阿拉伯胶的熟化随温度的变化曲线

表 9-1 为由凝胶渗透色谱(GPC)测试的不同温度和压强下阿拉伯胶的平均相对分子质量结果，由表 9-1 可得阿拉伯胶平均相对分子质量随加热温度的变化曲线，如图 9-2 所示。由图 9-2 可知，常压(0.1 MPa)下阿拉伯胶的平均相对分子质量对温度的升高有量的积累，在低于 80 ℃时平均相对分子质量变化不大，但是，当高压、100 ℃时平均相对分子质量增加明显。250 MPa 压强下阿拉伯胶平均相对分子质量随温度升高的变化基本与常压相同。这些结果表明：阿拉伯胶的平均相对分子质量对高温处理比较敏感，特别是温度为100 ℃时尤为明显。另外，0.1 MPa 和 250 MPa 压强下，平均相对分子质量的变化趋势相同，且相差不大，表明压强对平均相对分子质量的影响并不明显。

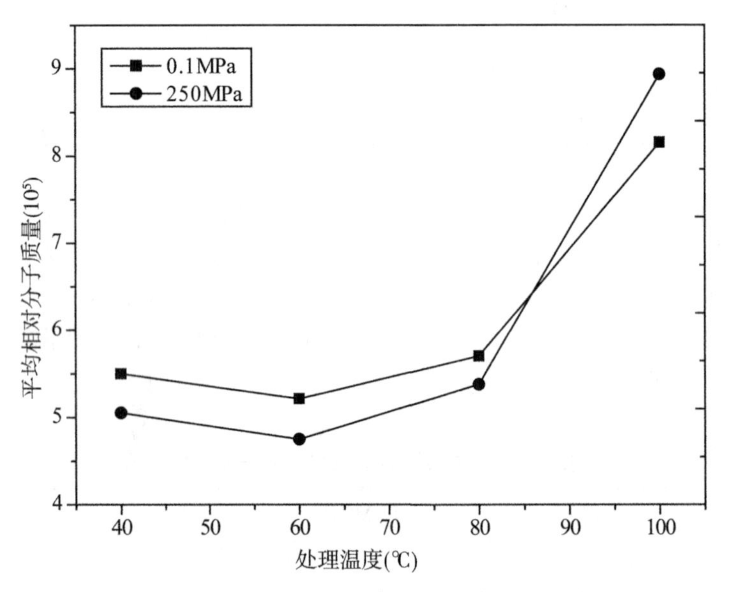

图 9-2　0.1 MPa 和 250 MPa 下阿拉伯胶平均相对分子质量随加热温度的变化曲线

9.3.2　阿拉伯胶的熟化随时间的变化曲线

我们优选最适宜温度 100 ℃进行不同压强下阿拉伯胶的熟化。表 9-2 为不同处理时间时阿拉伯胶平均相对分子质量的测量结果。由表 9-2 可得处理时间与平均相对分子质量的变化曲线，如图 9-3 所示。由表 9-2 和图 9-3 可知，100 ℃热处理时，低压样品(0.1 MPa)

和高压样品(250 MPa)的平均相对分子质量均随热处理时间的增加而增加；特别是熟化时间为8~12 h，平均相对分子质量急剧增大，为熟化时间4 h的2倍多。这表明：阿拉伯胶平均相对分子质量的变化具有处理时间效应，这可能是由于阿拉伯胶为大分子结构，分子间氢键、范德华力等相互作用较强，分子链不灵活，运动缓慢，不利于阿拉伯胶的熟化。另外，对比常压和高压样品的平均相对分子质量，发现相同处理时间下，高压样品的平均相对分子质量高于常压下，表明高压下平均相对分子质量的增加速度更快，高压能够缩短熟化时间。

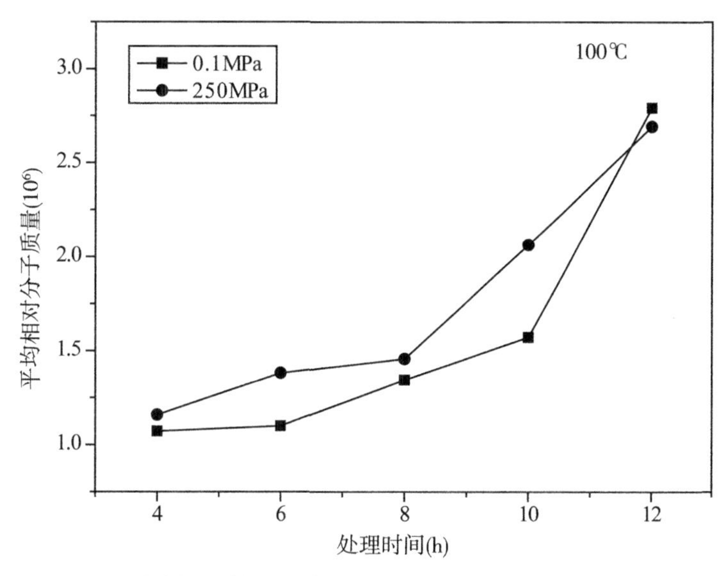

图9-3 不同处理时间下阿拉伯胶平均相对分子质量的变化曲线

9.3.3 高压对阿拉伯胶熟化的影响

通过对温度和压强的探索，我们发现阿拉伯胶的平均相对分子质量对温度非常敏感，对压强的影响比较迟钝。为进一步探索压强的影响，我们考察了不同压强下，阿拉伯胶的熟化特性。表9-3为100 ℃，不同压强下处理12 h后样品的平均相对分子质量。由表9-3可得处理压强与平均相对分子质量的变化关系，如图9-4所示。从图9-4来看，随压强的升高，阿拉伯胶的平均相对分子质量没有明显变化，且0.1 MPa压强下样品的平均相对分子质量与1000 MPa处理压强下几乎相等。这些结果表明：在相同的处理温度和时间条件下，高压不能明显地提高阿拉伯胶的平均相对分子质量。这可能是由于100 ℃时，阿拉伯胶的平均相对分子质量增加得较快，12 h的处理已经使阿拉伯胶中阿拉伯半乳聚糖蛋白复合物(AGP)达到了平衡。因此，高压不能提高阿拉伯胶的平均相对分子质量，但是能够缩短热处理的时间，提高处理效率。

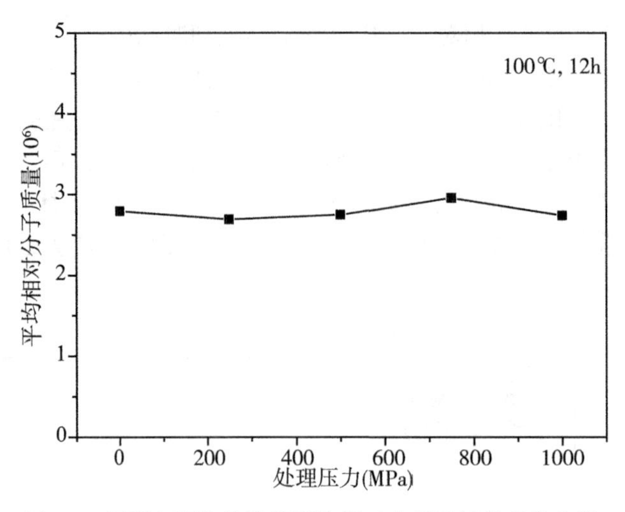

图 9-4　压强与阿拉伯胶的平均相对分子质量的变化曲线

9.3.4　高压处理后阿拉伯胶的红外光谱分析

图 9-5 为不同压强下熟化处理后样品的红外光谱图。其中，3423 cm^{-1}处吸收峰为阿拉伯胶中多糖上的羟基，2926 cm^{-1}为阿拉伯胶中的烷基。从图 9-5 可以看出，高压处理前

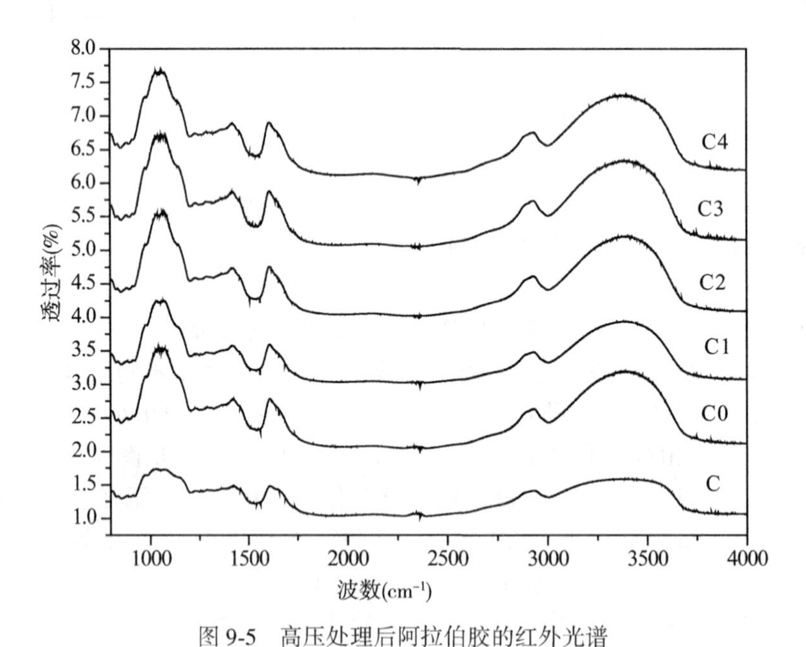

图 9-5　高压处理后阿拉伯胶的红外光谱

（C 为原始样品，C0，C1，C2，C3，C4 分别为 0.1 MPa，250 MPa，500 MPa，750 MPa，1000 MPa 压强下经 100 ℃，12 h 处理后的阿拉伯胶样品）

后，红外光谱的峰型和强度基本没有改变，也没有其他新峰的出现，表明高压没有破坏阿拉伯胶中的化合键、改变组成阿拉伯胶的组分。

9.4 小结

本章采用控制变量法，初步探索了温度、压强和处理时间对阿拉伯胶熟化的改性规律。研究发现，温度是提高阿拉伯胶平均相对分子质量的主要因素，在 100 ℃，12 h 处理后平均相对分子质量可达到 2800000；相同温度和压强条件下，延长处理时间有利于提高其平均相对分子质量；相对于常压，高压不能明显提高阿拉伯胶的平均相对分子质量，但是高压能够缩短相同条件下的处理时间，提高了效率。这些结果为高温高压技术研究生物大分子材料的改性提供了新的思路和方法。

我们只是初步探索了温度、压强和加热时间对阿拉伯胶的改性效果，虽然得出了一些结论，但只是初步的、不全面的，仍然需要对阿拉伯胶改性进行进一步的研究与分析表征。首先，初步探索了 100 ℃下不同压强对阿拉伯胶的影响，而低于 100 ℃的只是做了个别压强对阿拉伯胶的改性研究，因此有必要继续探索低于 100 ℃时各种不同压强和不同时间对阿拉伯胶的影响。其次，在常压和高压改性中只是测量了阿拉伯胶的相对分子质量，其他的譬如溶解度、黏度、pH 值等性质并没有测量分析，因此有必要对这些性质做检测与分析。最后，我们只是对结构表征，还有必要对阿拉伯胶进行分子层面的表征，如核磁共振、小角 X 射线衍射等。

第 10 章　聚乙二醇/[Emim][$EtSO_4$]凝胶的高压制备及性能研究

10.1　离子液体凝胶

在高能量密度锂电池、燃料电池、太阳能电池和电化学窗口领域，凝胶电解质(Gel Polymer Electrolytes，GPEs)被认为最具潜力的电解质薄膜，是通过聚合物将液体电解质凝胶化而得到具有空间网络结构的凝胶薄膜。GPEs 具有一些特殊的性能，如高的离子电导率、良好的机械稳定性、宽的电化学窗口和优异的界面稳定性。然而，研究发现有机溶剂凝胶电解质的热稳定性和电化学性能较差。有机溶剂作为电解质时，由于其自身的挥发性限制了凝胶的热稳定性，且相对窄的电化学窗口也限制了其电化学稳定范围。

离子液体(Ionic Liquids，IL)以其优异的性能越来越受到人们的关注，例如，不挥发、不燃烧、高的离子传导率和宽的电化学窗口等。这些奇特的性质使其有望应用于电化学设备。目前为止，研究者已经采用聚合物 PVDF-HFP、PMMA、PVA、明胶和聚离子液体等线型高分子材料作为凝胶材料，将离子液体凝胶化而制备成聚合物离子液体凝胶电解质。通常聚合物离子液体凝胶的电导率在 $10^{-8}\sim10^{-3}$ S/cm(25 ℃)，热稳定温度最高可达 250 ℃。然而对于应用而言，离子液体凝胶应具有更高的离子电导率。在聚合物离子液体凝胶系统中，离子的移动像液态一样自由，聚合物的网络结构提供了一个机械完整性。离子移动能够提供较好的导电功能，聚合物凝胶网络结构提供了一定的机械强度。因此，聚合物作为凝胶基质时，其结构对于凝胶电解质的性能具有决定性的影响。

He 和 Lodge(2007)采用加热方法研究了嵌段聚合物在离子液体中的溶解性，Ueki 等(2012)报道了光控制的嵌段聚合物在疏水性离子液体中的可逆自组装行为。这些研究结果显示，聚合物离子液体凝胶的结构和性能对物理外场的诱导是非常敏感的。采用物理外场有望实现对聚合物离子液体凝胶结构和性能的优化。

为了进一步研究聚合物离子液体凝胶结构对其性能的影响，本章主要讲述了一种聚合物离子液体凝胶制备的高压新方法，并对高压制备的离子液体凝胶的电化学性能进行了研究。采用原位高压荧光的方法研究了 PEG/[Emim][$EtSO_4$]的溶胶—凝胶转变温度与压强的关系，得出了该凝胶的高压相图。同时，将 PEG/[Emim][$EtSO_4$]凝胶分别在常压和高压下进行了制备。并采用 WAXD、DSC、循环伏安法和交流阻抗法对凝胶的结构和电化学性能进行了表征和检测。

10.2 高压制备 PEG/[Emim][$EtSO_4$]凝胶

10.2.1 实验材料

离子液体[Emim][$EtSO_4$]购于河南利华制药有限公司，纯度为 99.5%。聚合物 PEG-6000，$M_n \approx 6000$，$M_w/M_n < 1.1$，购于美国西格玛-奥德里奇(上海)贸易有限公司。样品的制备过程可参考 Harner 和 Hoagland(2010)的研究，PEG 和[Emim][$EtSO_4$]按照 1：9 质量比混合，然后将其加热至 70 ℃，并保持 24 h 以上，直到 PEG 完全溶解。将得到的澄清溶液在 70 ℃条件下干燥 24 h，以除去样品中的水。最后，将样品自然冷却，获得 PEG/[Emim][$EtSO_4$]凝胶。该方法制备的离子液体凝胶作为下面实验的出发原料。

10.2.2 PEG/[Emim][$EtSO_4$]凝胶的高压相行为

PEG/[Emim][$EtSO_4$]凝胶的高压相图(P-T_{SG})是通过高压荧光方法得到的。荧光探针 DCVJ 是一种较好的探测溶液微黏度的指示剂。将样品放入一个石英材质的内腔中，其中内腔的长度为 5 mm，且盖有一个可伸缩的塑料软管。然后，将石英内腔放入一个不锈钢高压腔内(JIS SKD-62)，不锈钢高压腔具有四个蓝宝石窗口，且有 O-形环和密封圈固定，高压腔的上部与高压泵(Hiroshima)连通，采用硅油作为内腔的传压介质。另外，高压腔具有管状水道，与一定温度的循环水系统连通，保持恒定的温度。荧光寿命是通过时间分辨的单光子计数技术(TCSPC)来测量得到的。实验采用 20 MHz，405 nm 的皮秒激光器(BDL-405)为激发光源。通过 SPC-130 TCSPC 模块采集波长为 500 nm 处的光子数，并对时间积分得光强。对得到的衰减曲线采用双指数函数进行分析和拟合。对衰减强度进行加权平均数拟合得到荧光寿命。通过对高压腔注入传压介质，将样品加压至 250 MPa，温度变化范围为 25~75 ℃。

溶胶—凝胶转变温度主要是通过样品黏度的突变来确定。根据公式：

$$\phi = C + x\log\eta \tag{10-1}$$

式中，ϕ 为荧光量子产率；C 和 x 为常数(其中对 DCVJ，x 为 0.6)；$\log\phi$ 与 $\log\eta$ 的对应关系图实现荧光寿命到黏度的转换，且可以作为一个校准图。因此，荧光寿命的突变是一个有效判断溶胶—凝胶转变的判据。具体的理论依据和分析方法可参考 Hungerford 等(2009)的研究成果。

10.2.3 样品的高压制备

为了进一步研究压强对凝胶结构和性能的影响，我们分别对 PEG/[Emim][$EtSO_4$]凝胶在常压和高压下进行了制备。采用硬质合金材质的活塞圆筒装置和两面顶压机实现加压，并配有电阻丝加热炉进行加热，其中活塞的直径为 26 mm。样品被封装在直径为 24 mm，深度为 8 mm 的铝盒内。详细的样品组装过程、压强和温度的标定见 Su 和 Li 等(2009)的研究。首先将样品装入活塞圆筒压腔中，然后加热至预定温度(高于凝胶在该压强下的 T_{SG})。保持温度恒定，将样品加压至预定值，接着断电，自然降温至室温，卸压，取出样品。为了便于比较，另一个常压下自然降温的样品也用相同的装置进行制备。

10.2.4　结构和性能表征

采用广角 X 射线衍射(WAXD)对常压和高压制备的样品进行结构表征。WAXD 为 Bruker Nanostar 系统，铜靶 K_α 为射线辐射源，波长为 0.1542 nm。样品被两片聚酰亚胺薄膜夹在中间，放入三孔瞄准的系统中。衍射范围 2θ 为 6°~26°，扫描速度为 3 °/min。样品的热力学参数通过 DSC(TA Q-100)测量得到，加热速率为 1 ℃/min，温度范围 15~85 ℃，采用氮气吹扫保护，速率为 50 cm^3/min。

采用电化学分析仪(CHI660E)通过交流阻抗法和循环伏安法对样品的电化学性能进行表征。循环伏安法采用惯用的三电极系统，饱和甘汞电极、铂片电极和玻碳电极分别作为参考电极、对电极和工作电极。交流阻抗分析是通过两个对称的不锈钢电极获得，频率范围为 10 mHz~1 MHz，电压幅值为 100 mV。

10.3　凝结的结构与性能分析

10.3.1　高压相图(P-T_{SG})

图 10-1(a)为不同温度下荧光探针在 PEG/[Emim][$EtSO_4$]凝胶中的荧光衰减曲线和荧光寿命曲线。由图 10-1(b)可知，在 30~55 ℃温度范围内，随着温度的升高，荧光寿命几乎保持不变；但是，在 55~60 ℃温度范围内，荧光寿命急剧减小；在 60~75 ℃温度范围内，荧光寿命保持一个较小值，且几乎没有变化。这些结果表明 PEG/[Emim][$EtSO_4$]的溶胶—凝胶转变温度应该为 55~60 ℃，并确定为 56 ℃。显然，荧光寿命对 PEG/[Emim][$EtSO_4$]的溶胶—凝胶转变是非常敏感的。

通过以上方法，也可以获得 PEG/[Emim][$EtSO_4$]的荧光寿命与压强的关系，选择 75 ℃为压缩温度。结果发现在 250 MPa 时，PEG/[Emim][$EtSO_4$]凝胶的荧光寿命存在突变，并确定 75 ℃时，PEG/[Emim][$EtSO_4$]的溶胶—凝胶转变压强为 250 MPa。

综上所述，我们可给出 PEG/[Emim][$EtSO_4$]的高压相图(图 10-2)。从溶胶—凝胶平衡线可以看出，T_{SG} 随着 P 的增加而升高，说明高压能够增强凝胶相的热稳定性。

在高压相图的基础上，两个 PEG/[Emim][$EtSO_4$]样品分别在上述活塞圆筒上进行制备。如图 10-2 所示，将样品加热至 95 ℃(高于其凝胶温度 65 ℃)，然后常压下自然降温，获得凝胶样品 1；将样品加热至 95 ℃，并保持 5 min，然后缓慢加热至 300 MPa，接着自

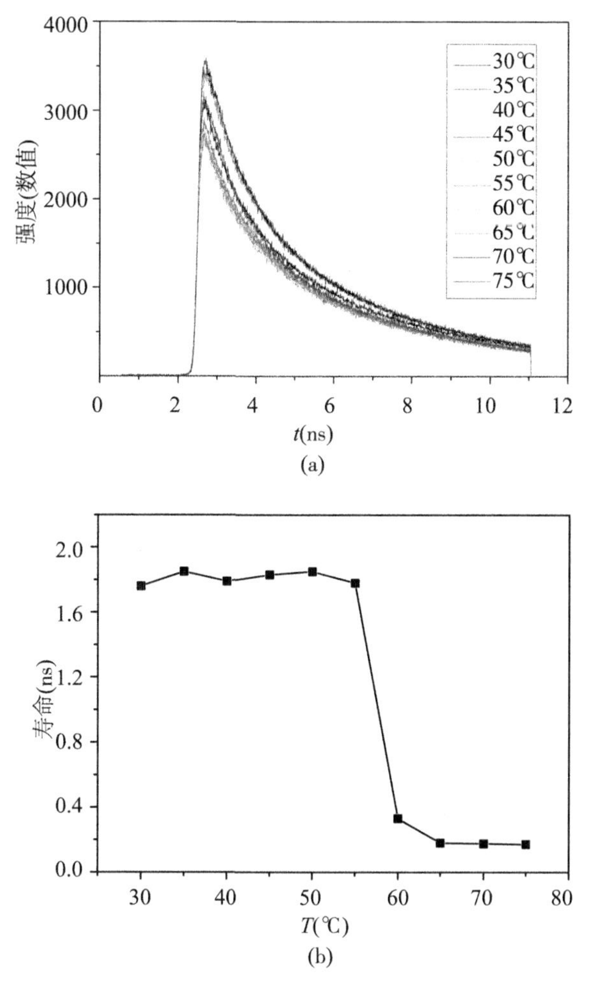

图 10-1 (a)PEG/[Emim][$EtSO_4$]凝胶的荧光衰减与温度的关系曲线和(b)常压下加热过程中 PEG/[Emim][$EtSO_4$]的荧光寿命与温度的变化曲线

然降温至室温，获得凝胶样品 2。

10.3.2 DSC 分析

图 10-3 为样品 1 和样品 2 的 DSC 曲线，从图中可以看出，样品 1 的熔点为 56.2 ℃，样品 2 的熔点为 53.9 ℃，很明显，加压处理后凝胶的熔点稍有降低。根据 Thomson-Gibbs 方程，聚合物的熔点与其晶片厚度相关，熔点越高说明晶片厚度越大。由此可以推断，高压使 PEG/[Emim][$EtSO_4$]凝胶中 PEG 晶片的厚度变薄。两个样品的熔化焓(熔融峰面积)也明显不同，它可用于表征材料的结晶度的大小。

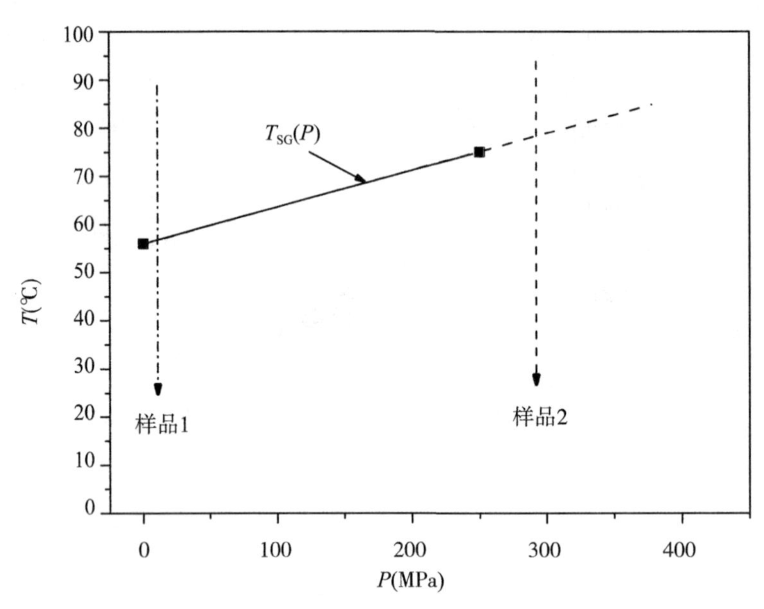

图 10-2　PEG/[Emim][$EtSO_4$]凝胶的 P-T_{SG} 相图及样品制备过程示意图

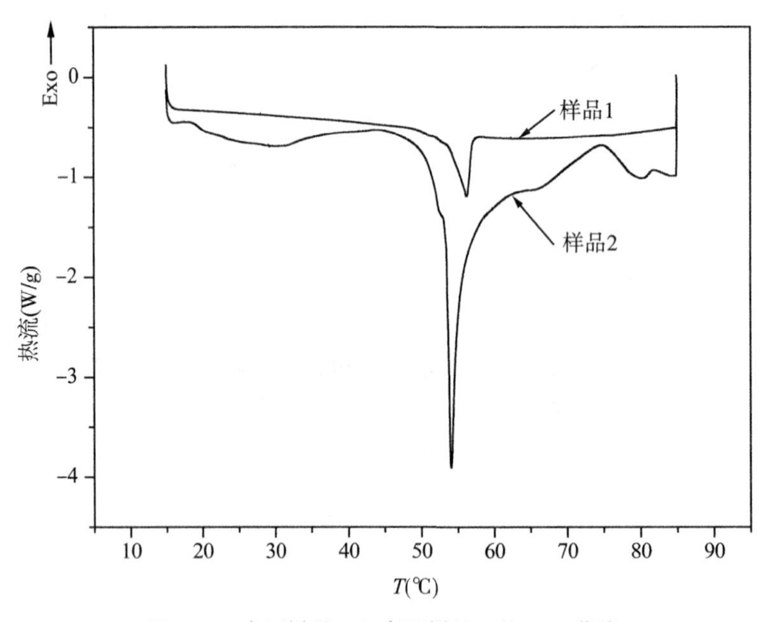

图 10-3　常压样品 1 和高压样品 2 的 DSC 曲线

为了便于计算，我们将 PEG 完整结晶时的熔化焓取值为 205 J/g。经计算可得到样品 1 和样品 2 的结晶度分别为 11.4%和 37.2%。显然，高压制备 PEG/[Emim][$EtSO_4$]凝胶的结晶度高于常压制备的样品。这些结果表明：高压能够改变凝胶剂在凝胶中的凝聚态方式，使凝胶结构变得更加有序或者结晶完整。另外，熔化峰的宽度($\Delta T_m = T_{onset} - T_{end}$)对应晶体尺寸的多样性。从图 10-3 中可以看出，样品 2 的熔化峰宽度大于样品 1，说明相对常压样品 1，高压制备的 PEG/[Emim][$EtSO_4$]凝胶中晶体尺寸更加不均匀。这些凝胶结构都为离子在凝胶中的传导提供了可能的通道。

10.3.3 WAXD 分析

图 10-4 为样品 1 和样品 2 的 WAXD 图谱，从图中可以看出，样品 1 和样品 2 具有较强的非晶背底；但是也存在明显的衍射峰，其中，峰位置 $2\theta=19.1°$和 $23.2°$，分别对应 PEG 的单斜晶胞的(120)面和(032)面。这些结果表明，压强处理并没有改变 PEG 晶体在离子液体[Emim][$EtSO_4$]的结晶形式，这可能是由于 PEG 和[Emim][$EtSO_4$]不能形成共结晶环境。高压降低了凝胶剂与离子液体相互间的作用力，PEG 分子链在高压受限环境下结晶。

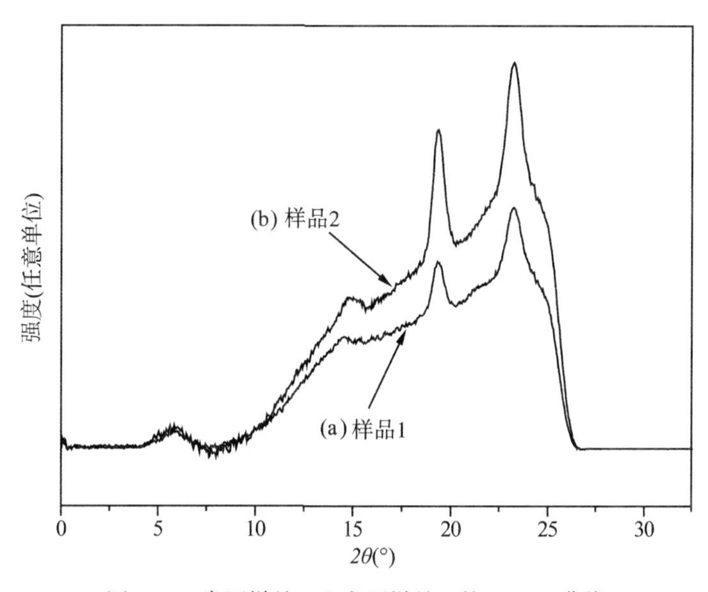

图 10-4　常压样品 1 和高压样品 2 的 WAXD 曲线

10.3.4 电化学性能分析

图 10-5 为样品 1 和样品 2 的循环伏安特性曲线(CV)，扫描速率为 1 mV/s。如图 10-5(a)所示，样品 1 在扫描电位大于 2.1 V 时出现了明显的还原峰，且在低于-0.7 V 时也出现了明显的氧化峰，这些结果显示样品 1 的电化学稳定范围为-0.7~2.1 V。如图 10-5(b)所示，样品 2 也出现了明显的氧化还原峰，且电化学稳定范围为-0.7~2.2 V。二者的电化学稳定范围几乎相同，表明高压不能改变 PEG/[Emim][$EtSO_4$]凝胶的电化学窗口。

图 10-6 为-0.7~0.7 V 范围内不同扫描速率(50 mV/s 和 100 mV/s)下的 CV 曲线。样

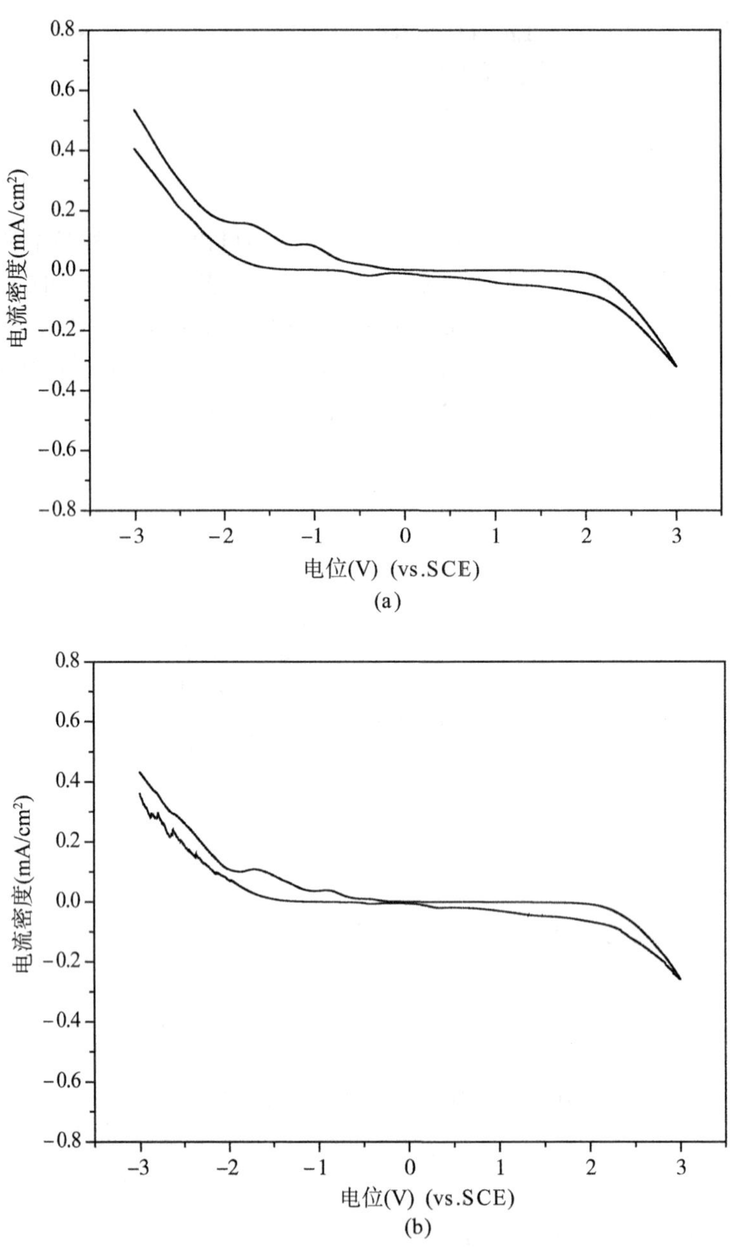

图 10-5　(a)样品 1 和(b)样品 2 的循环伏安特性曲线

品 1 和样品 2 在不同扫描速率下的 CV 图形几乎为矩形形状，且为相似的以 0 压电流为轴的镜面对称结构，表现为样品在两电极间界面上的电容行为。但是，样品 2 在 50 mV/s 和 100 mV/s 时的 CV 图形封闭面积大于样品 1，说明样品 2 的电流强度和单位电容高于样品 1。这可能是由于样品 2 具有更高的离子传导率，导致其作为双层电容器的电解质时具有更高的单位电容。

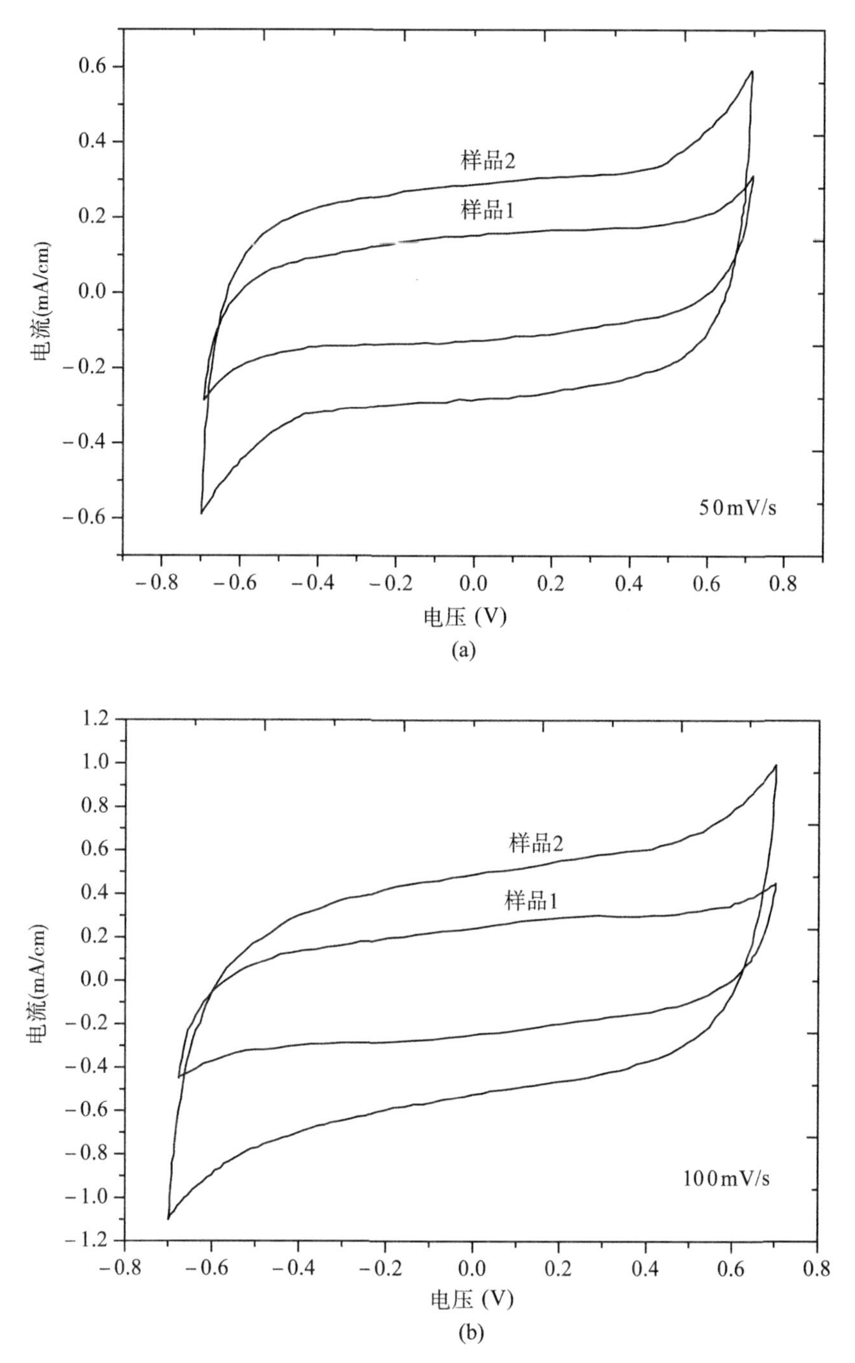

图 10-6　样品 1 和样品 2 在 50mV/s 和 100mV/s 扫描速率下的循环伏安特性曲线

图 10-7 为样品 1 和样品 2 的交流阻抗谱。图 10-7(a)所示，交流阻抗谱显示在低频区域为两条几乎平行的直线。这说明离子液体凝胶体系中离子在电极之间的传导是自由传导，不受凝胶体系的束缚。图 10-7 (b)为高频区域的交流阻抗谱，反映凝胶电解质的本征

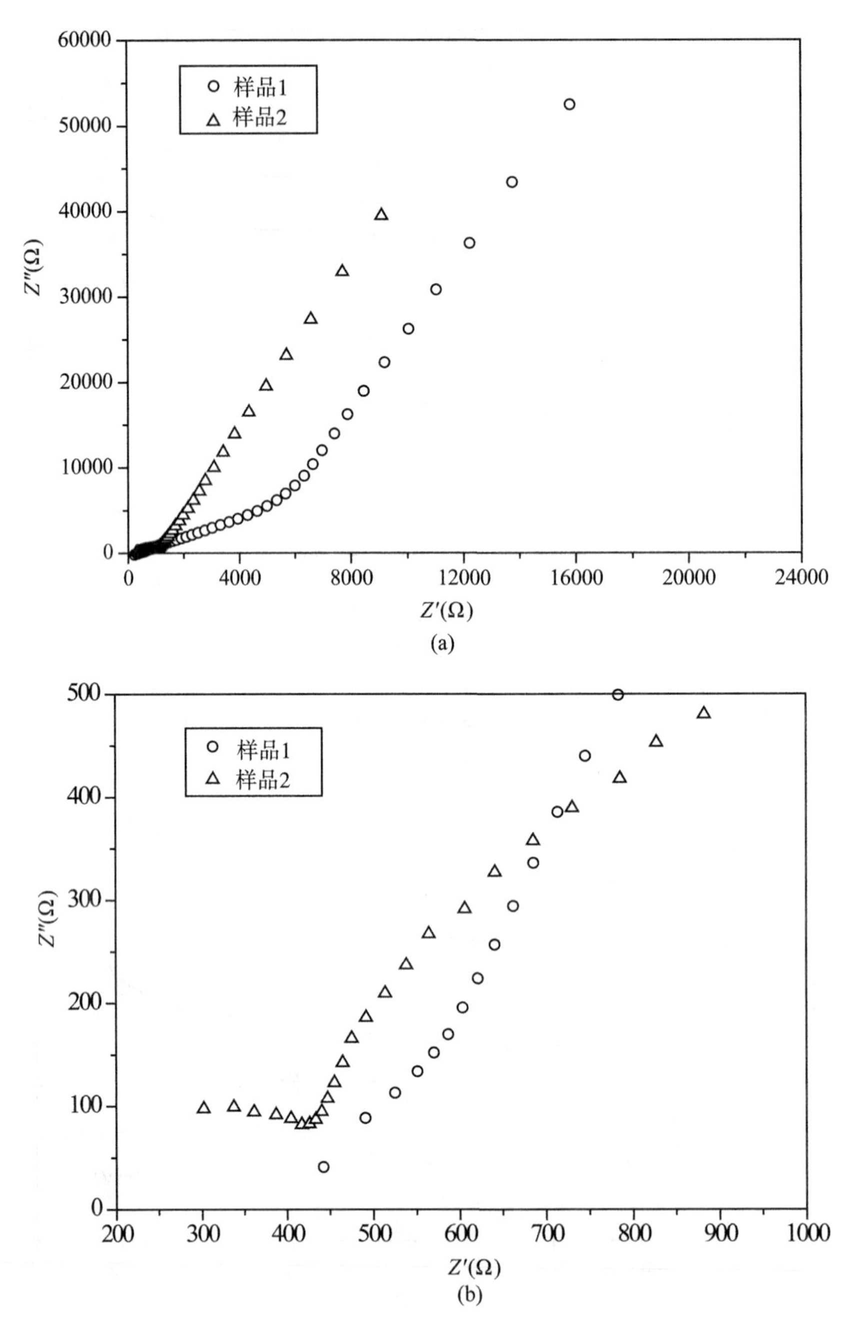

图 10-7　常压样品 1 和高压样品 2 的交流阻抗谱(a)和高频区的放大图(b)

性能。高频区样品 1 和样品 2 都显示为一个不明显的圆弧，表明电极和电解质体系之间存在较低的接触电容，说明它们之间接触良好。另外，样品的电导率可以通过交流阻抗分析方法得到。在 25 ℃，计算得到样品 1 和样品 2 的电导率分别为 3.48 mS/cm 和6.42 mS/cm。

显然，高压有效提高了 PEG/[Emim][$EtSO_4$]凝胶的电导率。这可能由于不同条件下制备的离子液体凝胶的离子浓度和凝胶结构导致的。

通过以上分析，我们发现经高压制备的 PEG/[Emim][$EtSO_4$]凝胶(样品 2)的离子电导率明显高于常压制备的样品 1。这可能与凝胶的特殊网络结构和高的离子浓度有关。Weber 等(2011)曾经提出凝胶中的宏观连通性和形貌缺陷对电导率有重要的影响。以上结果显示，与常压样品相比，高压制备的样品中晶片厚度比较薄，且呈现更加复杂的多相态结构(图 10-8)。

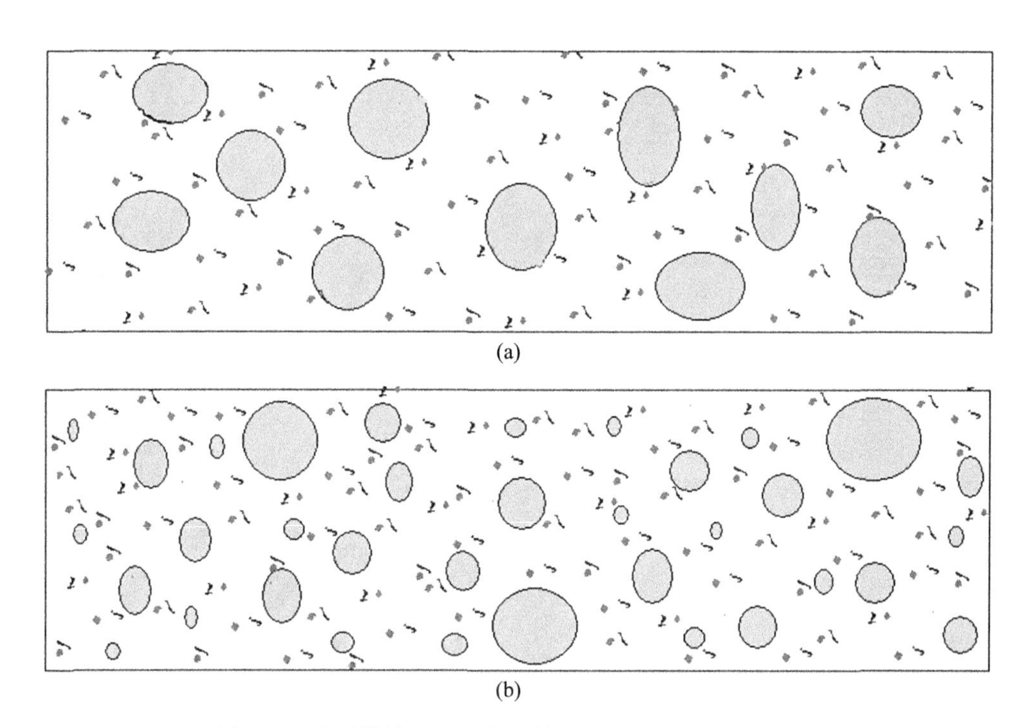

图 10-8　常压样品 1(a)和高压样品 2(b)的凝胶结构示意图

这种结构致使离子传输中障碍物减少，并能形成更短的离子通道，有助于离子在凝胶中的传输，进而表现出更高的离子电导率。另外，随着压强的升高，凝胶的体积逐渐减少，提高了 PEG/[Emim][$EtSO_4$]凝胶的离子浓度，这也有助于提高凝胶的离子电导率。因此，高压制备的 PEG/[Emim][$EtSO_4$]凝胶呈现出更高的离子电导率。

10.4　小结

综上所述，本章采用高压荧光技术研究了 PEG/[Emim][$EtSO_4$]凝胶在 250 MPa 压强下的溶胶—凝胶转变行为。通过对高压制备的 PEG/[Emim][$EtSO_4$]凝胶样品的 DSC 结果分析，发现凝胶中含有更高的结晶度和更小的晶粒尺寸。交流阻抗结果表明高压制备的

PEG/[Emim][$EtSO_4$]凝胶具有更高的离子电导率。分析发现，高压凝胶中特殊的凝胶结构和更高的离子浓度有助于形成更短的离子通道，进而有助于提高离子液体凝胶的导电性能。这些结果表明，高压凝胶技术有可能成为一种制备高性能离子液体凝胶电解质的有效途径。

第 11 章 PVDF-HFP/[Bmim][BF_4]凝胶的高压制备及性能研究

11.1 聚合物离子液体凝胶

11.1.1 离子液体

20 世纪 90 年代以来，伴随着绿色化学、环境友好化学、清洁技术等一系列化学新概念的提出，传统化学研究和化工生产中的污染是化学研究的巨大挑战。环境问题引起了人们的普遍关注，保护我们赖以生存的环境是每个材料学人义不容辞的责任。针对污染的来源与特性设计新的绿色路线，发现环境友好的原材料，选择高效和循环使用的催化剂等，成为科学工作者的主要研究内容。“发现既满足材料科学需求，又环境友好的绿色溶剂”是材料科学工作者的最大愿望。近年来，离子液体(Ionic Liquid)的出现，为这一目标的实现指明了发展的方向。作为绿色溶剂的离子液体正受到广泛关注。

离子液体作为一种新型环保溶剂和催化剂有望代替传统的有机溶剂和有机催化剂，实现绿色化学中绿色原料、绿色催化剂的需求。离子液体又称室温熔融盐(Room Temperature Molten Salts)，是由有机阳离子和无机或有机阴离子构成的，在室温(或稍高于室温的温度)下呈液态的离子体系，或者说，离子液体是全部由离子组成的液体。与传统溶剂相比，它具有许多优良性能，在化学合成、电化学、萃取分离、材料制备等诸多领域的应用日益被世人所关注，被认为是能在许多领域代替易挥发的有机溶剂的绿色溶剂。

离子液体种类繁多，从理论上来说，改变不同的阳离子/阴离子组合可设计出许多种离子液体。就目前已知的离子液体，根据阳离子的不同，离子液体主要可以分为四类：烷基取代的咪唑离子、烷基取代吡啶离子[RPY]$^+$、烷基季铵离子[NR_xH_{4-x}]$^+$、烷基季磷离子[PR_xH_{4-x}]$^+$等，其中，烷基取代咪唑离子的研究最多，如 1-乙基-3-甲基咪唑离子[Emim]$^+$，1-丁基-3-甲基咪唑离子[Bmim]$^+$。

而根据阴离子划分，离子液体可分为两类：①卤化盐-氯化铝或溴化铝，此类离子液体对水极其敏感，遇水易分解，其处理和应用的条件须是真空或惰性气体氛围；②非氯铝酸型离子液体，其阳离子多为烷基取代的咪唑离子，阴离子则包括各无机或有机阴离子。离子液体阴离子的主要类型有卤素离子、四氟硼酸根、六氟磷酸根、三氟甲磺酸根、甲磺酸根、双三氟甲磺酰亚胺根、硫酸氢根、对甲苯磺酸根等。离子液体的多样性和可设计性，为离子液体在各领域的应用提供了很好的保证。各种离子液体的阳离子、阴离子详见图 11-1。

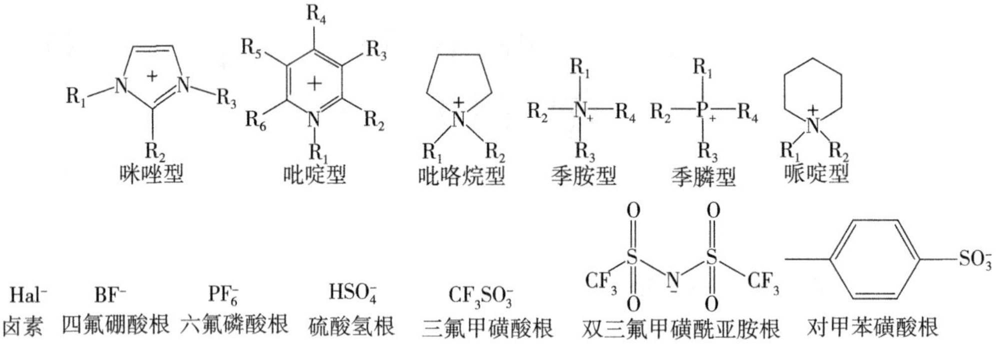

图 11-1　离子液体主要的阳离子(a)、阴离子(b)

11.1.2　聚合物离子液体凝胶

离子液体凝胶是在有机高分子材料中引入离子液体，制备出的一类新型的聚合物功能材料。根据凝胶方式的不同，离子液体凝胶分为离子液体聚合物凝胶和离子液体超分子凝胶。与普通水凝胶相比，离子液体凝胶除具备水凝胶的网状结构和环境响应性外，离子液体本身良好的稳定性和较强的导电性赋予凝胶材料一些新功能。凝胶电解质不但可以克服液体电解质易泄漏、加工封闭困难、寿命短等缺点，而且由于其良好的机械加工性能，可制成超薄或卷曲形状用于电池、电容器中。因此，凝胶电解质在电致显色、光电化学、电子、医疗、空间技术等领域显示出广阔的应用前景。

凝胶聚合物的种类繁多，按结构可分为交联型和非交联型：非交联型由于差的机械稳定性而不能应用于锂离子电池；交联型又分为物理交联型和化学交联型，相比之下化学交联型的热稳定性更好。凝胶型聚合物中，聚合物基体主要是提供良好的力学性能，离子导电主要是发生在液相增塑剂中。凝胶聚合物按基体分类，可分为以下四类。

(1) 聚醚类[如(聚氯化乙烯)PEO]，是最常见的凝胶型聚合物基体，但其电导率较低。人们尝试了多种改进方法，如通过接枝、共聚、交联、共混等方法降低聚合物的结晶度和玻璃化转变温度，使其性能有所提高。

(2) PAN(聚丙烯腈)体系，是研究最早且较为详尽的凝胶型聚合物。对 PAN 为基质的聚合物体系的研究从 1975 年开始，PAN 具有合成简便、化学稳定性高、不易燃等特点，较为适合用作基质材料。

(3) PMMA(聚甲基丙烯酸甲酯)体系，由于 MMA 单元中有一羰基侧基，能与碳酸酯类增塑剂中的氧发生较强的相互作用，所以能吸收大量的液体电解质，并表现出很好的相容性。另外，PMMA 原料丰富、制备简单、价格便宜。因而以 PMMA 为基质的凝胶型聚合物体系也较常被使用。

(4) PVDF(聚偏氟乙烯)体系，含氟凝胶聚合物电解质的聚合物基体主要为 PVDF 和 PVDF-HFP(聚偏氟乙烯-六氟丙烯共聚物)。而由于 PVDF 聚合物结构规整、对称，容易形成结晶结构，不利于离子导电，而 PVDF-HFP 的结晶度相对较低，故目前对含氟凝胶聚合物电解质体系的研究主要集中在 PVDF-HFP 上。

11.1.3 聚合物凝胶离子液体的应用

离子液体凝胶由于离子液体的引入而具备了传统凝胶聚合物材料无可比拟的优点，因而在光电材料、功能膜材料和生物传感器等方面发展前景诱人。离子液体聚合物凝胶不但具有良好的电导率和机械强度，而且能在很宽的温度范围和电化学窗口内稳定，因此是一种理想的电解质材料。特别是作为一种固态凝胶电解质，它具有安全、稳定及力学性能好等优点，所以在染料太阳能电池、制动器、超级电容器、人工肌肉和电致变色器件等领域应用广泛。

Wang 等(2007)把碘化 1-甲基-3-丙基咪唑（MPII)和聚偏氟乙烯-六氟丙烯共聚物(PVDF-HFP)作为半固态电解质用于染料敏化纳米二氧化钛太阳能电池。离子液体凝胶制备的变换器稳定性好，制动器也可长时间在空气中工作。由离子液体凝胶可制备催化膜和气体分离膜。Zhang 和 Shen 等(2005)把葡萄糖氧化酶直接共价固定于含单壁碳纳米管的离子液体凝胶上，在电催化氧化葡萄糖时显示出很高的催化活性。

Tang 等(2005)制备了聚 1-(4-乙烯苄基)-3-丁基咪唑四氟硼酸盐(PVBIT)离子液体凝胶，室温下，压强为 78 kPa 时，PVBIT 的 CO_2吸收率为 0.30%，可作为新型的吸附剂和膜材料用于 CO_2分离。

Yang 等(2007)研究发现用离子液体凝胶合成的杂化材料制备葡萄糖生物传感器，灵敏度可提高 10 倍。利用碳纳米管和咪唑类离子液体合成的生物传感器，不但能用于检测多巴胺、尿酸、腺嘌呤、葡萄糖氧化酶和 NADH 等多种生物分子，且仪器的稳定性好，检测限低。如检测器信噪比为 3 时，多巴胺的检测限为 1.0×10^{-7} mol/L，尿酸的检测限为 9.0×10^{-8} mol/L，腺嘌呤的检测限为 2.0×10^{-6} mol/L。

综上所述，离子液体凝胶以其自身无可比拟的优势在材料科学、电化学、锂离子电池、电容器制作等方面发挥着重要的作用，有着巨大的发展前景。

11.1.4 聚合物离子液体凝胶存在的问题

离子液体具有的溶解力强、电化学窗口宽、电导率高和循环使用等优点，使其不仅具有传统有机溶剂的优势，而且表现出许多比有机溶剂更加优异的性能。在电化学应用中，离子液体不仅可以作溶剂，同时可以作电解质，可循环回收利用，是真正的“绿色溶剂”。在有机高分子材料中引入离子液体，能制备出一类新型的聚合物功能材料——离子液体凝胶。与普通水凝胶相比，离子液体凝胶除具备水凝胶的网状结构和环境响应性外，离子液体本身良好的稳定性和较强的导电性赋予凝胶材料一些新功能。

目前，其应用形式主要为：直接用作液态电容器和电池的电解质，或加入锂盐作离子源；将室温离子液体引入机械性能良好的聚合物中形成离子液体聚合物电解质，使该聚合物电解质兼具离子液体和聚合物电解质的优点，从而也得到了广泛的研究与应用。离子液体凝胶由于高电导率、良好机械性能以及在很宽的温度范围和电化学窗口内稳定的特性，使它成为一种非常理想的凝胶电解质新材料。此外，离子液体凝胶在功能膜材料、生物传感器以及环境响应非水凝胶等方面各具特色，极大拓展了离子液体凝胶的应用范围。

虽然离子液体凝胶的研究已经有一定成果，但是目前离子液体凝胶的研究多集中在常压条件下，关于高压下离子液体凝胶的结构和性能的研究相对较少。与光、热、电、磁等物理外场一样，压强也是一种重要的外场因素，对物质的结构和性质均有很大的影响。

另外，压强与温度、组分是任何研究体系中三个独立的物理参量，压强的作用是任何其他手段无法代替的。物质在几万大气压至上百万大气压等特殊环境下会出现许多新的物理现象，从而提出许多新的物理问题。一般而言，材料的熔点、玻璃化转变温度、晶化温度等热力学参数随着压强的升高而升高。可以预见，凝胶体系在高压下的凝胶过程、凝胶结构和性质将不同于在常压条件下。

本章以聚合物离子液体凝胶为研究对象，采用高压的方法对离子液体凝胶进行了制备，并与常压离子液体凝胶进行对比，研究高压对离子液体凝胶的凝胶结构和电化学性质的影响规律，以期获得高压制备性能优异的离子液体凝胶的方法和途径。

11.2　PVDF-HFP/[Bmim][BF_4]凝胶的高压制备

11.2.1　材料与设备

实验采用的材料均为高纯度试剂，具体名称、规格和来源见表 11-1。

表 11-1　实验试剂种类与规格

实验药品	规格	生产商
聚偏氟乙烯-六氟丙烯共聚物(PVDF-HFP)	99%	西格玛-奥德里奇(上海)贸易有限公司
离子液体[Bmim][BF_4]($C_8H_{18}N_2BF_4$)	99%	河南利华制药有限公司
丙酮	99%	成都市联合化工试剂研究所

对于实验样品的结构与性质的表征，采用 X 射线衍射、拉曼光谱和红外光谱对凝胶结构进行表征；采用差示扫描量热仪对凝胶的热力学性质进行表征；采用电化学工作站对凝胶的电化学性质进行表征，仪器的型号见表 11-2。

表 11-2 实验仪器

仪器	型号	产　　地
磁力搅拌器	DJ-1A	金坛市杰瑞尔电器有限公司
超声波清洗机	SB-100D	宁波新芝生物科技股份有限公司
真空干燥箱	DZF-6050	上海鸿都电子科技有限公司
两面顶压机	QYL100	上海千斤顶厂
Raman 光谱仪	inVia	Renishaw 公司(英国)
差示扫描量热仪	DSC Q-250	美国 TA
电化学工作站	CHI660E	上海辰华仪器有限公司
电子天平	WD204/02	上海利亚公司
X 射线衍射仪	P8Advanee	上海精密仪器公司
傅里叶变换红外光谱(FT-IR)分析仪	Bruker 70 V	美国 Bruker 光学公司

11.2.2 聚合物离子液体凝胶材料的制备

1. 实验准备

用试管刷将试剂瓶和药匙用洗涤剂简要清洗干净之后，放入超声波清洗机中，超声清洗 15 min 后取出。多次用去离子水洗涤、烘干，直到烘干的瓶壁无杂质污垢后为止，然后再用无水酒精清洗一遍烘干备用。

2. 样品初步制备

(1)取出烘干的试剂瓶和药匙，在电子天平上称取 0.600 g PVDF-HFP 置于洁净的试剂瓶中，然后用胶头滴管取足够量的丙酮试剂于试剂瓶中，套上保鲜膜，静置 24 h，使固态 PVDF-HFP 在丙酮溶剂中充分溶解并溶胀完全。

(2)取出一个称量用的塑料瓶置于电子天平中央，称取 2.400 g 液态[Bmim][BF_4]型离子液体，将称取的离子液体倒入装有溶胀 PVDF-HFP 溶胀完全的丙酮溶液中，放在磁力搅拌器上搅拌，使两种溶液混合均匀。

(3)打开装有均匀的混合溶液的试剂瓶的保鲜膜，静置 24 h，使混合溶剂中的丙酮重新挥发。

(4)将丙酮挥发完全的凝胶放入真空干燥箱中，打开电源开关，设定温度为 60 ℃，并抽真空至-0.06 MPa，在真空干燥箱中干燥 24 h。期间要注意保持真空度，如果真空度下降就继续抽真空。24 h 后，关闭加热开关，让其在真空条件下冷却至室温，得到未处理的离子液体凝胶样品。

3. 高压处理

用试管刷将铝盒(图 11-2)用洗涤剂简要清洗干净之后，放入超声波清洗机里面，超声清洗 15 min 后取出。多次用去离子水洗涤、烘干，直到烘干的铝盒壁无杂质污垢后为止，然后再用无水酒精清洗一遍烘干备用。

图 11-2　活塞圆筒和铝盒

4. 高压制备过程

将上述制备的常压离子液体凝胶样品放到真空干燥箱中，在真空度为-0.06 MPa 的条件下，加热至 60 ℃，然后开启放气阀，去除真空，迅速将加热后的样品用洁净的吸管转移到干净的铝盒中，放入两面顶压机装置中，加压。高压处理的样品是将压强分别加到 250 MPa、500 MPa、750 MPa，对活塞圆筒装置加热，温度升至 130 ℃后保温 15 min，然后去掉加热装置，让其自然降温。降至室温后，卸压取出样品，即得到高压条件下的三种离子液体凝胶。为了方便与高压处理的样品进行对比，常压下处理的样品也在两面顶压机装置上加热，温度升至 130 ℃后保温 15 min，然后去掉加热装置，让其自然降温，这样制备出常压离子液体凝胶。

11.2.3　样品结构的检测方法

使用差示扫描量热法对不同条件制备的样品进行热力学参数测量，测温范围为 20～160 ℃，升温速率 10 ℃/min，通氮气气氛进行保护。采用 P8 Advance 型 X 射线衍射仪对样品进行相结构分析，测试之前，对样品进行预处理，取半个指甲大小样品，用手工刀切成 1mm 左右厚度的片状，2θ 扫描范围为 5°～80°。FT-IR 使用美国 Bruker 光学公司生产的 Bruker V 70，测试之前，同样对样品进行预处理，取半个指甲大小样品，切成片状，使其足够薄、平整，且透光率良好，扫描范围：400～4000 cm^{-1}。

11.2.4 样品电化学性能的检测

本实验使用上海辰华仪器有限公司生产的CHI660E电化学工作站，测定样品的电化学性能。CHI660E电化学工作站由“电极电解槽+测量系统+数据采集器+实验软件+计算机”构成，可直接用于电容器材料的交流阻抗、循环伏安、充放电等测量；进行两电极、三电极及四电极体系测试的工作方式，可将外部信号直接输入通道，在记录电容器测试响应信号的同时记录外接电压信号，能够实现“性能测试—记录—结果呈现”的实时在线研究。

(1)电化学窗口的测定：用循环伏安法测定电化学窗口。使用之前，打开电脑，打开仪器，用特制工具取不同压强离子液体凝胶，测试夹在两个不锈钢电极之间，形成了不锈钢电极/凝胶电解质/不锈钢电极(即电极/凝胶电解质/电极)的三明治结构。分别测出样品厚度 d，放入特制容器(聚四氟乙烯)中，两端插有2个不锈钢电极(电极样品接触半径 r=0.0015 m)，用皮筋固定，与工作站连接好。打开CHI660E软件，测试之前，对仪器进行预调试，各方面显示正常，打开测试窗口，设置参数，扫描速率为10 mV/s，温度为(25±1)℃。

(2)交流阻抗的测定：如同电化学窗口测定，打开电脑连接仪器，用特制工具取不同压强离子液体凝胶。分别测出样品厚度 d，放入特制容器中，插有2个不锈钢电极(电极样品接触半径 r=0.0015 m)，用皮筋固定，与工作站连接好。打开CHI660E软件，测试之前，对仪器进行预调试，各方面显示正常，打开测试窗口，设置参数，选择交流阻抗法测定，设置参数，测试频率范围为100 kHz~10 MHz，振幅为100 mV。

(3)恒流充放电的测定：打开电脑，连接仪器，用特制工具取不同压力离子液体凝胶，放入特制容器中，仍然采用“三明治结构”两电极体系，采用2个碳棒电极(电极样品接触半径 r=0.0015 m)，同样用皮筋固定，与工作站连接好。打开CHI660E软件，测试之前，对仪器进行预调试，各方面显示正常，打开测试窗口，设置参数，开始测试。

11.3 高压对离子液体凝胶结构和性能的影响

离子液体凝胶的凝胶结构受外界环境的影响比较明显，因此在不同条件下制备的凝胶样品，其结构及其物理性质的变化也将不同。凝胶三维网状结构的微调控将导致凝胶性能的改变。本节分别从样品的表观现象、热力学稳定性以及凝胶结构方面对制备的离子液体凝胶进行了研究。样品的标号及其制备条件见表11-3。

表11-3 聚合物离子液体凝胶样品的标号和制备条件

名称	压强(MPa)	温度(℃)
S-0.2	0.2	120
S-250	250	120

续表

名称	压强(MPa)	温度(℃)
S-500	500	120
S-750	750	120

11.3.1　表观改变

如图 11-3 所示，分别是实验制备的对应表 11-3 所示条件、厚度约为 1 mm 的离子液体凝胶。从样品表面面貌，我们可以看到：常压条件下的凝胶是透明的淡色胶体，高压条件下制备的凝胶的颜色加深。另外，我们用毛细玻璃管对三个高压下制备的样品进行简单的强度测试，即在样品上轻轻按压，发现样品均表现出比较好的强度。

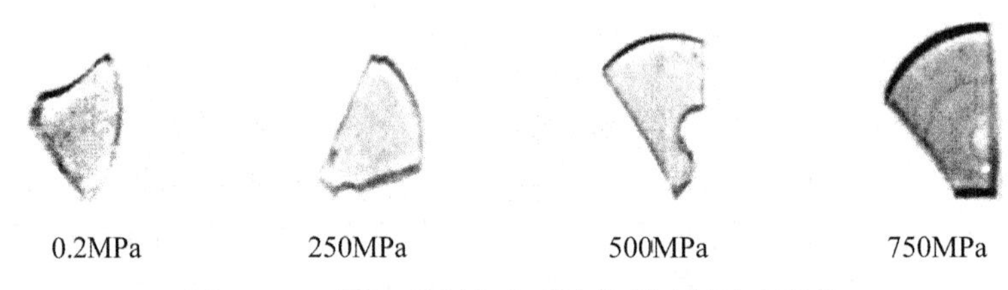

图 11-3　不同压强制备离子液体凝胶的表观结构

11.3.2　微观结构

本实验采用扫描电子显微镜(SEM)观察样品的微观形貌。测试之前，首先对样品进行处理，将得到的离子液体凝胶浸入液氮，等几乎无气泡逸出后，用镊子的直边将样品掰断，得到样品的断面。

在不同压强下制备的 PVDF-HFP/[Bmim][BF4]凝胶的截面形貌如图 11-4 所示。从图中我们可以看出，随着压强的增加，凝胶的微观形貌发生有了很大的变化。在 0.2 MPa 下制备的样品[图 11-4(a)]，断面形貌由均匀分布在膜中的有序层状结构组成，片状结构清晰可见。相比之下，在 250 MPa 以下制备的试样，断口上覆盖着大的不规则块状团聚体结构和较薄的片状组织，二者交织在一起，难以分辨[图 11-4(b)]。在 500 MPa 下制备的样品表面光滑，凝胶点为多个球体突起相连[图 11-4(c)]。然而，在 750 MPa 下制备的样品表面致密粗糙，含有大量的微小球形颗粒[图 11-4(d)]。结果表明，高压处理能显著改善 PVDF-HFP/[Bmim][BF_4]凝胶的形貌。

这些微观结构的形成可由高压对凝胶过程的影响解释。压强引起的自由体积的减小，分子间相互作用的增加，嵌段聚合物的疏离子液体段在高压下聚集，可能改变 PVDF-HFP 的构象空间，导致凝胶过程中致密颗粒的形成和生长。这些独特的形貌缺陷可能形成不同

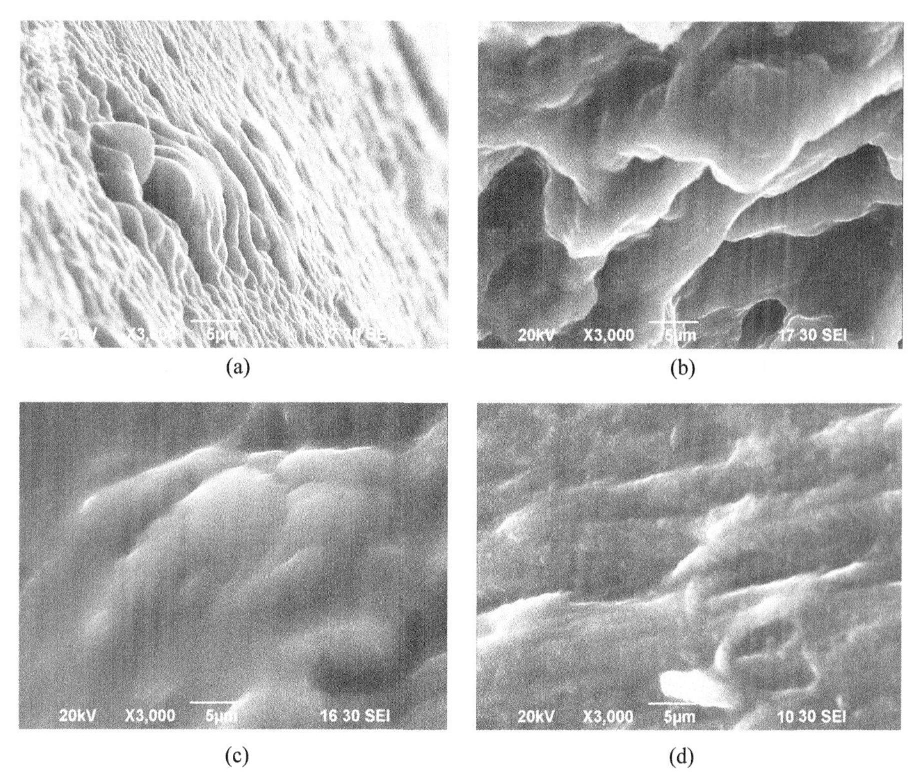

图 11-4 不同压强下制备的凝胶材料的 SEM 照片[(a) 0.2 MPa; (b) 250 MPa; (c) 500 MPa; (d)750 MPa]

的离子通道，进而影响离子的输运行为。

11.3.3 热力学性质

图 11-5 为不同压强下制备的 PVDF-HFP 和 PVDF-HFP/[Bmim][BF_4]凝胶的 DSC 曲线。为了便于对比热力学性质，将 PVDF-HFP/[Bmim][BF_4]凝胶与纯的 PVDF-HFP 进行了比较。从图中我们可以看出，纯聚合物 PVDF-HFP 在 142 ℃时能够观察到明显的熔融相对应的吸热峰。而对于在 0.2 MPa 下制备的凝胶样品，其熔融温度(T_m)大概在 109 ℃，明显低于纯 PVDF-HFP，这可能是由于离子液体的增塑作用及其与聚合物主链的络合作用，降低了 PVDF-HFP 的热稳定性。图11-5中，在 0.2 MPa、250 MPa、500 MPa 和 750 MPa 压强下制备的样品的熔融峰的位置，随着压强的增加从 109 ℃下降到 104 ℃，这表明压强降低了 PVDF-HFP/[Bmim][BF_4]凝胶的凝胶—溶胶转变温度。这一结果可归因于高压下离子液体与聚合物之间相互作用的变化，高压改变了聚合物在离子液体中的结晶方式，这些影响将改变离子在凝胶中的凝胶点形式，进而影响离子液体凝胶的电化学性能。

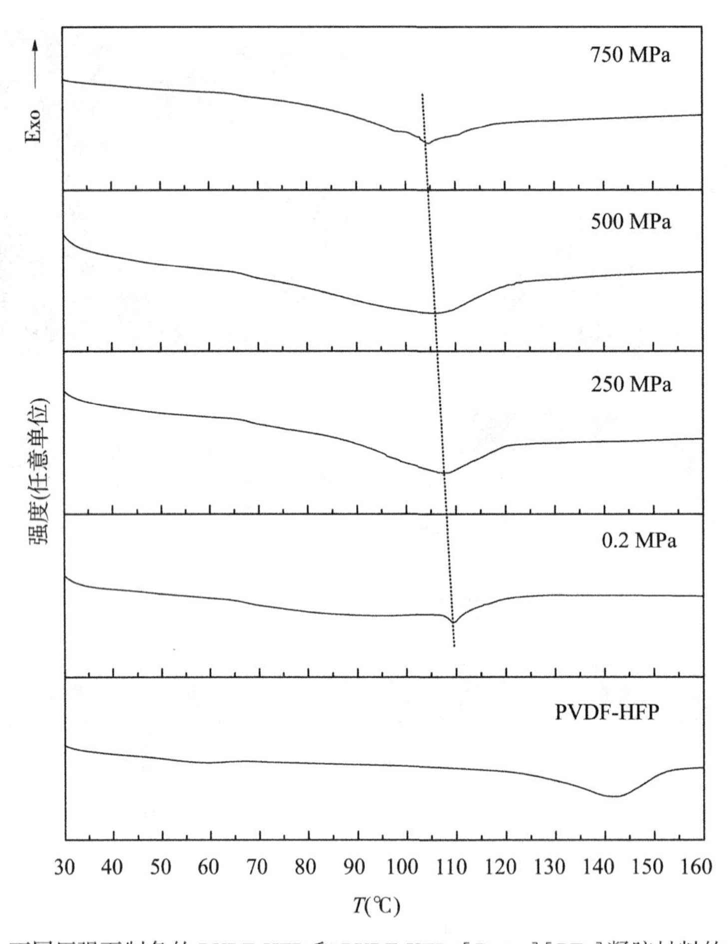

图 11-5　不同压强下制备的 PVDF-HFP 和 PVDF-HFP/[Bmim][BF_4]凝胶材料的 DSC 曲线

11.3.4　X 射线衍射分析

图 11-6 为不同压强下制备的 PVDF-HFP/[Bmim][BF_4]凝胶的 X 射线衍射图谱。纯 PVDF-HFP 为半结晶共聚物，其 XRD 图谱在 $2\theta=17.94°$、20.05°、26.42°和 38.75°有四个明显的衍射峰。从图 11-6 我们可以看出，PVDF-HFP 在 $2\theta=20.7°$和 39.93°时，部分结晶峰消失，仅观察到两个宽的峰/晕，说明样品中几乎没有形成 PVDF-HFP 的结晶相。尽管图 11-6 中所有样品的 XRD 图谱没有显著差异，但随着压强的增加，衍射晕的半峰宽有明显减小。由软件对 $2\theta=20.7°$进行拟合，计算出在 0.2 MPa、250 MPa、500 MPa 和 750 MPa 下制备的样品的半峰宽(FWHM)，如表 11-4 所示。明显地，随着制备压强的增加，衍射峰的半峰宽明显减小。这些结果表明：高压促进了高分子 PVDF-HFP 在 PVDF-HFP/[Bmim][BF_4]凝胶结晶，降低了凝胶的非晶性。

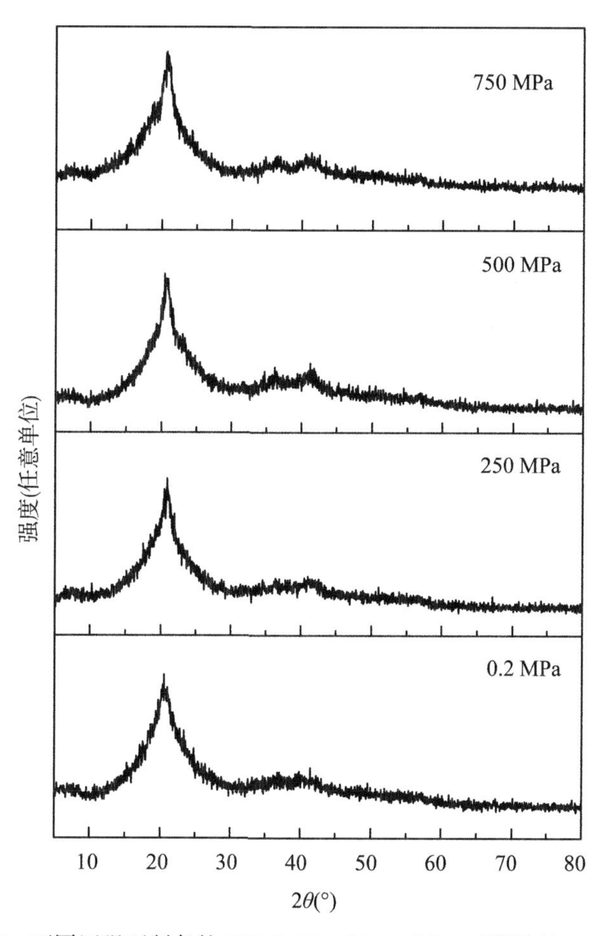

图 11-6 不同压强下制备的 PVDF-HFP/[Bmim][BF_4]凝胶的 XRD 图谱

表 11-4 不同压强下制备的离子液体凝胶 **XRD** 图谱衍射峰半峰宽

样品	2θ	层间距(Å)	半峰宽(FWHM)
S-0.2	20.599°	4.353	5.57°
S-250	20.720°	4.217	5.169°
S-500	20.747°	4.273	4.938°
S-750	20.626°	4.277	4.372°

11.3.5 红外光谱分析

如图 11-7 所示，为在 0.2 MPa、250 MPa、500 MPa 和 750 MPa 下制备的 PVDF-HFP/[Bmim][BF_4]离子液体凝胶在 400~3500 cm^{-1}区域的 FT-IR 光谱。作为对比，图 11-7 还给

出了纯 PVDF-HFP 和纯[Bmim][BF_4]的 A-TR-IR 光谱。在 531 cm^{-1}、614 cm^{-1}、762 cm^{-1}、796 cm^{-1}和 976 cm^{-1}处观察到纯聚合物 PVDF-HFP 的振动带，这些振动对应聚合物 PVDF-HFP 的结晶相(α 相)，而振动吸收峰在 841 cm^{-1}和 879 cm^{-1}处的带与聚合物的非晶相(β 相)有关。

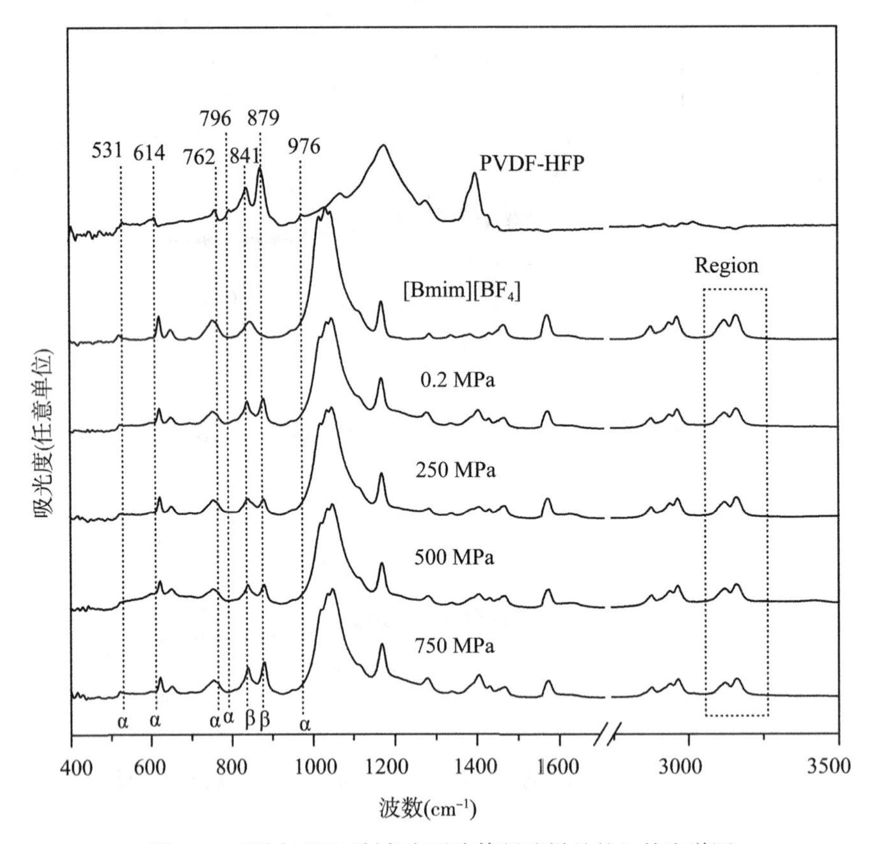

图 11-7　不同压强下制备离子液体凝胶样品的红外光谱图

对于处理过的样品，与纯 PVDF-HFP 结晶相相比，在 531 cm^{-1}、614 cm^{-1}、762 cm^{-1}、796 cm^{-1}和 976 cm^{-1}的谱带有吸收峰的出现或变弱。然而，吸收峰 841 cm^{-1}和 879 cm^{-1}处对应 PVDF-HFP 非晶相，吸收峰强度变得越来越强。结果表明，聚合物 PVDF-HFP 以非晶相的形式存在于离子液体凝胶中，这也与上述 XRD 得出的结果一致。此外，所有样品 FT-IR 图谱均未发现新峰，不同压强下峰形、峰位并无明显变化，说明常压高压下制备为凝胶，且高压制备过程中，没有破坏凝胶的分子链结构。

除此之外，我们还对比了光谱范围：3000~3300 cm^{-1}的吸收峰特征，这一吸收范围对应离子液体的咪唑阳离子环的 C—H 拉伸振动(图 11-8)。为了找到咪唑阳离子环 C—H 伸缩振动的准确峰位，采用 PeakFit 软件(SPSS 公司)，对 3075~3225 cm^{-1}范围内的光谱进行了详细的反褶积处理。处理后的凝胶的反褶积光谱由 3169 cm^{-1}、3155 cm^{-1}、3124 cm^{-1}和 3104 cm^{-1}处的四个吸收峰组成。随着处理压强的增加，四个峰的峰值位置基本不变。

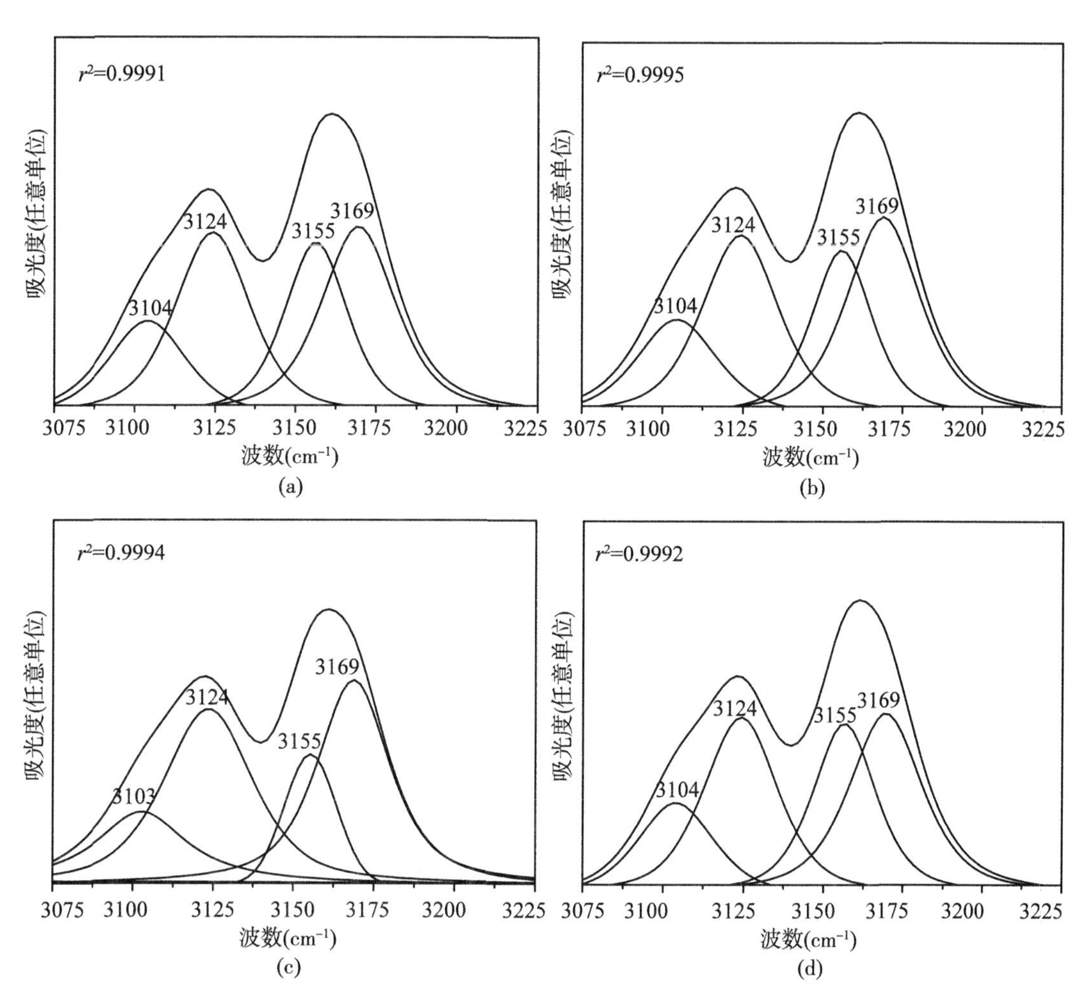

图 11-8 PVDF-HFP/[Bmim][BF_4]离子液体凝胶的咪唑阳离子环的 C—H 拉伸振动褶积光谱图[(a)、(b)、(c)、(d)分别是制备压强为 0.2 MPa、250 MPa、500 MPa 和 750 MPa]

然而，3155 cm^{-1}和 3169 cm^{-1}处的峰值强度(I_{peak})发生了明显的改变。

Shalu 等(2013)研究了离子液体在 PVDF-HFP/IL 凝胶中存在两种不同形式，即凝胶中的离子液体阳离子与聚合物链的复合，和过量未复合的离子液体，将 3155 cm^{-1}和 3169 cm^{-1}处的峰分别表示离子液体与聚合物链的复合和过量未复合离子液体。

因此，可以采用峰的相对强度比来表示两种离子液体的数目，相对强度比(I_{3169}/I_{3155})与压强的变化关系如图 11-9 所示。从图 11-9 中我们可以看出，相对强度比(I_{3169}/I_{3155}在 0.2~500 MPa 范围内随着压强的增大而增加；当压强超过 500 MPa 至 750 MPa 范围内时，相对强度比 I_{3169}/I_{3155}明显减小。这些结果表明，在小于 500 MPa 压强下，与凝胶剂络合的[Bmim][BF_4]的量增加，而在超过 500 MPa 压强下，与凝胶剂络合[Bmim][BF_4]的量减少。

我们认为在凝胶化过程中，处理压强可以改变聚合物主链与离子液体的络合作用。上述讨论清楚地表明，聚合物 PVDF-HFP 在高压下发生了构象变化。这一结果可能反

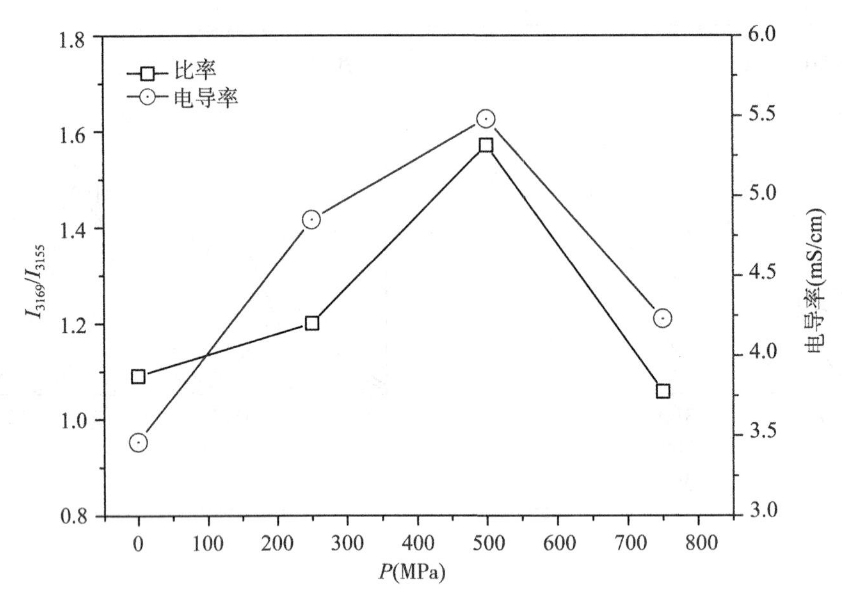

图 11-9　PVDF-HFP/[Bmim][BF_4]离子液体凝胶的相对强度的比率、电导率与压强的关系

映在聚合物离子液体凝胶的离子跃迁和传输行为中。因此，我们对其电化学性能进行了以下研究。

11.3.6　电化学性能分析

上面已经讨论了聚合物离子液体凝胶在高压条件下的结构变化，那么这些结构的变化究竟能给其的性质(如电化学性质)带来哪些影响呢？下面我们讨论离子液体凝胶的电化学性质，它包括电化学窗口、交流阻抗和恒流循环充放电三个方面。

1. 离子传输特性

图 11-10 为在不同压强下制备的 PVDF-HFP/[Bmim][BF_4]凝胶的阻抗谱，在低频区我们观察到四条直线，表明离子液体凝胶中电极间的离子传导是自由的。高频区阻抗响应的放大部分[图 11-10(b)]反映了凝胶电解质的电容特性。所有样品的高频区均未发现圆弧状容抗特性，表明电极与电解液之间接触良好，存在比较低的电容。

此外，我们用交流阻抗法测定了处理后样品的离子电导率，即由电导率的经验公式得：

$$\sigma = \frac{1}{R_b} \cdot \frac{l}{A} \tag{11-1}$$

式中，σ 为电导率；l 为处理后样品的厚度；A 为电极与样品的接触面积；R_b 为材料的本征电阻，由交流阻抗图可得到。在室温(25 ℃)下，样品 S-0.2、S-250、S-500 和 S-750 的离子电导率(σ)分别为 3.46 mS/cm、4.85 mS/cm、5.48 mS/cm 和 4.23 mS/cm(表 11-5)。

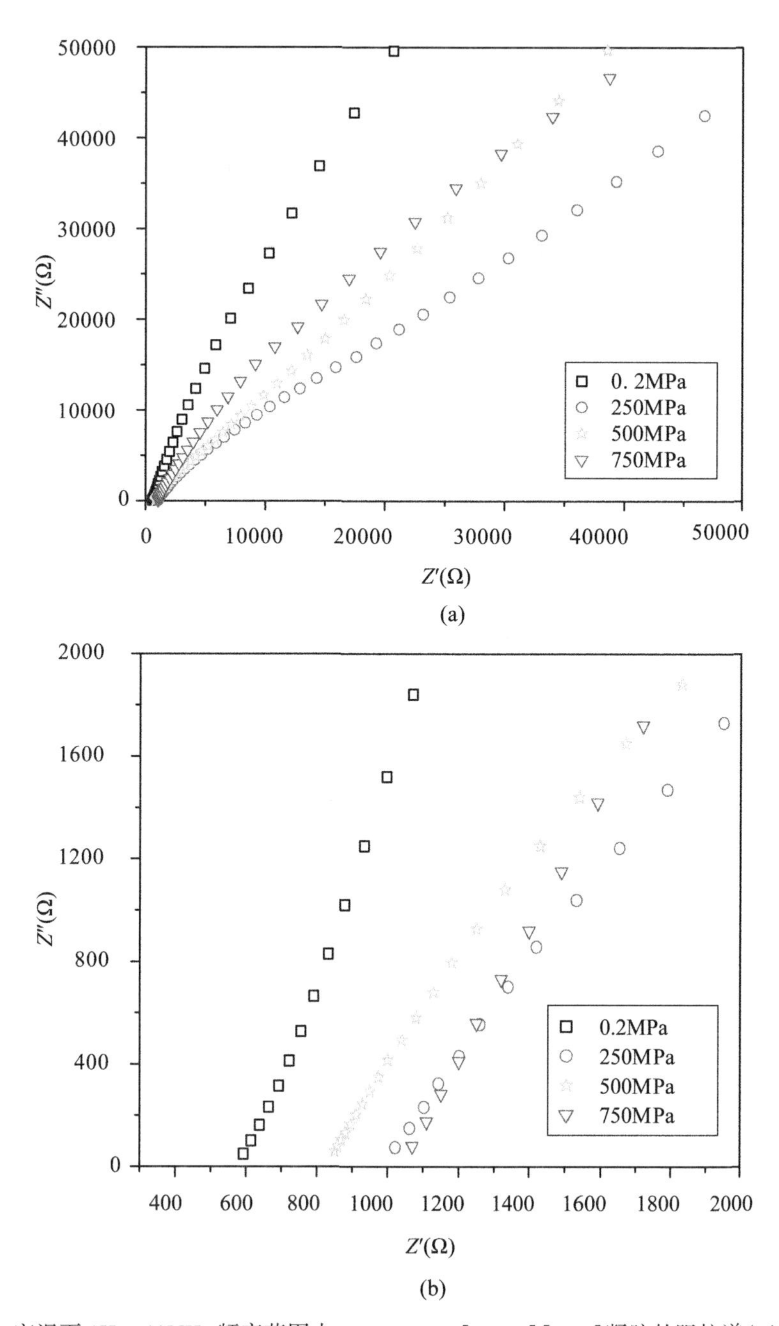

图 11-10 室温下 1Hz～10MHz 频率范围内 PVDF-HFP/[Bmim][BF_4]凝胶的阻抗谱(a)和扩展的高频区域(b)

样品电导率与制备压强的变化关系如图 11-9 所示。研究结果表明：随着制备压强的增加，凝胶材料的电导率在 0. 2 ～500 MPa 范围内增大，在 500～750 MPa 范围内减小；而且电导率的变化趋势与咪唑阳离子环的 C—H 拉伸振动相对强度比(I_{3169}/I_{3155})相同。这一结果不是偶然，正是离子液体凝胶中离子传输的反映。

压强可以通过调节聚合物离子液体凝胶中未络合的[Bmim][BF_4]的量，来调控离子液体凝胶的电导率。然而，对比 S-0.2 和 S-750，发现 S-0.2 凝胶的电导率小于 S-750，尽管前者的未络合的[Bmim][BF_4]量大于后者。这些结果表明，聚合物离子液体凝胶的导电性可能不仅取决于未络合离子液体的含量，而且还取决于其凝胶空间网络结构。

表 11-5　　**PVDF-HFP/[Bmim][BF_4]的制备条件和电化学参数**

样品	T(℃)	P (MPa)	A(mm^2)	R_b(Ω)	l(mm)	σ (mS/cm)
S-0.2	150	0.2	7.069	593	1.45	3.46
S-250	150	250	7.069	1021	3.50	4.85
S-500	150	500	7.069	851	3.30	5.48
S-750	150	750	7.069	1070	3.20	4.23

在这种情况下，我们注意到 PVDF-HFP/[Bmim][BF_4]凝胶的离子导电性最初随着压强的增加而增加(最高压强为 500 MPa)。这可能是与 PVDF-HFP/[Bmim][BF_4]凝胶中的聚合物网络结构和高的离子密度有关。首先，PVDF-HFP/[Bmim][BF_4]凝胶的离子密度随体积的减小而增大。根据 PVDF-HFP 的构象变化，高压可以改变凝胶中未络合[Bmim][BF_4]的含量(见图 11-9)。

此外，随着制备压强的增加，PVDF-HFP/[Bmim][BF_4]凝胶的非晶态性减弱(图 11-6)，凝胶中的聚合物网络薄层片晶结果被致密、粗糙的颗粒(如球形)取代。Patel 等(2011)和 Weber 等(2011)提出，凝胶网络结构的宏观连通性和形态缺陷强烈影响到凝胶的导电性。因此，与常压下制备的离子液体凝胶相比，这种独特的凝胶结构为离子的传输提供了更宽的离子通道。

然而，PVDF-HFP/[Bmim][BF_4]凝胶的离子电导率在 500~750 MPa 范围内开始急剧下降(图 11-9)。在超高压(如 750 MPa)下，由于聚合物网络的致密性，离子液体可能会部分地从基质中溢出，从而导致离子浓度或/和非络合离子浓度的降低。这些研究表明，在一定的压强条件下，可以形成具有高离子导电性的聚合物离子液体凝胶。

2. 电化学稳定性研究

图 11-11 是以 10 mV/s 的扫描速度记录的回收样品的循环伏安(CV)曲线。如图 11-11(a)所示，我们看到，特别是当施加电位小于-2.1 V 时，可以检测到有限的氧化电流。这些结果表明：在 0.2 MPa 压强下制备的 PVDF-HFP/[Bmim][BF_4]凝胶在-2.1~3.0 V 范围内电化学稳定。对于在高压下制备的 PVDF-HFP/[Bmim][BF_4]凝胶[图 11-11(b)~(d)]，样品 S-250、S-500 和 S-750 的 CV 曲线与样品 S-0.2 的 CV 曲线基本相似，可以确定电化学稳定性窗口分别为-2.1~3.0 V、-2.2~3.0 V 和-2.0~3.0 V。

从图 11-11 的 CV 曲线看，不同压强下制备的 PVDF-HFP/[Bmim][BF_4]凝胶的电化

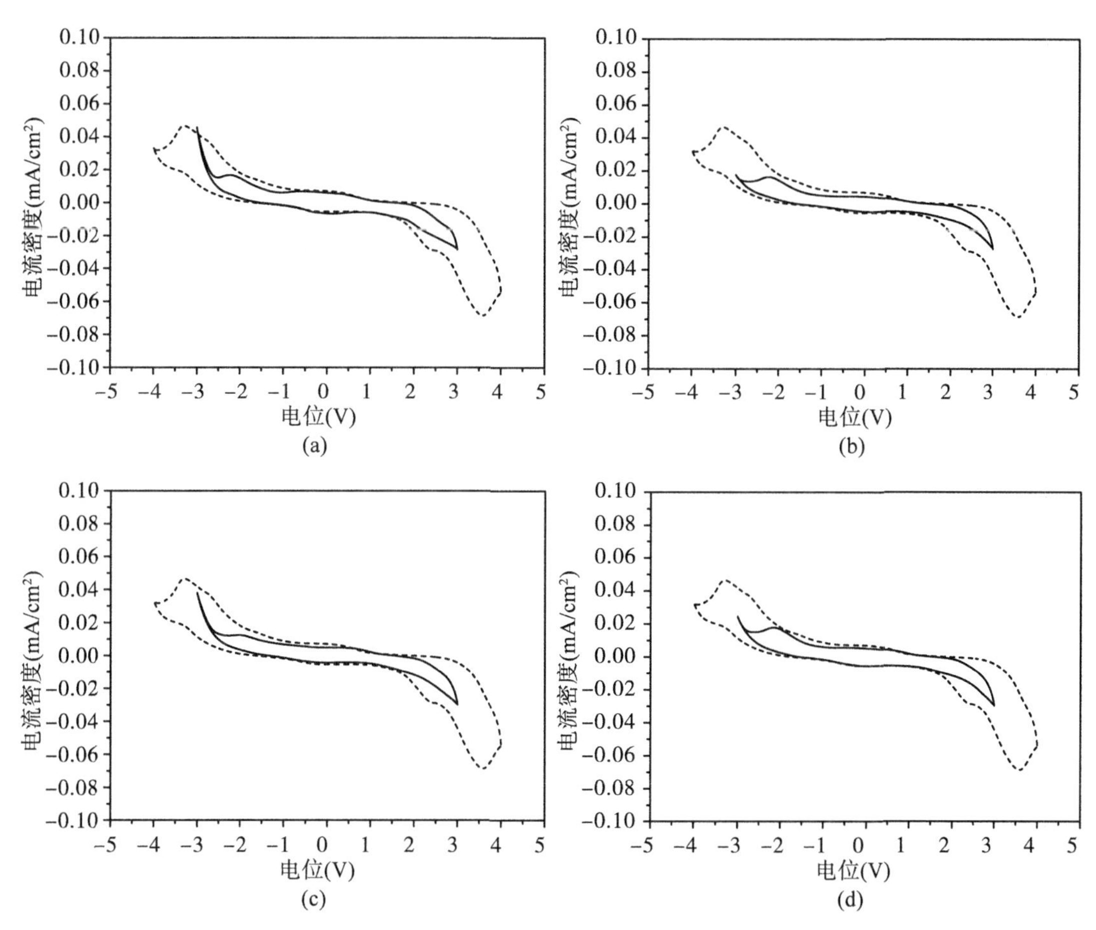

图 11-11 在(a)0.2 MPa，(b)250 MPa，(c)500 MPa，(d)750 MPa 下制备的 PVDF-HFP/[Bmim][BF_4]凝胶的循环伏安图([Bmim][BF_4]为虚线和 PVDF-HFP/[Bmim][BF_4]凝胶为实线。扫描速度为 10mV/s)

学稳定性窗口无明显差异，说明高压不能改变 PVDF-HFP/[Bmim][BF_4]凝胶的电化学稳定性窗口。

3. 充放电性能研究

离子液体凝胶的恒流充放电研究，采用 CHI660E 电化学工作站，测试电极采用碳棒，对 250 MPa 和 750 MPa 制备样品进行恒流充放电研究。图 11-12 为 250 MPa 和 750 MPa 制备样品的充放电曲线，同一电压下 250 MPa 和 750 MPa 制备样品充放电时间均为0.3 s。充放电图形均显示对称的等腰三角形，说明其电容性能良好。从图 11-12 可以看出，在相同的测试条件下，随制备压强的升高，离子液体凝胶样品充放电时间不受影响。

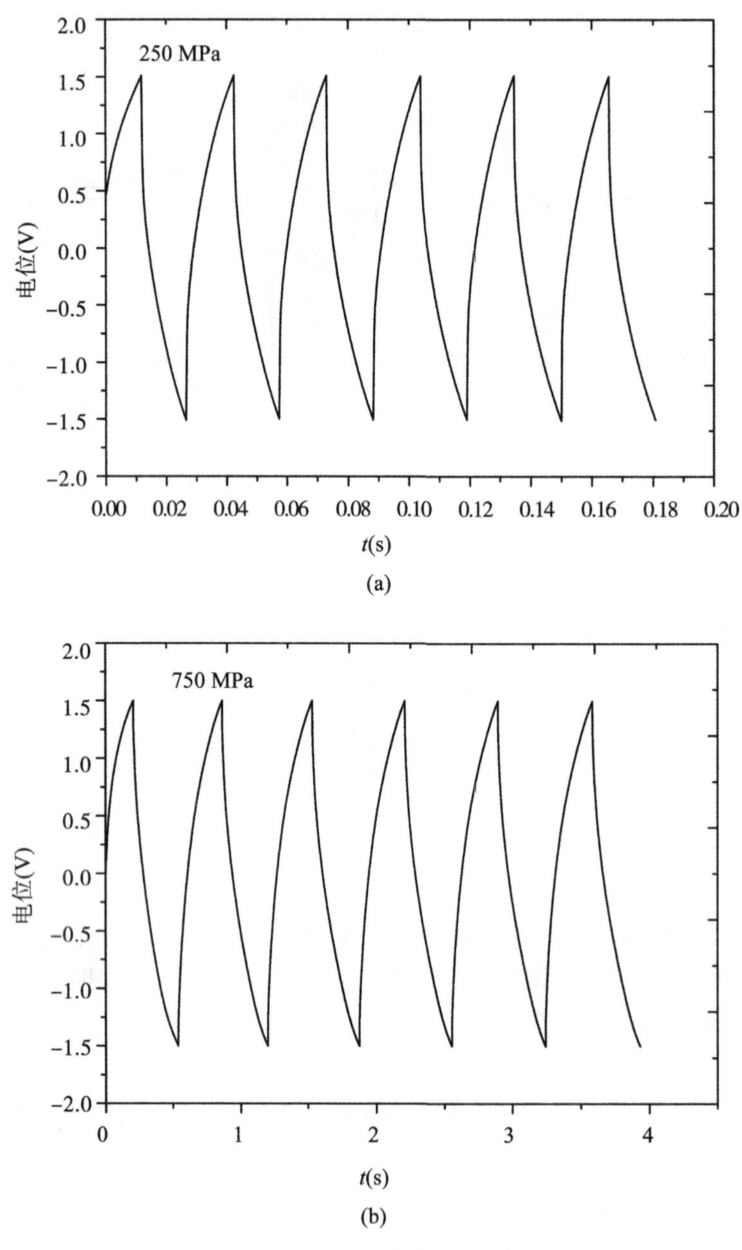

图 11-12　250 MPa(a)和 750 MPa(b)制备的离子液体凝胶恒流充放电图

11.4　压强对凝胶结构和性能的影响规律

通过上述对离子液体凝胶的 SEM、DSC、XRD、FT-IR、电化学性质的检测及其结果分析，我们可以得到如下结论。

(1)将 PVDF-HFP 和离子液体[Bmim][BF_4]按照 1 : 4 的比例，采用直接混合法能够制备出质量分数为 20%的离子液体凝胶。由表象直接观察可以发现，经过高压处理过的凝胶样品为无色透明胶体，与常压下的离子液体凝胶样品相比有更好的强度。

(2)SEM 显示不同压强下的样品断层形貌发生了很大改变，凝胶体系在高压下的凝胶过程，凝胶结构不同于常压。

(3)由 DSC 检测结果表明，在高压条件下得到的离子液体凝胶熔点温度有所降低。

(4)XRD 结果表明压强和温度对所制备的离子液体凝胶的晶体结构产生影响。FT-IR 图谱表明高压制备离子液体凝胶，没有破坏凝胶剂的分子链结构 。

(5)电化学性质测试表明采用直接混合法制备的离子液体凝胶的可逆性能较好，具有优良的充放电性能。另外，与常压凝胶相比，高压制备导电能力增强，内阻也较小。

本章通过将 PVDF-HFP 和离子液体[Bmim][BF_4]直接混合制备出强度性能优良、导电能力好、内阻较小的离子液体凝胶，为电池或电容提供了基本材料。然而由于时间紧迫，我们只是选用了一个质量分数和几个高压点对凝胶的性能进行研究。接下来，我们可以采用多组分、多个压强点来探索组分及压强对离子液体凝胶各项性能的影响规律；同时可以更进一步对其相图进行探究，绘制 PVDF-HFP/离子液体凝胶的高压相图，以期找到高压对离子液体凝胶改性最优的压强点。

离子液体凝胶的研究还处于起步阶段，目前大多数的研究主要集中于材料制备、结构性能分析，以改善离子液体凝胶的电化学、热力学性能等内容。但随着种类更多、性能更优良的离子液体凝胶材料不断被开发，在不久的将来，离子液体凝胶新型材料必将为时代的发展添彩。

第 12 章 纳米掺杂离子液体凝胶的高压制备及性能研究

12.1 纳米掺杂离子液体凝胶简介

电池作为现代生活的必需品，早已走进了我们的生活。但是由于电极涂层厚薄不一致，生产工艺不精细或者使用过程中充放电过载等问题，长时间的使用使电池内部的温度升高，导致有机溶剂电解质的分解，引起电池电解质泄漏，或产生爆炸等不安全性。

离子液体凝胶兼有离子液体的稳定性、不挥发性、导电性良好、电化学窗口宽等特点，和传统固态电解质良好的机械性能，越来越受到研究者的广泛关注。但是，目前离子液体凝胶作为凝胶电解质来讲，还存在电导率比较低、电化学窗口窄、机械性能差等缺点，这限制了其在电池工业中的应用。

纳米颗粒往往具有很大的比表面积，每克纳米颗粒的比表面积能达到几百平方米甚至上千平方米，这使得它们可作为高活性的吸附剂和催化剂，在氢气储存、有机合成和环境保护等领域有着重要的应用前景。对纳米材料，我们可以用“更轻、更高、更强”这六个字来概括。纳米材料的应用前景是十分广阔的，例如：纳米电子器件，医学和健康，航天、航空和空间探索，环境、资源和能量，生物技术等领域。

纳米结构是以纳米尺度的物质单元为基础，按一定规律构筑或营造的一种新体系。它包括纳米阵列体系、介孔组装体系、薄膜嵌镶体系。对纳米阵列体系的研究集中于由金属纳米微粒或半导体纳米微粒在一个绝缘的衬底上整齐排列所形成的二位体系。而纳米微粒与介孔固体组装体系由于微粒本身的特性，以及与界面的基体耦合所产生的一些新的效应，也使其成为了研究热点，按照其中支撑体的种类可将它划分为无机介孔复合体和高分子介孔复合体两大类，按支撑体的状态又可将它划分为有序介孔复合体和无序介孔复合体。在薄膜嵌镶体系中，对纳米颗粒膜的主要研究是基于体系的电学特性和磁学特性而展开的。

本章以 PEG 基离子液体凝胶为研究对象，通过纳米 TiO_2、SiO_2 等掺杂获得了质量分数不同的离子液体凝胶，并通过高压方法对掺杂离子液体凝胶进行了不同压强下的制备。采用红外光谱分析、XRD 分析、DSC 分析对高压离子液体凝胶的结构进行了表征，采用电化学分析对其电化学性能进行了测量。

12.2 聚合物离子液体凝胶的高压相图

高压下聚合物离子液体凝胶的研究中，其高压相图是聚合物离子液体凝胶的研究基础。通过高压相图确定聚合物离子液体凝胶在不同温度和压强下的状态，才能设计出更好的实验过程和实验条件，并对其结构和性能进行有效的调控和改性研究。采用高压原位密度测量的方法对聚合物离子液体凝胶的体积进行了不同温度和压强下的测量，得到一定温度下压强与体积曲线，依据曲线上拐点变化确定聚合物离子液体凝胶的相变压强。通过改变不同测量温度，得出一系列的相变压强点，绘制出聚合物离子液体凝胶的高压相图。

12.2.1 高温高压下密度测量装置的搭建

国内外对液体或胶体的密度测量研究都非常稀缺，且研究多集中在较低的压强范围内(200 MPa 压强以下)。我们利用两面顶压机，结合活塞圆筒模具，将压强范围提升至1.0 GPa以上，温度范围可以从室温到500 ℃，这对于高压下离子液体凝胶的密度测量的研究具有重要的意义。该装置为研究聚合物离子液体凝胶提供了新的技术手段。

高压密度测量的实验装置如图 12-1 所示，包括压力系统、密封系统、加热系统和位移测量系统。其中，压力系统中具有压力传感器，用于监测加压过程中压力的信号；密封系统采用活塞圆筒高压模具和铝制样品盒，样品的温度由加热系统进行控制，样品的体积变化由测量系统中激光位移传感器测得。测量原理是通过测量一定温度下样品的体积位移与压强的关系，根据 $P\text{-}\Delta V$ 的关系曲线中拐点位置确定压致凝胶相变点。

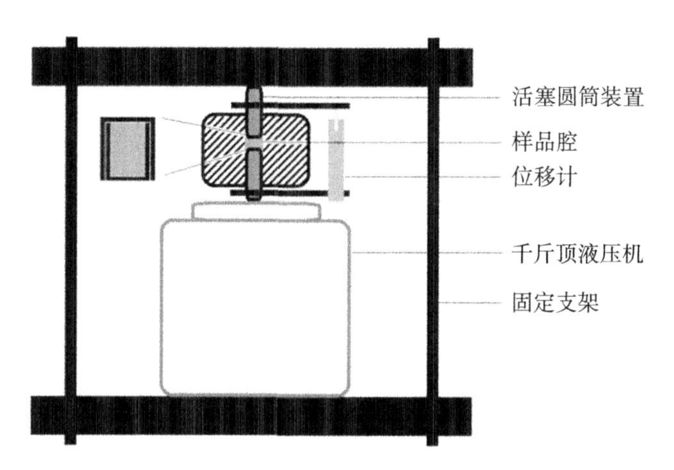

图 12-1 实验测量装置简图

12.2.2　聚合物离子液体凝胶的高压相图研究

图 12-2 是 PEG/［Emim］［$EtSO_4$］凝胶在不同的温度下 P-ΔV 的对应关系。从图中我们

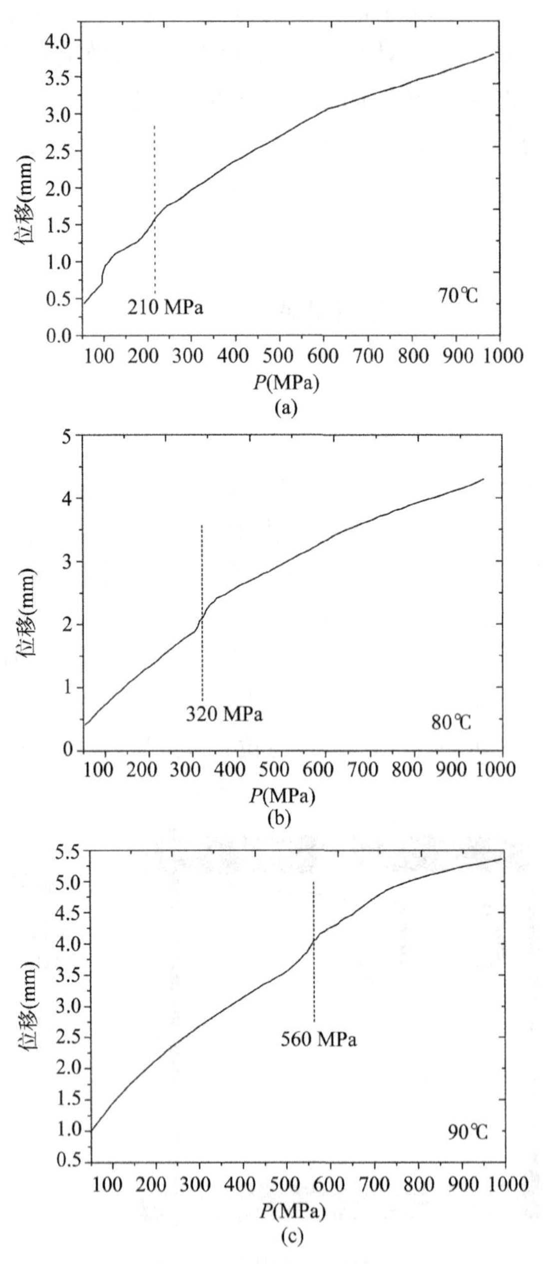

图 12-2　PEG/［Emim］［$EtSO_4$］离子液体凝胶在 70 ℃、80 ℃、90 ℃温度下加压过程中 P-ΔV 的对应关系

可以看出，70 ℃时，样品在 210 MPa 压强点附近有一个明显的拐点；80 ℃时，样品在 320 MPa 压强点附近有明显的拐点；90 ℃时，样品在 560 MPa 压强点附近有明显的拐点。这些拐点都是由于在加压过程中，初始溶胶样品发生了溶胶—凝胶的转变而导致样品的体积改变所致。因此，通过 P-ΔV 的对应关系图上的拐点可确定凝胶样品在一定温度下的压致相变点。

结合 PEG/［Emim］［$EtSO_4$］凝胶在常压下的凝胶点，可绘制出该凝胶材料的高压相图，如图 12-3 所示。随着压强的升高，凝胶的凝胶—溶胶相变温度也相应地升高。通过离子液体凝胶的高压相图，可以确定凝胶在一定温度下的状态。凝胶点附近，凝胶材料的网络结构比较复杂，且极易受到外界环境的影响，也有利于得到一些新的结构。

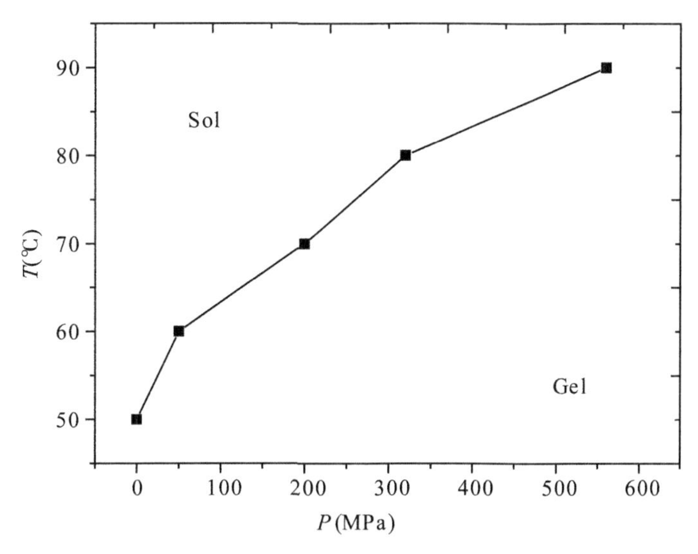

图 12-3　PEG/［Emim］［$EtSO_4$］离子液体凝胶的高压相图

因此，高压相图是高压研究离子液体凝胶的基础，也为高压制备新型离子液体凝胶提供了理论支持和实验指导。同时，课题组搭建的高温高压下密度测量装置在研究物质相变方面是可行的，为物质压致相变研究提供了新的实验手段和方法，对于高压下软物质的研究具有重要意义。

12.3　纳米掺杂离子液体凝胶的高压微结构调控

聚合物离子液体凝胶通过氢键、π-π 共轭、范德华力等非共价键相互作用进行物理交联，而形成具有空间网络结构的凝胶，凝胶的形成过程和凝胶结构极易受到物理外场的影响。且聚合物离子液体凝胶的微相结构对其导电性能有重要的影响。因此，通过调控聚合物离子液体凝胶的微结构，有望实现对凝胶性能的改进与优化。

PVDF-HFP 基离子液体凝胶具有较好的凝胶特性，且具有较高的相容性，在柔性电解质中应用普遍。纳米氧化铝(Al_2O_3)具有较多的微观形貌特征，且与离子液体相容性较好。因此，在聚合物离子液体凝胶中添加纳米材料，对凝胶的微观结构进行构筑，并通过高压对纳米掺杂的凝胶进行结构改性，有望提高其电化学性能。

本节主要采用凝胶材料聚偏氟乙烯-六氟丙烯共聚物(PVDF-HFP)、离子液体([Bmim][BF_4])和纳米氧化铝(Al_2O_3)，通过挥发溶剂制备了不同掺杂比例的 PVDF-HFP/[Bmim][BF_4]@ Al_2O_3凝胶。并将不同掺杂比例的离子液体凝胶 PVDF-HFP/[Bmim][BF_4]@ Al_2O_3在不同压强下制备，并研究了纳米掺杂和高压对 PVDF-HFP 基离子液体凝胶结构和性能的影响。研究发现：掺杂纳米氧化铝得到的掺杂纳米氧化铝凝胶，随着掺杂量的增加，凝胶的机械性能变差，电导率降低，但是电化学窗口明显升高。高压制备的掺杂离子液体凝胶，随着压强的升高，凝胶的机械性能明显提高，电化学窗口和电导率略有升高。这表明高压使掺杂离子液体凝胶变得更加密实，有效地提高了掺杂离子液体凝胶的机械性能。

12.3.1　纳米氧化铝和不同压强对凝胶性能的影响

掺杂质量分数为 0 wt%、1 wt%、3 wt%和 5 wt%，随着掺杂浓度的增加，凝胶样品的颜色逐渐变深，说明纳米氧化铝均匀分散在凝胶样品中。但是，掺杂纳米氧化铝的凝胶样品的机械性能降低，且浓度越大，机械性能越差，这可能是由于纳米氧化铝占据了凝胶结构中的凝胶节点，破坏了离子液体凝胶的空间网状结构。

图 12-4 为不同压强下掺杂质量分数为 1 wt%的离子液体凝胶样品的照片，样品为果冻状块体，半透明。采用镊子进行简单的拉伸，具有一定的弹性，且凝胶硬度随着制备压强的升高明显增强。这些结果表明：压强增加了掺杂纳米氧化铝离子液体凝胶

图 12-4　0.1 MPa、200 MPa、400 MPa 和 600 MPa 压强下处理后的样品照片

的机械性能，特别是增压了凝胶材料的硬度和弹性。这可能是由于压强通过减小凝胶的体积，使离子液体溶胶溶液在受限的空间内完成了胶凝，增加了聚合物凝胶剂在凝胶中的凝胶节点，减小了纳米氧化铝对凝胶节点破坏的程度，形成了更加紧密的空间网络凝胶结构。

图 12-5 为不同压强下掺杂质量分数为 1 wt%的离子液体凝胶样品的偏光显微照片，放大倍数为 50 倍。从图中我们可以看出，掺杂纳米氧化铝离子液体凝胶样品的断面整体比较光滑。但是，0.1 MPa 压强下制备的样品有明显的孔洞，随着制备压强的增加，孔洞明显减少。这也从侧面反映了压强使凝胶变得更加密实，机械性能变得更为优越。

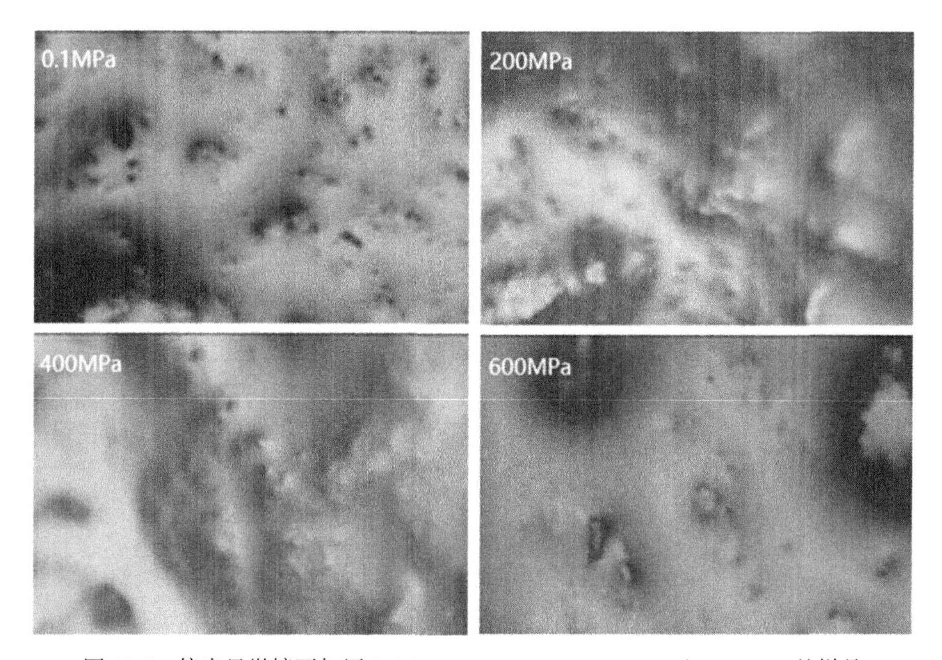

图 12-5　偏光显微镜下加压 0.1 MPa、200 MPa、400 MPa 和 600 MPa 的样品

12.3.2　压强对纳米掺杂凝胶结构的影响

图 12-6 是不同掺杂浓度下凝胶的 FT-IR 图谱。从图中我们可以看出，随着掺杂浓度的升高，傅里叶变换红外光谱中吸收峰的位置和峰形没有明显的变化。但是，随着纳米氧化铝掺杂质量的增加，880 cm^{-1}吸收峰的强度逐渐变弱，当掺杂浓度为 5 wt%时，该吸收峰消失。880 cm^{-1}处的高聚物无定形相的特征吸收峰，说明凝胶剂 PVDF-HFP 的结晶性变好，纳米氧化铝提高了它的结晶度。结晶度提高会降低凝胶剂与离子液体间的相互作用，这也是凝胶机械性能变差的原因。

另外，图 12-7 是掺杂 1wt%纳米氧化铝的 PVDF-HFP/[Bmim][BF_4]@ Al_2O_3凝胶在不

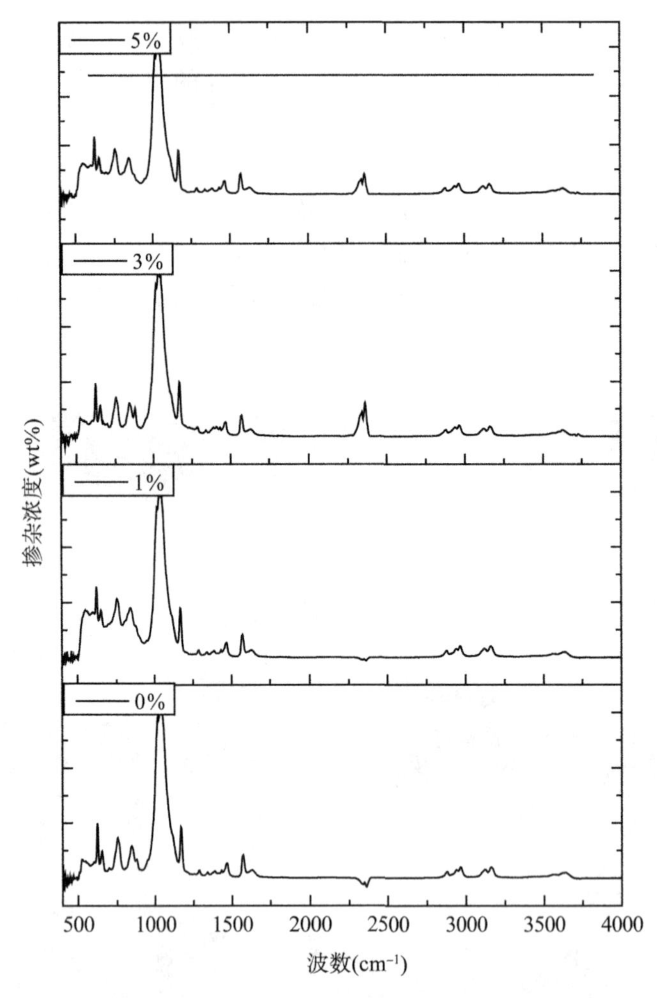

图12-6　不同纳米氧化铝浓度掺杂的样品的傅里叶变换红外光谱图

同压强下的傅里叶变换红外光谱图。从图中我们可以看出，离子液体凝胶样品的吸收光谱与离子液体的吸收光谱基本一致，说明高压没有改变凝胶中的分子结构或者形成新的化学键。但是对比PVDF-HFP的无定形相吸收峰(880 cm^{-1}处)，其相对强度随着压强的升高略有降低。

12.3.3　压强对纳米掺杂凝胶电化学性能的影响

图12-8是纳米Al_2O_3不同掺杂比例的PVDF-HFP/[Bmim][BF_4]凝胶的电化学窗口。掺杂浓度为0 wt%、1 wt%、3 wt%和5 wt%的离子液体凝胶的电化学窗口依次为2.7 V，3.2 V，3.5 V，3.8 V。从图12-8中很明显地看出，随着纳米氧化铝浓度的增加，离子液体凝胶的电化学窗口变宽了。这对于离子液体凝胶的应用具有非常积极的意义，为离子液

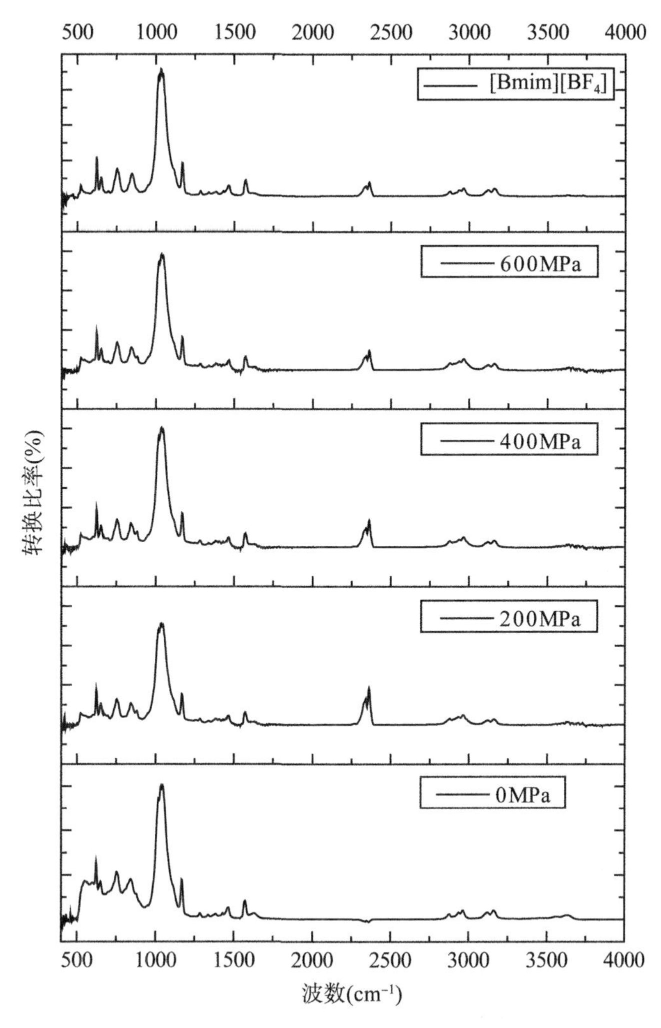

图 12-7 掺杂 1wt%纳米氧化铝在不同压强下的傅里叶变换红外光谱图

体凝胶在更宽范围的应用提供了新的途径。

图 12-9 是不同掺杂浓度的 PVDF-HFP/[Bmim][BF_4]@Al_2O_3凝胶样品的交流阻抗图。从图中我们可以看出，样品在低频部分展现出一条直线，说明样品与电极接触良好；在高频部分，样品呈现出较小的弧度，说明电路中存在较小的接触电容。

将图谱进行拟合和计算可得到样品的电导率，如表 12-1 所示。未掺杂样品的电导率最高，随着掺杂浓度的升高，电导率逐渐降低。这说明掺杂纳米氧化铝会使离子液体凝胶样品的电导率降低，这可能是纳米氧化铝进入了凝胶样品的空间网状结构中，由于大量的掺杂破坏了离子在网状结构中传输的离子通道，降低了导电性。

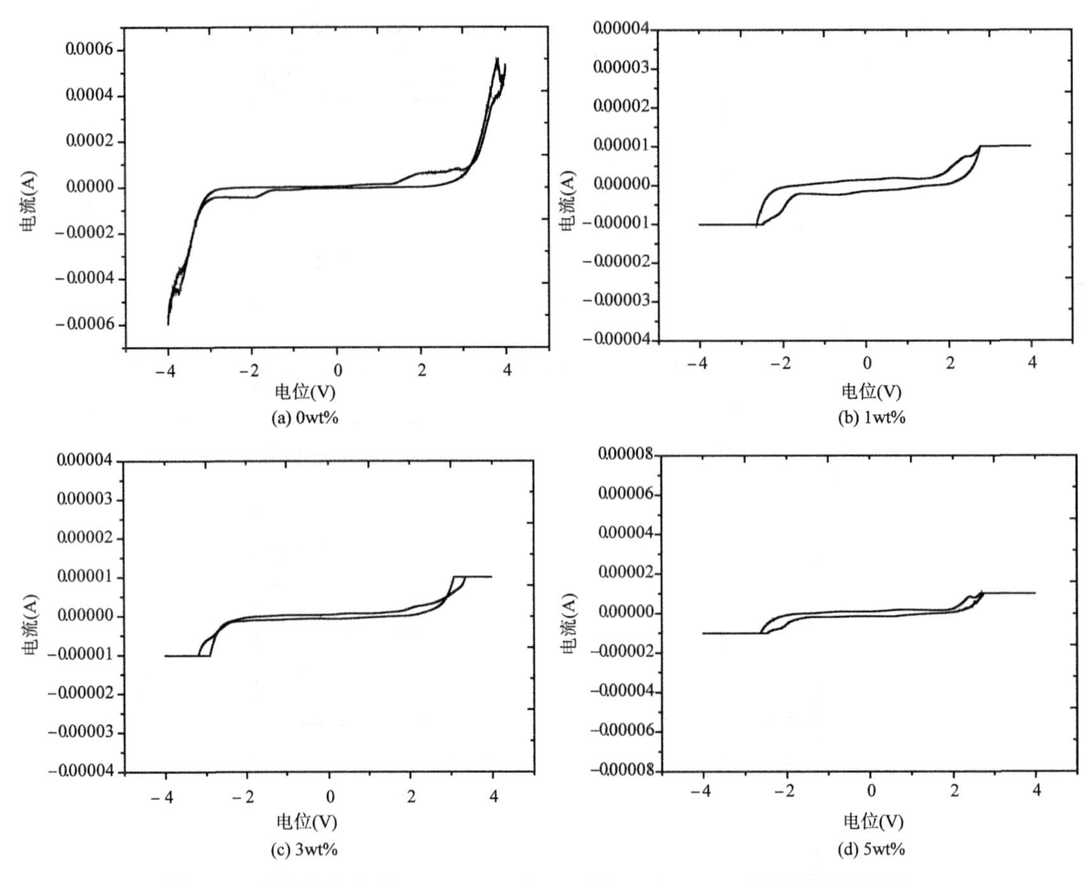

图 12-8　不同掺杂浓度 PVDF-HFP/[Bmim][BF_4]@ Al_2O_3凝胶的电化学窗口

表 12-1　　不同掺杂浓度凝胶样品的本征电阻、长度及横截面积参数

样品	0wt%	1wt%	3wt%	5wt%
R_b(Ω)	90	85	66	270
l(mm)	1. 2	0. 8	0. 6	0. 9
σ(S/m)	1. 866	1. 331	1. 286	0. 472

图 12-10 为 0 MPa，200 MPa，400 MPa，600 MPa 压强下纳米掺杂 1 wt%的离子液体凝胶样品的循环伏安图。0 MPa，200 MPa，400 MPa 和 600 MPa 下离子液体凝胶的电化学窗口依次为 3. 2 V，3. 8 V，3. 2 V，4 V。样品的电化学窗口随着压强的增大而有小的波动，压强对电化学窗口的影响不明显。

图 12-11 为在 0 MPa、200 MPa、400 MPa 和 600 MPa 压强下掺杂浓度 1 wt%的凝胶样品的交流阻抗图。由图谱可得样品的电导率参数，如表 12-2 所示。当压强增加至200 MPa 时，凝胶的电导率并没有呈现一个太大的变化趋势，在制备压强为 400 MPa 时，样品的

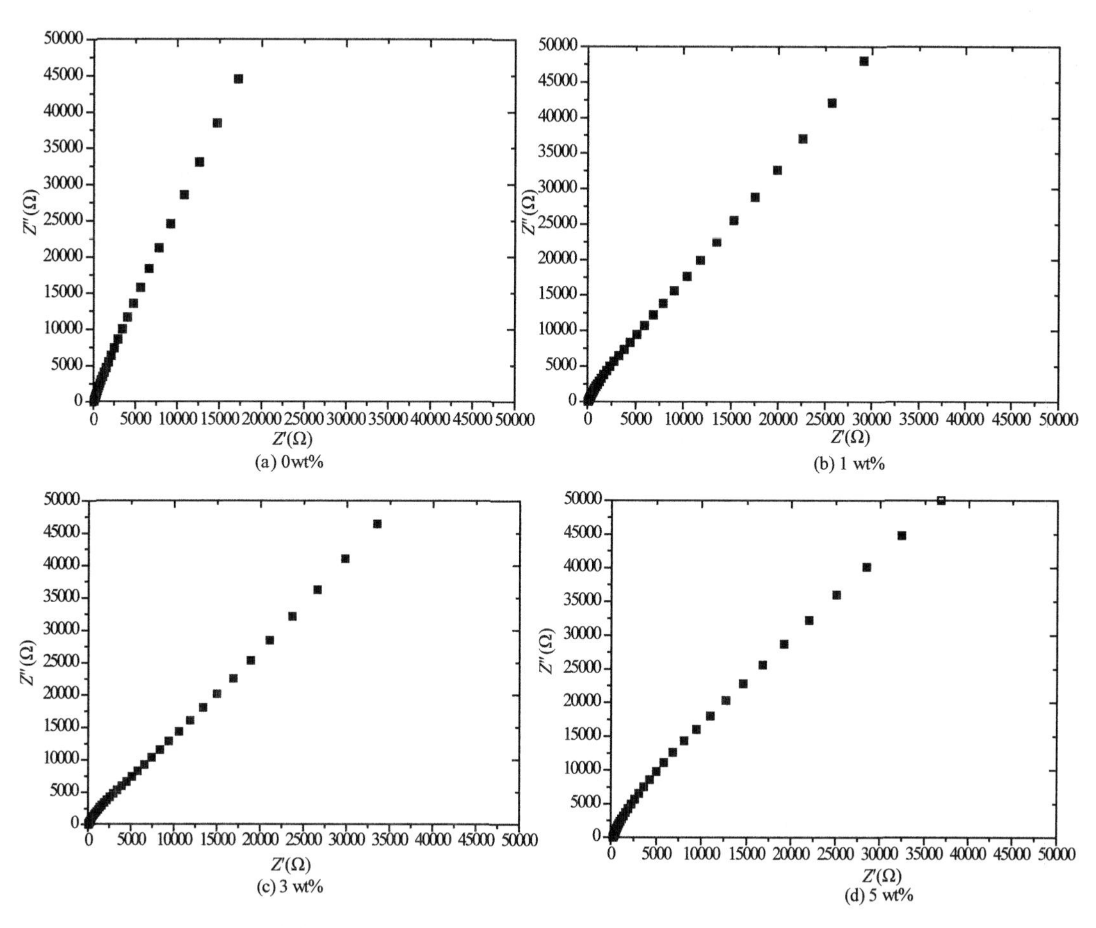

图 12-9 不同掺杂浓度的 PVDF-HFP/[Bmim][BF_4]@ Al_2O_3凝胶的交流阻抗图

电导率突然减小，说明合适的压强下样品的电导率可以被调控。

表 12-2 **纳米氧化铝掺杂浓度为 1wt%的凝胶样品的本征电阻、长度及横截面积**

样品	0MPa	200MPa	400MPa	600MPa
R_b(Ω)	275	315	305	325
l(mm)	2.6	3.0	2.5	3.1
σ(S/m)	1.338	1.347	1.160	1.349

综上研究，本课题组采用凝胶材料聚偏氟乙烯-六氟丙烯共聚物(PVDF-HFP)、离子液体([Bmim][BF_4])和纳米氧化铝(Al_2O_3)掺杂，通过挥发溶剂制备了不同掺杂比例的 PVDF-HFP/[Bmim][BF_4]@ Al_2O_3凝胶。并将不同掺杂比例的离子液体凝胶 PVDF-HFP/[Bmim][BF_4]@ Al_2O_3在不同压强下制备，并研究了纳米掺杂和高压对 PVDF-HFP 基离子

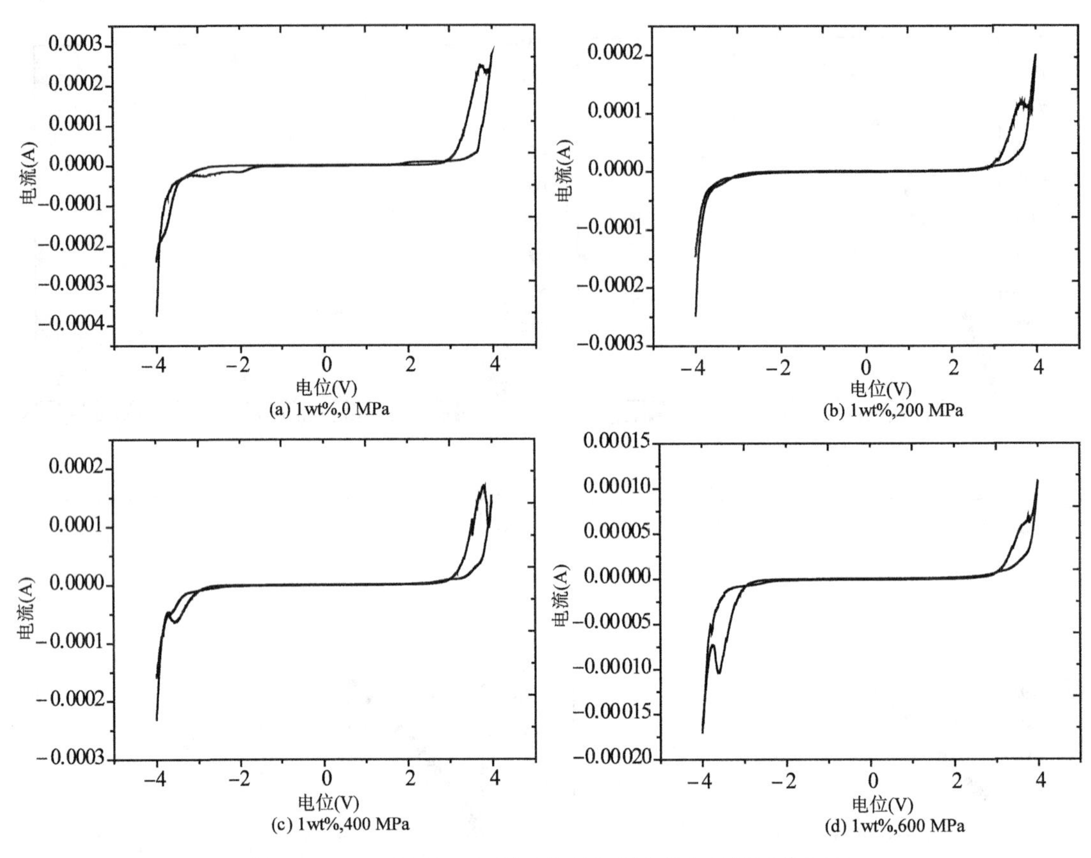

图 12-10　0~600 MPa 压强下的离子液体凝胶的循环伏安图

液体凝胶结构和性能的影响。

研究发现：掺杂纳米氧化铝得到的 PVDF-HFP/[Bmim][BF_4]@Al_2O_3 凝胶，随着掺杂量的增加，凝胶的机械性能变差，电导率降低，但是电化学窗口明显升高。高压制备的凝胶，随着压强的升高，凝胶的机械性能明显提高，电化学窗口和电导率略有升高。表明高压使掺杂离子液体凝胶变得更加密实，有效地提高了掺杂离子液体凝胶的机械性能。

12.4　纳米 SiO_2 掺杂 PEG /[Emim][$EtOSO_3$]凝胶的高压结构与性能

聚乙二醇(PEG)基离子液体凝胶是一类通过物理加热搅拌直接形成的一种凝胶，它的制备不需要任何的助溶剂，减少了中间制备环节中的可能影响因素。且聚乙二醇的结构相对比较简单，便于在分子结构层面分析离子液体凝胶的微观网络结构。

本课题组在前面的研究中已对高压下的聚乙二醇基离子液体凝胶的结构和性能进行了初步的研究。为了进一步探索凝胶微结构对凝胶性能的影响，本节主要采用 SiO_2 对 PEG

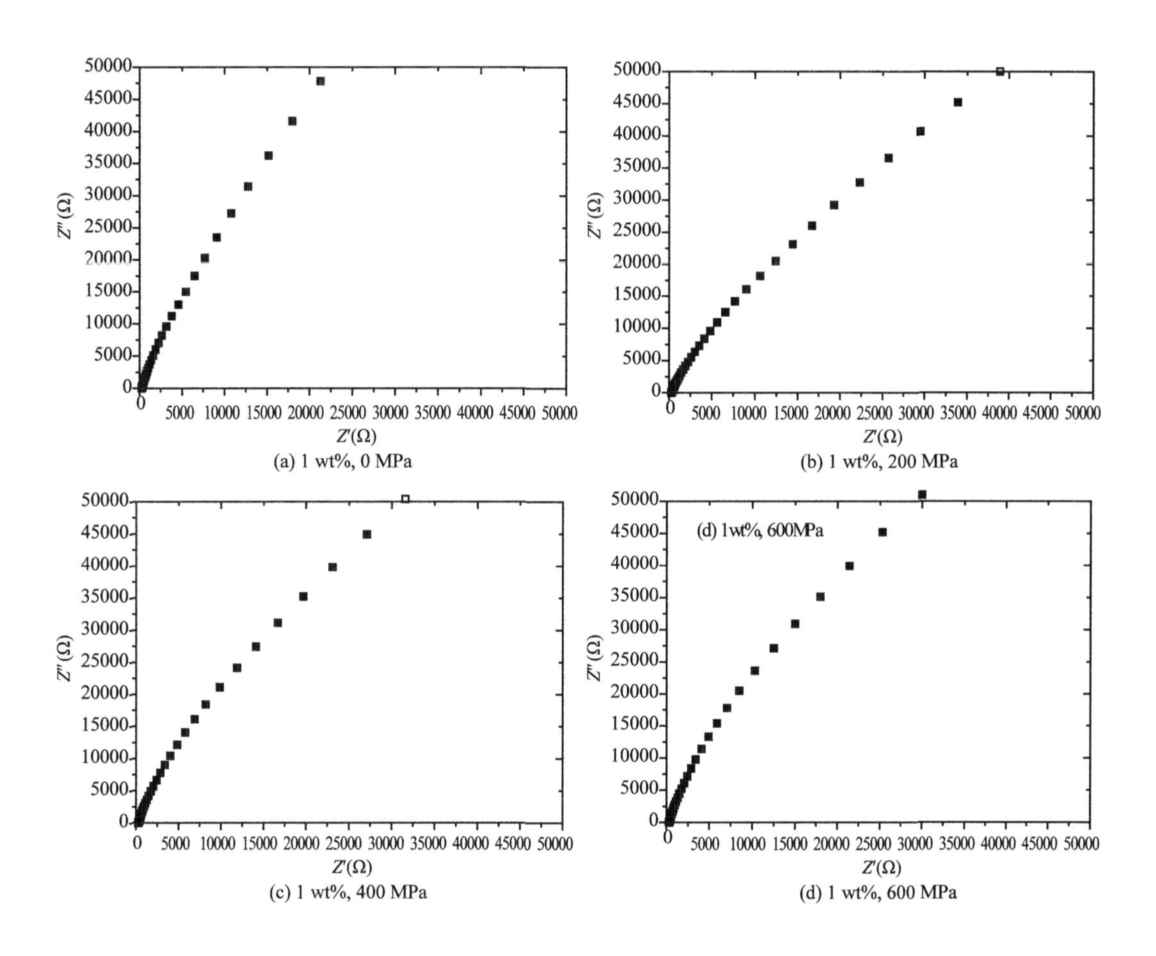

图 12-11 在 0~600 MPa 压强下掺杂浓度 1 wt%凝胶样品的交流阻抗图

基离子液体凝胶进行掺杂，并通过高压方法研究了聚合物离子液体凝胶的结构和性能。研究表明，压强增强了纳米 SiO_2 掺杂 PEG 基离子液体凝胶内部的氢键作用，但不改变凝胶的网络结构；且随着压强的增加，纳米 SiO_2 掺杂 PEG 基离子液体凝胶的电化学窗口及电导率增大。

12.4.1 凝胶的制备

首先制备了 PEG 含量为 10 wt%的 PEG/[Emim][$EtOSO_3$]凝胶，然后制备 SiO_2 为 3 wt%的 PEG/[Emim][$EtOSO_3$]@ SiO_2凝胶。将制备的 PEG/[Emim][$EtOSO_3$]@ SiO_2凝胶在温度为 90 ℃时进行加压处理，获得高压改性的 PEG /[Emim][$EtOSO_3$]@ SiO_2凝胶，并对样品进行了结构和性能的分析。

12.4.2　凝胶结构的表征

图 12-12 为不同压强下 PEG /[Emim][$EtOSO_3$]@SiO_2的 X 射线衍射图谱。从图中我们可以看出，不同压强下制备的凝胶材料总体为非晶，但是也含有少量的晶体。其中，结晶衍射峰来自于 PEG 晶体。随着制备压强的增加，样品衍射峰变弱，PEG 的结晶被抑制，凝胶材料的非晶化有助于凝胶材料电导率的提高。

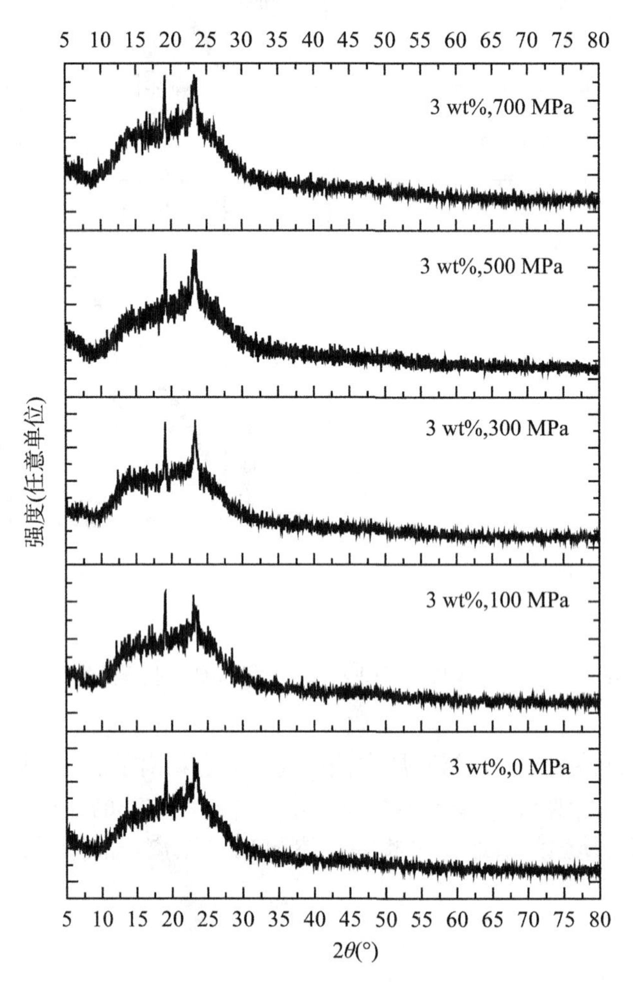

图 12-12　不同压强下 PEG /[Emim][$EtOSO_3$]@SiO_2的 X 射线衍射图谱

图 12-13(a)为压强与 PEG /[Emim][$EtOSO_3$]@SiO_2电导率的关系图。随着压强的增加，样品的电导率先增加；在制备压强为 500 MPa 时，凝胶材料的电导率达到了最大值，后突然减小。不同压强下样品的电化学窗口如图 12-13 (b)所示，从图中可以确定各个样品的电化学窗口分别为 4.1 V，4.2 V，4.3 V，4.4 V 和 3.9 V，随着压强的增加，电化学窗口也呈现出先增加、后降低的趋势，且在 500 MPa 时电化学窗口最大。

明显地，压强能够有效调控凝胶的电化学性能，压强对凝胶电化学性能的影响仅在有限的范围内。随着压强的增加，凝胶中的纳米二氧化硅在聚合物凝胶系统中进行分散后的自调整，形成了有利于离子运动的离子通道，有利于离子的传输，提高了凝胶的电导率。当制备压强超过某个极限压强时，制备的凝胶虽然具有较好凝胶网络结构，但是凝胶变得不稳定。由于凝胶内应力的存在，使高压下的凝胶网络局部或部分断裂，破坏了凝胶中的离子通道，不利于离子的传输，降低了凝胶材料的电导率。

同时，断裂的凝胶结构中存在自由的分子链段，活动自由程变大，在电场作用下纳米二氧化硅的量子效应易引起高分子或离子的氧化还原反应。因此，凝胶的电化学窗口减小。这项研究为我们探索高压改性聚合物离子液体凝胶的方法提供了有益的参考。

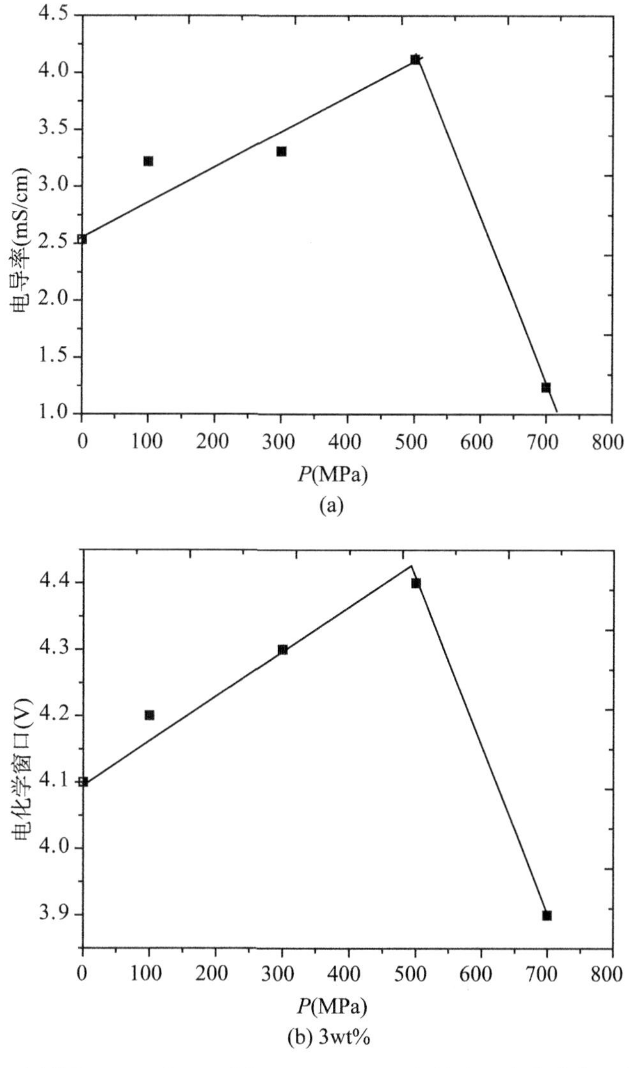

图 12-13 压强与 PEG /[Emim][$EtOSO_3$]@ SiO_2电导率和电化学窗口的关系图

12.5　纳米 $BaTiO_3$ 掺杂 PEG /[Emim][$EtOSO_3$]凝胶的高压结构与性能

纳米 SiO_2 的掺杂能够有效地改变凝胶的电化学性能，高压能够调控纳米掺杂的离子液体凝胶的结构。为了考察这一规律的普适性，我们选取了一种不同于二氧化硅的纳米材料——纳米钛酸钡($BaTiO_3$)作为掺杂物，进行了纳米掺杂高压实验。钛酸钡是一种强介电化合物材料，具有高介电常数和低介电损耗，是电子陶瓷中使用最广泛的材料之一，其还具有多种晶体结构。通过高压方法对凝胶中的纳米钛酸钡($BaTiO_3$)进行聚集体的调控，构筑凝胶体系中的离子通道，更容易提高凝胶材料的电化学性能。

以 PEG /[Emim][$EtOSO_3$]为基体，通过物理掺杂的方法制备了不同比例的 PEG /[Emim][$EtOSO_3$]@ $BaTiO_3$ 凝胶，并对掺杂的凝胶样品进行了不同压强下的制备，制备方法和装置与上述实验相同，在此不再赘述。并通过红外光谱分析、拉曼光谱分析和 DSC 技术对凝胶的结构进行了表征，通过循环伏安和交流阻抗的方法对凝胶的电化学性能进行了测量。研究发现：纳米 $BaTiO_3$ 能够改变凝胶中凝胶剂的结晶小尺寸分布，进而通过其与凝胶剂分子链的相互作用，影响凝胶中离子通道的长短，改变凝胶的电化学性能。压强使凝胶中纳米 $BaTiO_3$ 与 PEG 的相互作用增强，PEG 分子链在纳米 $BaTiO_3$ 的作用下增加了分子链自由程，增加了分子链周期排列的稳定性。在一定的压强范围内，压强能够调控离子通道，有利于离子的传导，提高凝胶的电导率。

12.5.1　纳米掺杂对凝胶结构的影响

通过对比不同掺杂浓度下 PEG/[Emim][$EtOSO_3$]@ $BaTiO_3$ 凝胶的红外光谱图(图 12-14)，随着纳米 $BaTiO_3$ 含量的增加，凝胶中的分子链段结构并没有出现明显的变化。在 845 cm^{-1} 处为聚乙二醇的结晶特征吸收峰，对应聚乙二醇在凝胶中的结晶形态。从图 12-14 中我们可以看出，随着纳米 $BaTiO_3$ 掺杂量的增加，对聚乙二醇的结晶度影响不大。这说明纳米 $BaTiO_3$ 的添加，没有破坏 PEG/[Emim][$EtOSO_3$]凝胶中的化学键结构。

图 12-15 是不同掺杂浓度下 PEG/[Emim][$EtOSO_3$]凝胶的 DSC 曲线。随着掺杂浓度的增加，样品在升温过程中都表现出一个双融化过程。这个吸热过程对应着凝胶中 PEG 的熔化过程。且随着掺杂浓度的升高，熔化峰温度升高，说明凝胶的热稳定性增加。当掺杂浓度为 5 wt%时，凝胶的热稳定性变差。除此之外，样品的双熔点现象说明 PEG 在凝胶结构中存在两种不同的结晶尺寸。随着掺杂浓度的增加，凝胶中结晶的小尺寸含量增加，这种凝胶中的凝聚态结构有利于形成较好的离子通道。

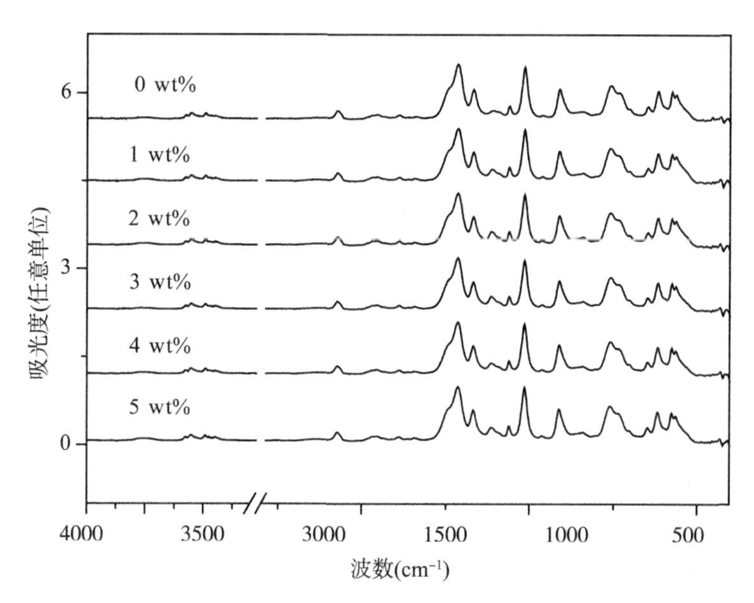

图 12-14 不同掺杂浓度下 PEG/[Emim][$EtOSO_3$]@ $BaTiO_3$凝胶的红外光谱图

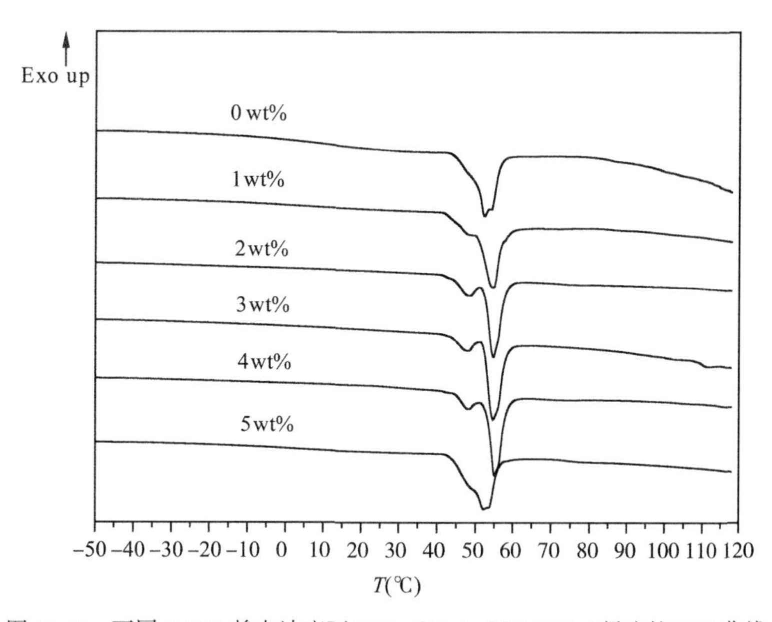

图 12-15 不同 $BaTiO_3$掺杂浓度下 PEG /[Emim][$EtOSO_3$]凝胶的 DSC 曲线

12.5.2 纳米 $BaTiO_3$对凝胶电化学性能的影响

对不同掺杂浓度的 PEG /[Emim][$EtOSO_3$]@ $BaTiO_3$凝胶进行了交流阻抗分析，如图

12-16 所示。经过掺杂的凝胶样品在高频部分都呈现出较好的离子传导性，为一条直线。但是在低频区域，掺杂浓度为 1 wt%、3 wt%和 4 wt%的样品出现了半圆弧，这可能是由于纳米 $BaTiO_3$在凝胶中有聚集，导致了凝胶网络中存在不均匀的介质颗粒，增大了凝胶的容抗特性。根据交流阻抗图谱，经过拟合和计算可得到样品的电导率(图 12-17)。随着掺杂浓度的增加，PEG /[Emim][$EtOSO_3$] @ $BaTiO_3$凝胶的电导率明显增加，没有掺杂的凝胶的电导率约为 1.0 mS/cm，掺杂浓度 5 wt%时凝胶电导率增加到 4.2 mS/cm，相对于未掺杂样品提高 4 倍多，这在凝胶材料改性方面是不常见的。

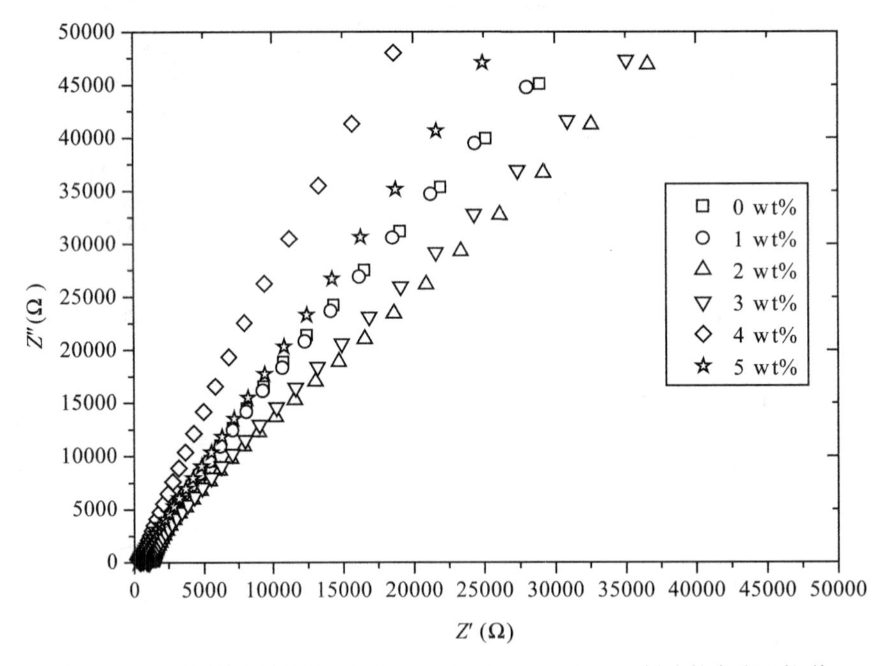

图 12-16　不同掺杂浓度 PEG/[Emim][$EtOSO_3$]@ $BaTiO_3$凝胶的交流阻抗谱

小结：纳米 $BaTiO_3$掺杂对 PEG /[Emim][$EtOSO_3$]凝胶具有积极的影响，纳米 $BaTiO_3$能够阻止 PEG 在凝胶中的结晶行为，影响凝胶中的凝胶网络结构，有利于形成较短的离子通道，提高了 PEG /[Emim][$EtOSO_3$]的电导率。

12.5.3　压强对 PEG /[Emim][$EtOSO_3$]@ $BaTiO_3$凝胶结构的影响

将 2 wt%的 PEG/[Emim][$EtOSO_3$]@ $BaTiO_3$凝胶进行了不同高压下的制备，制备方法与上述研究相同。图 12-18 为不同压强下制备的 PEG/[Emim][$EtOSO_3$]@ $BaTiO_3$凝胶的 FT-IR 图谱。随着制备压强的增加，红外图谱中并没有明显的变化，峰形和峰位均与初始样品保持得较好，说明在高温高压制备过程中并没有引起凝胶样品分子间的化学变化。

图 12-19 是不同处理压强下 2 wt%的 PEG/[Emim][$EtOSO_3$]@ $BaTiO_3$凝胶的 DSC 曲

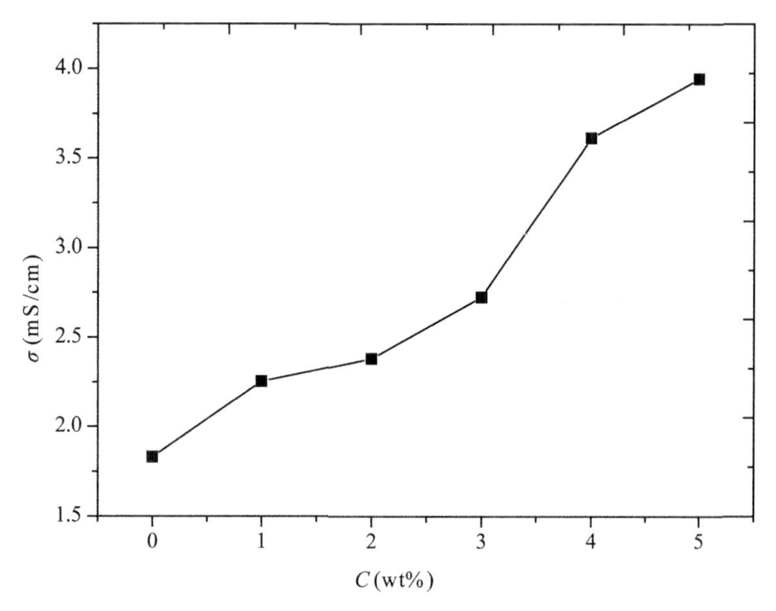

图 12-17 掺杂浓度与 PEG /[Emim][$EtOSO_3$]@ $BaTiO_3$凝胶电导率的关系图

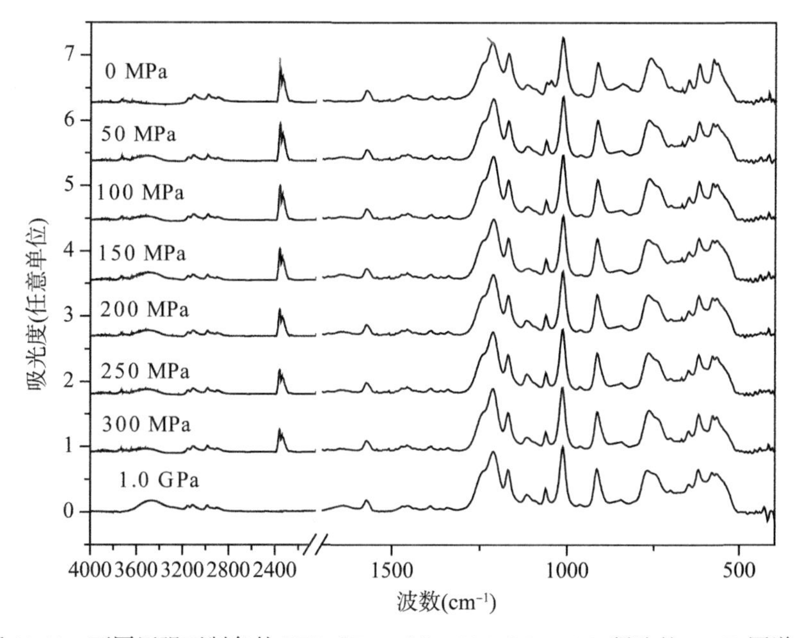

图 12-18 不同压强下制备的 PEG/[Emim][$EtOSO_3$]@ $BaTiO_3$凝胶的 FT-IR 图谱

线。不同压强下的凝胶样品在升温过程中均出现了明显的吸热峰，对应 PEG 晶体的熔化过程。初始样品具有明显的双熔点热力学行为。但是，经过加压处理后，制备压强为 50~200 MPa 范围的凝胶样品双熔点现象消失，但是随着压强的进一步增加，250~300 MPa 压强范围时，双熔点现象又重现。

对含有纳米 $BaTiO_3$的 PEG/[Emim][$EtOSO_3$]凝胶，压强能够调控凝胶中 PEG 的结晶特性，进而调控凝胶的网络结构。这可能是由于压致凝胶过程，纳米 $BaTiO_3$与 PEG 的相互作用增强，PEG 分子链在纳米 $BaTiO_3$的作用下增加了分子链自由程，增加了分子链周期排列的稳定性导致的。

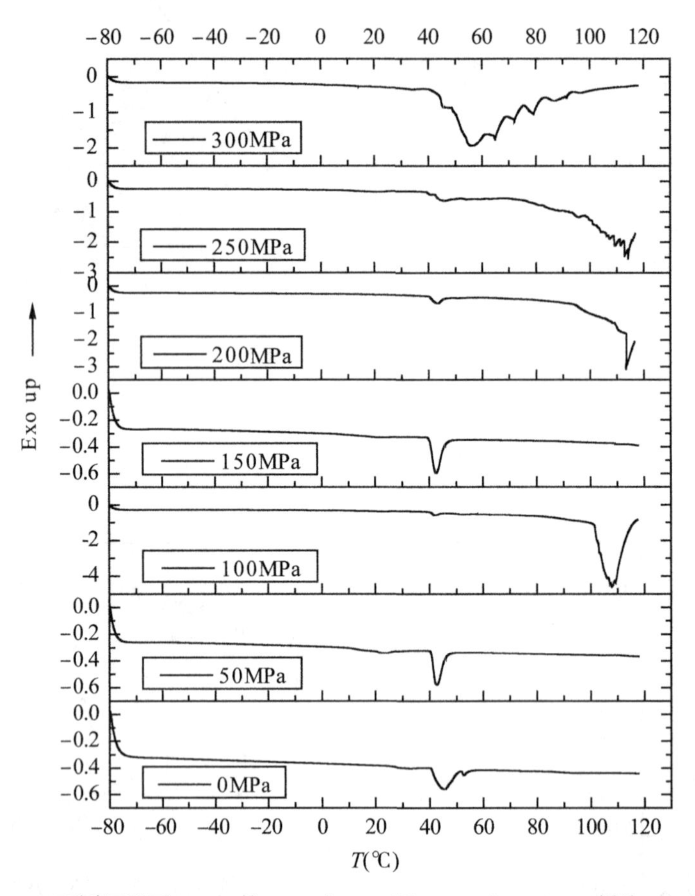

图 12-19　不同压强下 2 wt%的 PEG/[Emim][$EtOSO_3$]@$BaTiO_3$凝胶 DSC 曲线

12.5.4　压强对 PEG/[Emim][$EtOSO_3$]@$BaTiO_3$凝胶性能的影响

将高压制备的 PEG/[Emim][$EtOSO_3$]@$BaTiO_3$凝胶进行交流阻抗分析测试，得到不同压强下样品的交流阻抗谱。图 12-20 为不同压强下制备的样品的交流阻抗谱。在高频区，样品都展现出一条直线，说明样品与电极的良好接触。在低频区，制备压强为 0.1~200 MPa 范围，阻抗谱展示为半圆弧；而当制备压强超过 250 MPa 时，半圆弧消失。压强能够降低凝胶的容抗特性。

由交流阻抗谱，可得样品的电导率。图 12-21 为不同制备压强下样品的电导率与制备压强的关系。随着制备压强的增加，凝胶电导率明显增加；在制备压强范围内，300 MPa

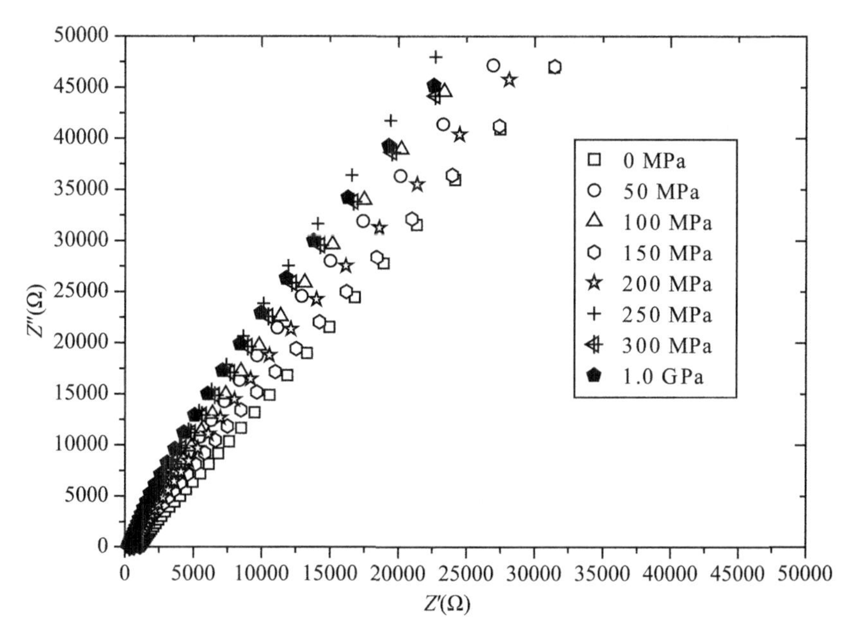

图 12-20　不同处理压强下制备 PEG/[Emim][$EtOSO_3$]@ $BaTiO_3$ 凝胶的交流阻抗谱

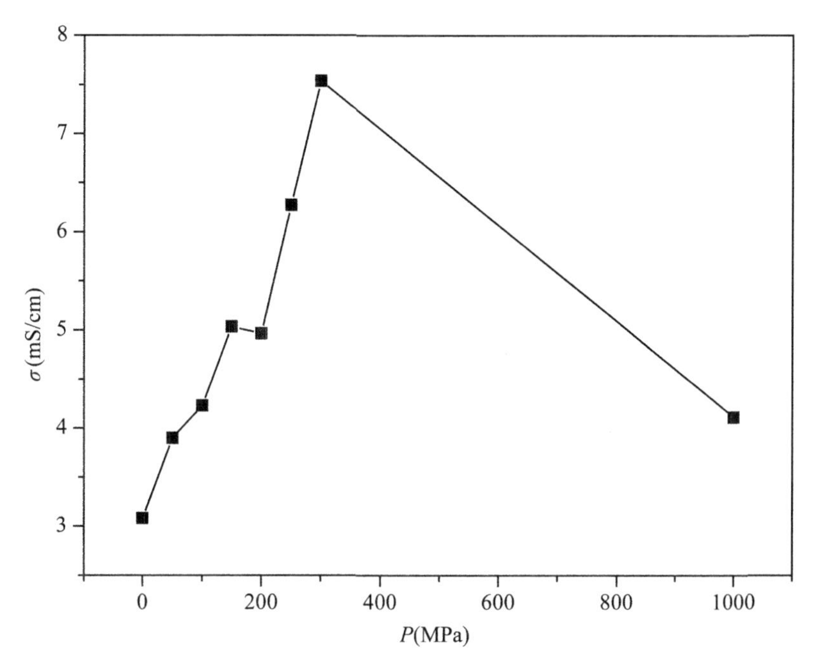

图 12-21　不同制备压强下样品的电导率与制备压强的关系

压强时电导率最高。为了探索更高压强下电导率的变化趋势，我们将样品在 1.0 GPa 进行了制备，发现其电导率反而降低了。在 0.1~1.0 GPa 范围内，应该存在电导率的最大值，这再一次印证了离子液体凝胶在高压条件下存在极限电导率。

这主要是高压对凝胶结构中凝胶剂的微观形貌进行了调控，在有限的压强下能够使凝胶剂形成利于离子传输的离子通道；但是，当压强超过极限值时，高压下制备的凝胶虽然具有较好凝胶网络结构，但是凝胶变得不稳定。由于内部凝胶应力的作用，凝胶网络结构受到了破坏，进而破坏了离子通道，聚合物离子液体凝胶的电导率降低。

12.6　小结

以聚合物离子液体凝胶为基体，通过物理掺杂的方法制备了不同比例的凝胶，并通过红外光谱分析、拉曼光谱分析和 DSC 技术对凝胶的结构进行了表征，通过循环伏安和交流阻抗的方法对凝胶的电化学性能进行了测量。本章的研究发现：纳米材料能够改变凝胶中凝胶剂的结晶小尺寸分布，进而通过其与凝胶剂分子链的相互作用，影响凝胶中离子通道的长度，改变凝胶的电化学性能。压强使纳米掺杂凝胶的相互作用增强，聚合物分子链在纳米材料的作用下增加了分子链自由程，增加了分子链周期排列的稳定性。在一定的压强范围内，压强能够调控离子通道，有利于离子的传导，提高聚合物/离子液体凝胶的电导率。

第 13 章　聚醚醚酮的快速压致固化及性能研究

13.1　聚醚醚酮的概述

13.1.1　聚醚醚酮的特性

聚醚醚酮(Poly-Ether-Erther-Ketone，PEEK)，是聚醚酮类塑料的代表品种。聚醚醚酮分子的基本重复单元如图 13-1 所示，它是主链结构中含有一个酮键和两个醚键的重复单元所构成的高分子聚合物。其分子规则具有一定的柔顺性，属于一类结晶高分子材料，最大结晶度可达 48%，一般产品的结晶度为 20%~30%。其熔点为 334 ℃，软化温度为 168 ℃。聚醚醚酮具有优异的物理化学性质，因此在日常生活和工业化生产中得到广泛的应用。

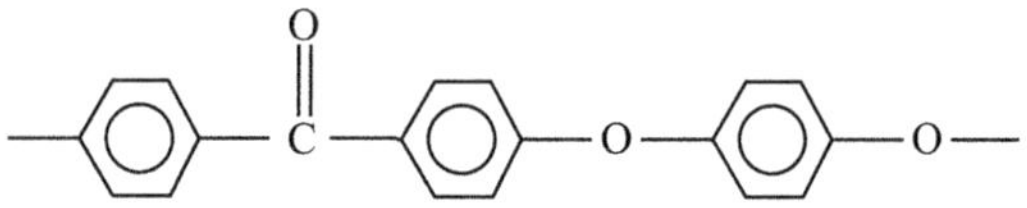

图 13-1　聚醚醚酮基本重复单元

(1)具有非常优异的耐热性能，玻璃化转变温度为 143 ℃，熔点为 334 ℃，长期使用温度可达 260 ℃，瞬时使用温度可达 300 ℃，负载热变形温度可达 316 ℃。

(2)具有刚性和柔性，较高的力学强度，特别是对交变应力下的抗疲劳性突出，可以与一些合金材料媲美。

(3)具有优良的滑动特性，适合低摩擦系数和耐磨损用途的场所，特别是经过改性的 PEEK 的耐磨性非常优越。

(4)具有较强的耐腐蚀性，不溶于强酸、强碱和任何溶剂，而且耐水解，化学稳定性较高。

(5)具有良好的电绝缘性，体积电阻率和表面电阻率都在 10^{15} Ω · cm 以上，而且在高频电场下可以保持较小的介电常数、介电损耗，因此可以用于高频领域。

(6)具有自熄性，几乎不添加任何阻燃剂，也可以达到较高的阻燃标准。

(7)具有易加工性，由于 PEEK 具有高温流动性，而且高温分解温度较高，因而可以采用多种加工方式：挤出成型、注射成型、熔融纺丝和模压成型等。

(8)聚醚醚酮还具有优良的耐辐射性、耐剥离性和质轻无毒等特点。

13.1.2　聚醚醚酮的应用

由于聚醚醚酮具有以上优异的综合性能，可以代替金属、陶瓷等传统材料，在一些航空、航天、汽车、通信、机械制造、石油化工、交通运输等特殊的领域得到了成功的应用。因此，以不同应用为背景的聚芳醚酮类高分子的合成以及结构、形态、性能等成为了高分子领域的研究热点。

(1)由于聚醚醚酮耐水解、耐腐蚀和阻燃性好，可以加工成各种精密的飞机零部件以及火箭发动机的许多零部件。

(2)由于其具有较好的耐摩擦性能，因此可以替代一些金属或者合金用于制造汽车发动机的内罩，汽车轴承、刹车片以及密封件等。

(3)工业上多由于聚醚醚酮良好的机械性能、耐磨损、耐高温和耐高压，将其用于制造各种密封件、压缩机阀门和活塞环等。

(4)医疗上，由于其耐水解和抗蠕变，多用来制造高温消毒的各种医疗器械。另外，由于其无毒、耐腐蚀和质轻的特点，是比较接近人体骨骼的材料，因此也可采用聚醚醚酮取代金属制造人体骨骼。

(5)由于其具有良好的绝缘性，是理想的点绝缘材料，可以在高温和高湿的环境下使用，特别是在半导体工业中得到了广泛的应用。

(6)在石油勘探和开采工业中，聚醚醚酮可用于特殊几何尺寸的机械探头。

综上所述，聚醚醚酮可满足各个领域的综合性能和多样化的需求。目前，对聚醚醚酮的研究多集中在聚醚醚酮及其复合材料的改性方面。

聚合物改性的方法主要分两类：化学改性和物理改性。化学改性方法包括共聚、交联、接枝，或者是将三种方法联用，通过这种方法改性的聚合物可以实现材料在力、热、光、电、声学、耐腐蚀和阻燃等性能的提高。物理方法多采用共混，即在高分子聚合物中加入有机物质或者无机物质，或者是不同种类的高分子聚合物，通过共混可以提高聚合物的力学性能、加工性能、扩大材料的使用领域。

非晶态是物质内部结构中，原子的长程无序的一种排列状态。非晶态材料作为亚稳相，结构复杂，因而使非晶材料具有一些特殊的物理性能和潜在的应用前景。目前制备非晶材料的方法很多，大致可以分为液相冷凝法、压致非晶法和高压淬火法。但是由于这些制备技术都是通过改变温度而获得过冷度形成非晶，非晶材料的尺寸受到材料热传导率的限制。因此，非晶材料的临界尺寸已经成为限制其应用的瓶颈问题。

快速增压法制备非晶材料的基本原理是：大多数物质的熔点是随压强的升高而升高，通过对这些材料的熔体快速增压，也可以使物体快速固化，在高压下得到足够的过冷度而形成非晶。在这种过程中，温度改变不大，且样品表面和内部没有温度差。因此在原理上，样品的尺寸不受材料热传导率的限制，有可能超过传统方法得到的样品的临界尺寸。

聚醚醚酮是一种典型的晶体和非晶共存的半晶态高分子材料，因其具有优异的机械性能和化学稳定性而受到广泛关注。目前研究多集中在聚醚醚酮及其复合材料的改性方面，关于非晶聚醚醚酮的研究相对较少。最近，有关研究表明聚醚醚酮及其复合材料的非晶涂层具有优异的摩擦和磨损性能。由于聚醚醚酮的热传导率比较低，所以临界尺寸很小，目前通过等离子喷涂、火焰喷涂等技术得到聚醚醚酮涂层的尺寸均小于 1 mm，而关于大块的非晶聚醚醚酮的研究尚未见报道。

13.2 聚醚醚酮的高压熔点

快速增压制备非晶材料的原理是：如果物质的熔点随着压强的升高而上升，通过快速增压就可以使熔体固化获得一定的过冷度，使熔融的液体固化为非晶相或者亚稳相。因此，初始样品的熔点必须满足随着压强升高而上升的条件。有关金属、化合物以及有机物的高压相图的研究已经有大量的报道，但是，有关聚醚醚酮高压下的熔点未见报道。

因此，有必要实验研究高压下聚醚醚酮熔点与压强的关系，为快速增压制备非晶态的聚醚醚酮提供实验依据。本次实验的原理是差热分析(Differential Thermal Analysis, DTA)。高压 DTA 技术是一项专门测量高压下单质或化合物的熔点和相变研究的技术，通过观察高压下样品在加热熔化过程中样品温度的变化来确定样品的熔点。

13.2.1 实验装置和过程

首先将 PEEK 在常压下熔融到内径为 16 mm，外径为 17.5 mm，深度为 10 mm 的无盖铝盒内。实验时将它们(连盒带样品)放入一个内径为 17.5 mm，外径为 20 mm，深度为 13 mm 的六方氮化硼的盒子内。六方氮化硼比较稳定、导热性较好，有很好的流动性，是很好的传压介质，起到密封的作用。采用 NiCr-NiSi 热电偶直接测量样品的温度，忽略压强对热电动势的影响。

采用福禄克数据记录仪(Fluke-F2645A)记录温度的变化趋势，记录精度为每秒钟 3 个点。常温下将样品由常压缓慢分别升至 0.3 GPa 和 0.5 GPa，然后对样品进行加热至 460 ℃，断电降温至室温，卸压，取出样品。

13.2.2 实验结果与讨论

图 13-2 是 Fluke 记录仪实际记录的 0.3 GPa 和 0.5 GPa 压强下，聚醚醚酮的温度随时间的变化曲线。从图 13-2(a)中我们可以看到，随着温度的上升，在 A 点处温度随时间的变化曲线与升温曲线发生了分离，而最后又在 B 点处回归到升温曲线。我们认为在 A 点

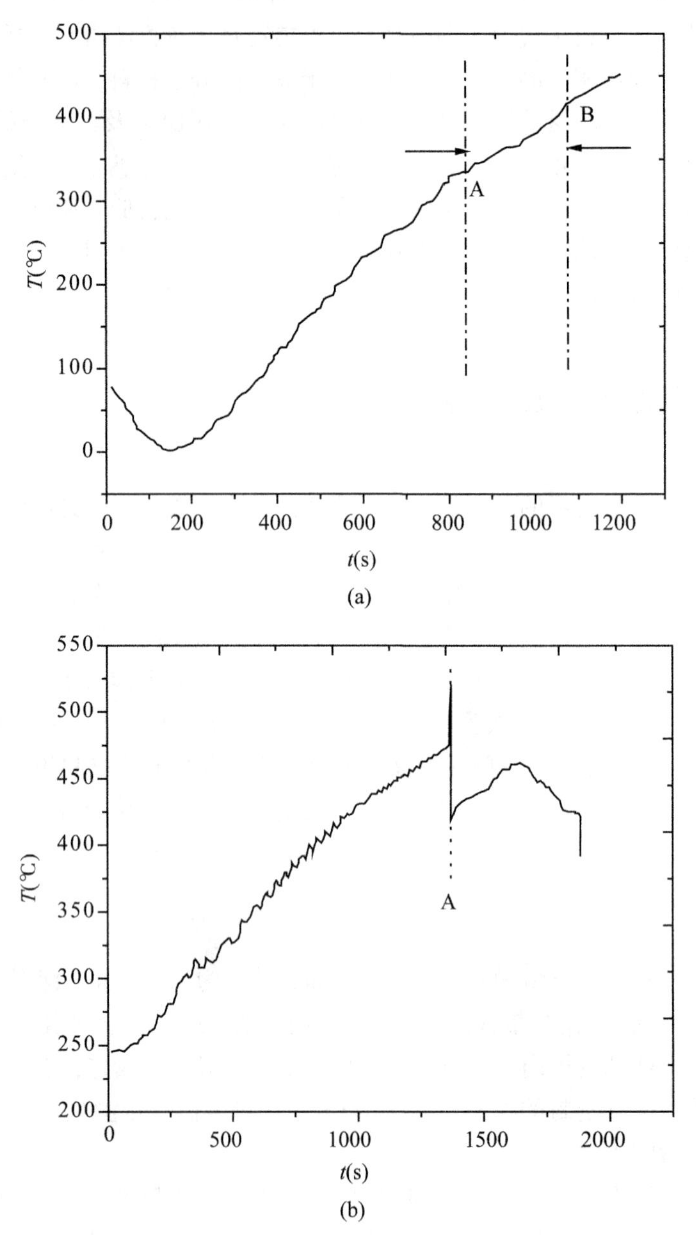

图 13-2　(a) 0.3 GPa 和(b) 0.5 GPa 压强下聚醚醚酮的温度随时间的变化曲线

和 B 点之间，即在图 13-2(a)中竖直虚线所标示的区域，聚醚醚酮经历了一个熔融的过程。实际测量得到的温度曲线可以认为是由升温曲线和样品熔融吸热曲线叠加的结果。因此，我们把曲线上 A 点对应的温度 422 ℃视为 0.3 GPa 压强下聚醚醚酮的熔点，并认为样品最后在 B 点处完全熔融。如图 13-2(b)所示，对于 0.5 GPa 压强下，随着温度的升高，在 A 点处温度突然下降，同时千斤顶油压值有小的降低。通过检查活塞圆筒模具和样品，发现有熔融的聚醚醚酮流出，我们判断认为是由于高压下样品盒密封不严，一部分熔融的聚醚醚酮沿着热电偶流了出来。因此，我们认为图 13-2(b)中 A 点处，温度为 462 ℃，即为聚醚醚酮在 0.5 GPa 高压下的熔点。

根据以上常压、0.3 GPa、0.5 GPa 压强条件下测量得到的聚醚醚酮的熔点，我们可以大致绘制出聚醚醚酮的高压相图，如图 13-3 所示。从高压相图上看，在有限的压强范围内，随着压强的升高，聚醚醚酮的熔点有明显的上升，估计在 1.0 GPa 范围内熔点上升的斜率大概为 100 ℃/GPa。一般情况下，高分子材料的熔点都是随着压强的上升而升高的，如 PET、PE 等。所以完全有理由相信随着压强的升高，聚醚醚酮的熔点也是明显升高的。从聚醚醚酮的高压相图上看，如果在熔点附近将聚醚醚酮从常压快速增压到 2.0 GPa，聚醚醚酮就可以获得 200 ℃左右的过冷度。按照快速增压法制备非晶材料的原理，聚醚醚酮是采用快速增压制备非晶研究的合适材料。

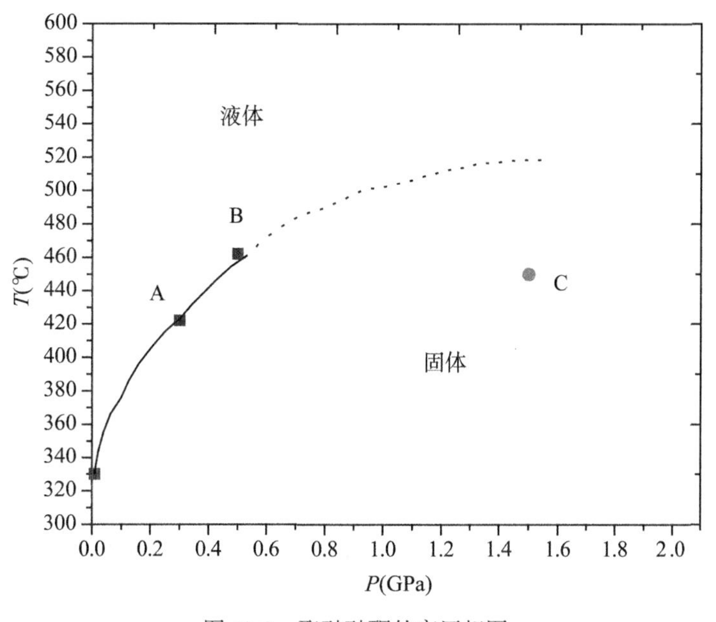

图 13-3　聚醚醚酮的高压相图

13.2.3　小结

通过对不同压强条件下聚醚醚酮熔点的测量，粗略地绘制了聚醚醚酮高压下的固-液相图(图 13-3)，确定了其熔点随着压强的升高而上升的趋势，并初步估计在 1.0 GPa 范围内熔点随着压强上升的速率约为 100 ℃/GPa，为进一步采用快速增压法制备大块的非晶聚醚醚酮提供了实验依据。

13.3　快速增压制备大块非晶聚醚醚酮

13.3.1　实验装置及过程

采用的初始样品是三种不同相对分子质量的聚醚醚酮，平均相对分子质量分别为 30000、35000 和 38300。高压设备采用 1 MN 快速增压压机和内径为 26 mm 的活塞圆筒高压模具。首先将三种不同相对分子质量的聚醚醚酮熔融到内径为 24 mm，外径为 26 mm，深度为 3 mm 的铝盒内。将装有聚醚醚酮的封闭铝盒装入活塞圆筒中，圆筒的外围采用缠绕式电阻丝为整个装置提供加热。压强是通过活塞上受到的压力和活塞的直径计算得到的，温度采用 NiCr-NiSi 热电偶测量由数显温度表直接得到。

先将装有聚醚醚酮的活塞圆筒置于快速增压压机工作面上，调整好位置和连接好电路后，先对整个活塞圆筒装置预压到 0.1 GPa，预压的目的是使整个装置更加密实，缩短活塞的运行距离，减小对增压速率的影响。

然后将整个装置加热到 360 ℃，高于聚醚醚酮在常压下的熔点 340 ℃(0.1 GPa 下熔点应该稍有提高，估计约 350 ℃)，并保持 10 min，使聚醚醚酮完全熔融。保持 360 ℃，将熔融的聚醚醚酮在 20 ms 内从 0.1 GPa 快速增压至 2.0 GPa，并保持压强不变。断开加热炉电源，直到样品自然冷却到常温，然后卸压，取出样品。

三种相对分子质量的聚醚醚酮的快速增压制备实验的条件和过程都是相同的，为了便于区别，我们将快速增压制备的样品按照相对分子质量 30000，35000，38300 的不同，依次记为样品 A1，A2 和 A3。另外，为了比较快速增压法和传统急冷法制备非晶的不同，我们还采用传统急冷的方法制备了这三种相对分子质量的聚醚醚酮的非晶薄膜。急冷法制备聚醚醚酮薄膜的过程为：首先将聚醚醚酮原料加热到 360 ℃时，保持 5 min，待样品完全熔融后，将装有样品的铝盒快速浸入 0 ℃的冰水中冷却。待温度降到室温时取出，得到的聚醚醚酮样品按照相对分子质量 30000，35000，38300 排号，依次记为 B1，B2 和 B3。

为了防止制备的非晶态的聚醚醚酮在室温下发生结构弛豫或者晶化现象，将所有制备的样品放置于 0 ℃以下的冰箱内保存。并对回收样品进行 X 射线衍射分析(XRD，X'Pert. PRO. MPD. Philips，铜靶 K_α 激发线)和差示扫描量热分析(DSC，NETZSCH STA 449C)。

为了证明快速增压法制备非晶材料的尺寸不受材料热传导率的限制，我们还采用加大尺寸的铝盒，分别用快速增压法和急冷法对相对分子质量为 38300 的聚醚醚酮(PEEK-450PF)进行了实验，实验条件和制备过程分别与样品 A1、A2、A3，以及样品 B1、B2、B3 的相同，制备得到的样品分别记为样品 A4 和 B4。此外，为了探索更高的冷却速率和更低冷却温度对传统急冷法制备非晶材料尺寸的影响，我们还特别采用急冷法，将加热到 360 ℃的熔融的聚醚醚酮样品快速浸入温度为-196 ℃的液氮中冷却，制备的样品记为 D1。

通过以上三种不同实验条件和方法制备的 PEEK-450PF 的尺寸均为：直径为 24 mm，

厚度为 12 mm。将三种条件下制备的聚醚醚酮沿它们的中间轴线切开，然后沿轴线方向分别在剖面上不同深度的位置(表面，中心和半中心)进行 X 射线衍射的微区检测。

13.3.2 结果与分析

采用 X 射线衍射分析，对快速增压法和急冷法回收的样品进行了结构分析。图 13-4 为回收样品 A1、A2、A3、B1、B2 和 B3 的 X 射线衍射图谱。从图 13-4 我们可以看出：所有样品的衍射图谱都展示了宽的平滑的衍射带，而没有明显的晶体特征衍射峰的出现，这表明通过快速增压和急冷法制备的样品都是典型的非晶结构。通过对比它们的衍射带，发现峰值的位置没有明显的变化，但衍射带的半峰宽(FWHM)有所不同，样品 A1、A2、A3 的半峰宽明显高于样品 B1、B2 和 B3。例如：样品 A1、A2 和 A3 的衍射峰的半峰宽分别为 4.7520°，4.4162°和 5.0688°，样品 B1、B2 和 B3 的半峰宽分别为 3.6369°，3.5982°和 3.6275°。这些结果表明快速增压制备的非晶聚醚醚酮具有更小的有序畴尺寸，是一种更加无序的非晶结构。

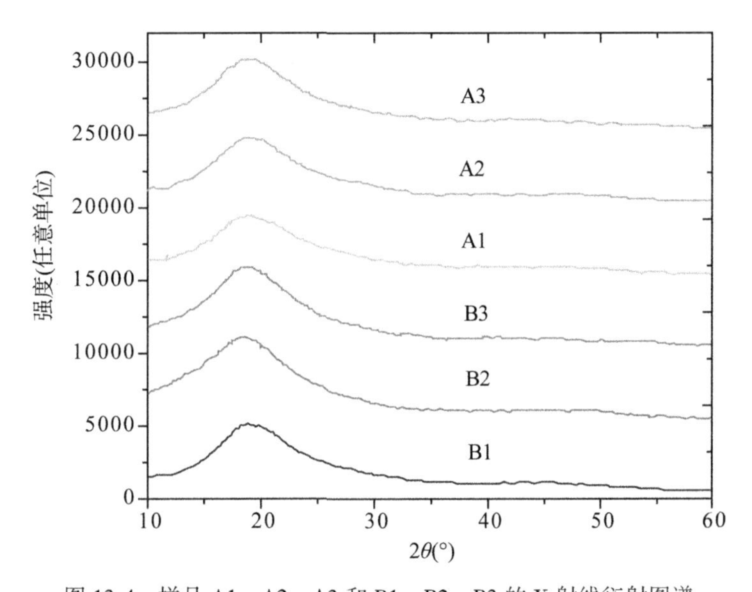

图 13-4 样品 A1、A2、A3 和 B1、B2、B3 的 X 射线衍射图谱

对快速增压法和急冷法制备的样品 A1、A2、A3、B1、B2、B3 进行了差示扫描量热分析(DSC)的分析检测。检测所用仪器为 NETZSCH STA 449C，测量过程中采用氮气为保护气体，氮气的流速为 50 cm^3/min，升温速率为 10 ℃/min。热分析的检测结果如图 13-5 所示。

从 DSC 的检测结果看(图 13-5)，样品 A1、A2、A3 和样品 B1、B2、B3 都经历了一系列吸热和放热的过程，表现出典型非晶材料的晶化和熔化等过程。其中，在开始阶段的吸热峰、放热峰，分别对应玻璃化转变和晶化过程，这表明通过快速增压法和急冷法制备的聚醚醚酮都有非晶的结构，这也验证了 X 射线衍射的检测结果。另外，样品 A1、A2、

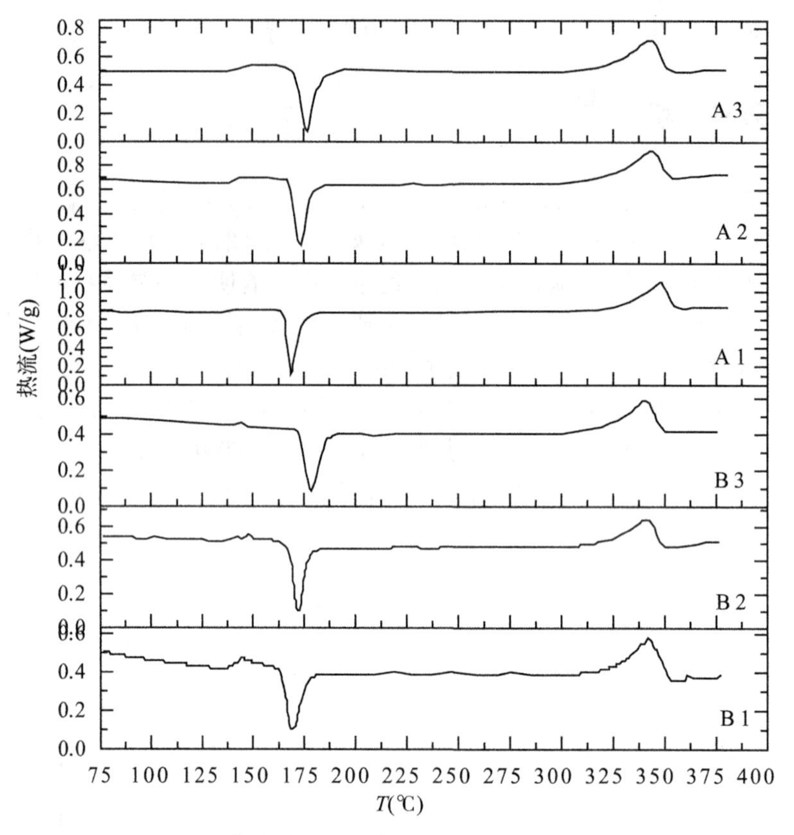

图 13-5　快速增压和急冷法得到的样品的 DSC 曲线

A3 的玻璃化转变过程比较明显，升温曲线比较平滑；样品 B1、B2、B3 的玻璃化转变过程不是很明显，而且存在放热突变的现象，这可能是急冷法制备的非晶聚醚醚酮样品在玻璃化转变过程中有热焓的释放过程。

表 13-1 是由 DSC 曲线得到的样品 A1、A2、A3 和样品 B1、B2、B3 的热力学参数。样品 A1、A2、A3 和样品 B1、B2、B3 的玻璃化转变温度 T_g 和晶化温度 T_c 相差不大。但是样品 A1、A2、A3 的晶化焓 ΔH_c 明显高于样品 B1、B2、B3，即：样品 A1、A2、A3 的晶化焓分别为 21.58 J/g，20.26 J/g 和 19.88 J/g，分别高于样品 B1、B2、B3 的 14.96 J/g，14.20 J/g 和 15.65 J/g。这些结果表明通过快速增压制备的非晶聚醚醚酮的晶化过程更加困难，也就是说与急冷制备的非晶聚醚醚酮相比，快速增压制备的非晶聚醚醚酮具有更高的热稳定性。ΔT 是样品结晶开始温度和结晶结束温度的差值，从表 13-1 中看，样品 A1、A2、A3 的 ΔT 分别比样品 B1、B2、B3 的 ΔT 小 4.4 ℃，2.9 ℃和 3.1 ℃，结晶完成的温度范围比较窄，表明快速增压制备的非晶聚醚醚酮具有更加均一细微的非晶结构。样品 A1、A2、A3 的熔化峰温度 T_m 高于样品 B1、B2、B3，而且熔化焓 ΔH_f 也明显高于样品 B1、B2、B3，这说明加热过程中非晶样品 A1、A2、A3 晶化形成的聚醚醚酮的晶片的厚度分别高于非晶样品 B1、B2、B3，且样品 A1、A2、A3 的结晶可能更加完整。

此外，样品 A1、A2、A3 的过冷液相区 ΔT_x 分别低于样品 B1、B2、B3，由于两种制备方法的机理和过程不同，采用过冷度来评价材料热稳定性的方法可能不适用于表征快速增压制备的非晶材料。综上所述，我们可以得到：快速增压法制备的大块非晶聚醚醚酮具有更好的热稳定性和更加均一细微的非晶结构。

表 13-1　　**快速增压和急冷法得到的样品的热力学参数**

样品序号	T_g (℃)	T_{onset} (℃)	T_c (℃)	T_{end} (℃)	ΔH_c (J/g)	T_m (℃)	ΔH_f (J/g)	$\Delta T_x(=T_c-T_g)$ (℃)	$\Delta T(=T_{onset}-T_{end})$ (℃)
A1	137.6	165.4	168.3	173.3	21.58	347.4	25.37	30.7	7.9
A2	138.3	168.5	172.3	177.7	20.26	343.2	24.45	34.0	9.2
A3	140.6	171.1	176.1	180.1	19.88	342.4	22.55	35.5	9.0
B1	137.5	164.0	169.0	176.3	14.96	342.3	21.57	31.5	12.3
B2	137.4	166.4	171.7	178.5	14.20	340.7	18.02	36.1	12.1
B3	137.9	172.3	176.9	184.4	15.65	340.4	21.68	39.0	12.1

注：T_g 为玻璃化转变温度；T_c 为晶化温度；T_{onset} 为结晶开始温度；T_{end} 为结晶结束温度；T_m 为熔化峰值；ΔH_c 为晶化焓；ΔH_f 为熔化焓；ΔT_x 为过冷液相区。

另外，我们还根据阿基米德原理，在电子天平上对快速增压和急冷法制备的非晶聚醚醚酮的密度进行了测量，测量结果如表 13-2 所示。从表中我们可以看出，通过快速增压制备的样品 A1、A2、A3 的密度明显分别大于急冷法制备的样品 B1、B2、B3，相对密度分别高了 7%，5%，6%，这表明通过快速增压制备的非晶聚醚醚酮具有更高的相对密度，更小的自由体积，是一种更加密实的材料。

表 13-2　　**样品 A1、A2、A3 和样品 B1、B2、B3 的密度**

样品序号	A1	A2	A3	B1	B2	B3
密度(g/cm^3)	1.271	1.265	1.262	1.183	1.194	1.198

13.3.3 对非晶材料玻璃形成能力的重新认识

在液相冷凝法中，材料由于受到自身热传导率的限制，总存在非晶形成的最大体积范围，又称为“临界尺寸”。非晶样品的临界尺寸是判断材料玻璃形成能力最直观的参数，非晶样品的临界尺寸越大，材料的玻璃化形成能力就越大。临界尺寸的存在大大限制了非晶材料的实际应用。快速增压制备非晶材料是通过改变压强而使熔体获得足够的过冷度，温度在整个凝固过程中没有作贡献，原理上可以不受材料热传导率的限制。快速增压制备非晶材料的尺寸应该可以突破液相冷凝制备非晶材料的临界尺寸。因此，以液相冷凝法制备非晶材料而建立有关材料的玻璃化形成能力的评判标准和基本概念已经不适合快速增压法。探索快速增压过程中非晶形成的规律，对于我们全面、深入地理解非晶材料的形成理论具有重要的意义。

图 13-6(a)、(b)和(c)分别是样品 A4、B4 和 D1 的外观图，它们的尺寸都是直径为 24 mm，厚度为 12 mm。图 13-6(a)的样品 A4 为深棕黄色，具有一定的透光性，整体色泽均匀，推测由同种结构的材料构成。图 13-6(b)样品 B4 的表面小于 1 mm 的薄层是棕褐色半透明，内部则呈现深灰色，样品整体色泽不一致，可能是由不同结构的材料组成。图 13-6(c)展示的样品 D1 是乳白色，整体色泽基本均匀，只有在上表面靠近铝盒上边沿的地方呈现极少量的深灰色。

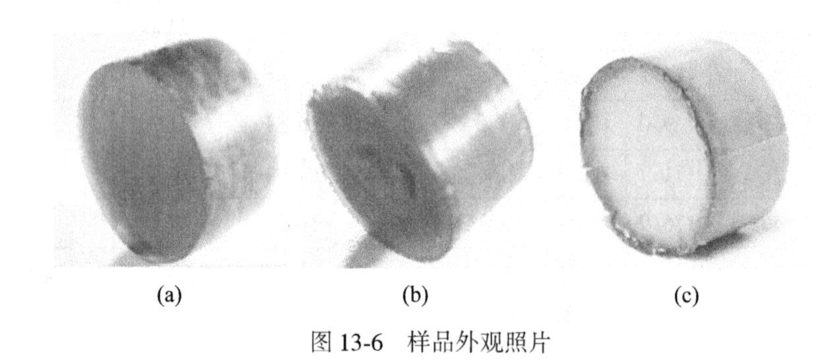

(a)　(b)　(c)

图 13-6　样品外观照片

图 13-7～图 13-9 分别是快速增压制备的样品 A4、急冷到 0 ℃的冰水中制备的样品 B4 和急冷到−196 ℃的液氮中制备的样品 D1 的轴线剖面不同深度的 XRD 微区检测结果，内插图分别为样品剖面照片以及 XRD 相应的检测点。图 13-7 是样品 A4 的表面、半中心和中心的 XRD 微区分析结果。结果显示该样品从里到外都是典型的非晶结构。这表明快速增压得到的直径为 24 mm，厚度为 12 mm 的大块聚醚醚酮是一块完全非晶的材料。图13-8 展示出了样品 B4 剖面的表面、半中心和中心的 X 射线衍射结果。结果表明：只有在样品的表面小于1 mm的表层是非晶的结构，而在半中心和中心的位置都显示与原始样品类似的晶体和非晶体共存的结构，这说明采用急冷法制备的非晶聚醚醚酮的临界尺寸小于 1 mm。图 13-9 展示了样品 D1 的剖面不同位置的 X 射线衍射结果。结果显示出 D1 样品的表面、半中心和中心都是晶体与非晶态共存的半晶体结构，其中表面的非晶背底较强，且晶体的衍射峰较宽，可能是因为此处非晶中的纳米晶更为细小，即样品 D1 从里到外并没有发现完全非晶结构的区域。这些结果表明：将聚醚醚酮熔体急冷到液氮介质中快速冷却，反而不能制备完全非晶的块体聚醚醚酮。

通过对比样品 A4 和样品 B4 的 X 射线衍射微区检测的结果，我们可以看出，快速增压制备的聚醚醚酮是完全的非晶结构，尺寸达到 12 mm，而急冷法制备的聚醚醚酮只在厚度小于 1 mm 的表面薄层形成非晶。快速增压制备的非晶材料的厚度是急冷制备的非晶薄层的 10 倍以上。这充分证明了快速增压制备非晶材料的尺寸可以超出急冷法制备的临界尺寸。此外，对比样品 B4 和 D1 的 X 射线衍射的结果，我们发现由于急冷法制备条件的不同，得到的聚醚醚酮的结构也很不一样。快速急冷到 0 ℃冰水得到的样品 B4 的表面形

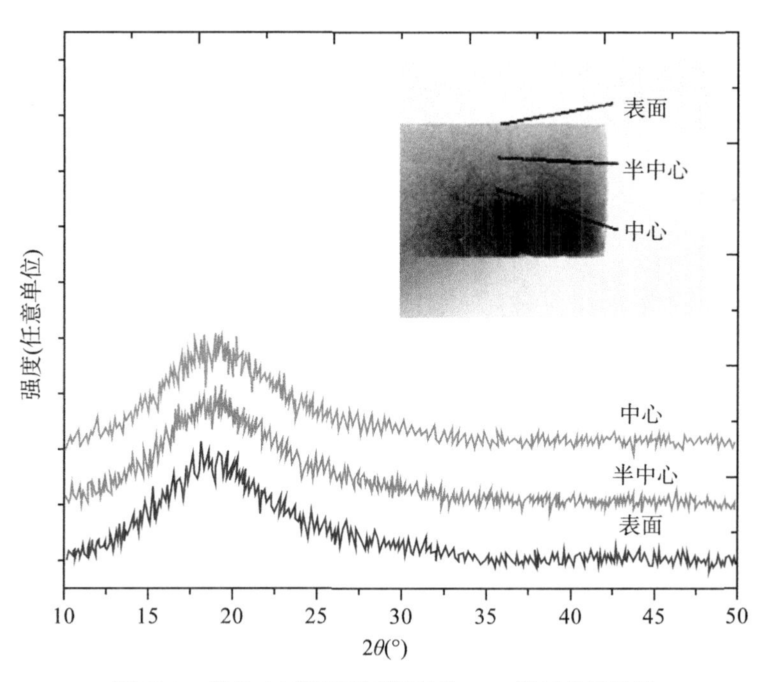

图 13-7 样品 A4 剖面不同深度的 XRD 微区检测结果

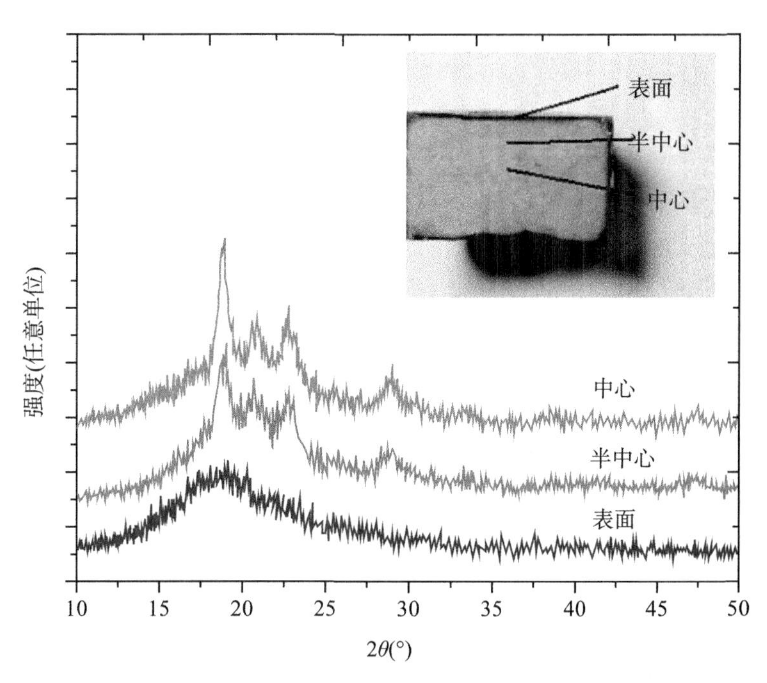

图 13-8 样品 B4 剖面不同深度的 XRD 微区检测结果

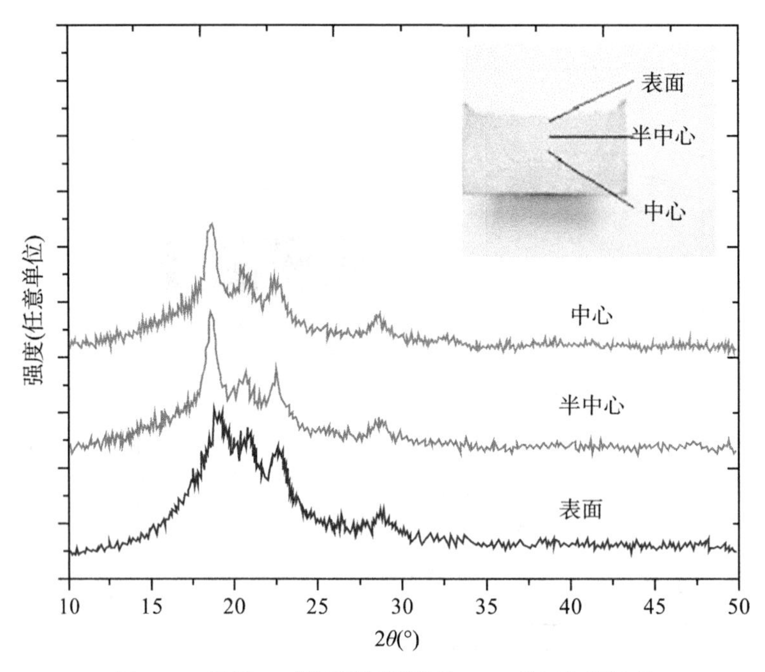

图 13-9　样品 D1 剖面不同深度的 XRD 微区检测结果

成了厚度小于 1 mm 的非晶薄层，而急冷到-196 ℃的液氮里得到的样品 D1 却几乎没有形成完全非晶的区域。

13.3.4　讨论

通过以上的检测和分析，我们可以断定：通过快速增压法制备得到了三种不同相对分子质量的大块非晶聚醚醚酮；与急冷制备法得到的样品相比，快速增压制备的聚醚醚酮大块非晶具有更高的热稳定性；通过对比不同方法制备的大块聚醚醚酮剖面不同位置的 X 射线衍射的检测和分析，这充分证明快速增压制备非晶块体的尺寸不受材料热传导率的限制。

与急冷法制备的非晶聚醚醚酮相比，快速增压制备的大块非晶聚醚醚酮具有更高的热稳定性，这可能与非晶态所处的能量状态有关。在快速增压过程中，由于高压是在极短的时间内均匀地加载到熔融的样品上，使熔体整体经历了从液态到过冷液体的快速固化的转变过程，这种转变是在高压下进行的，因此快速增压得到的非晶材料具有更小的自由体积，更高的密度和均一细微的非晶结构。这可以认为快速增压制备的非晶聚醚醚酮处在相对更低的能量状态。此外，高压还可以有效提高晶体相的活化能，使非晶结构的势阱相对比较深，因此非晶态就显得更加稳定。相反，传统急冷法制备非晶材料时，由于热传导和热交换比较缓慢，样品内部和表面就存在冷却速率的差别，这样形成的非晶结构不够均匀，自由体积较大，整体不够密实，因而处在一个相对较高的能量状态。其非晶态的势阱较浅，就容易发生向晶体的转变，从而表现出较低的热稳定性。所以，快速增压制备的大块非晶聚醚醚酮比急冷法制备的非晶聚醚醚酮具有更高的热稳定性。

通过对两种方法制备的大块聚醚醚酮样品剖面不同位置的 X 射线衍射检测结果的比较，充分证明了快速增压方法制备非晶材料的尺寸不受材料热传导率的限制，可以远远超过传统急冷法制备非晶的临界尺寸。这证明快速增压制备非晶材料原理的正确性和方法的优越性，为采用快速增压方法制备更大尺寸的非晶材料提供了实验依据。另外，快速增压制备非晶的原理与液相冷凝法不同，因此有关液相冷凝法中评价非晶形成能力的基本理论，如临界厚度、临界降温速度等，已经不能适用于快速增压过程。深入研究快速增压制备非晶的基本规律，将有助于我们进一步全面理解材料的非晶形成能力的物理本质。

此外，冷却介质对传统急冷法制备非晶材料的尺寸影响也很大。快速冷却到液氮的聚醚醚酮虽然可能获得 556 ℃的过冷度，却几乎没有制备出完全的非晶聚醚醚酮；而快速冷却到冰水中，聚醚醚酮仅获得 360 ℃的过冷度，却得到了厚度小于 1 mm 的聚醚醚酮薄膜。我们认为这可能与冷却介质的热容量及汽化热有关。在急冷制备非晶过程中，由于熔融的聚醚醚酮温度高，在熔体和冷却介质接触时，都不同程度地发生热传导和汽化过程。其中，水的比热容为 4.22 kJ/(kg·K)，汽化热为 40.8 kJ/mol(100℃)；液氮的摩尔热容为 2.79 kJ/mol，汽化热为 2.79 kJ/mol(−196℃)。因此，熔融的聚醚醚酮冷却到冰水里时，水的比热容和汽化热比较高，有较多的热量被及时带走，熔体获得了较大的过冷度，就会在熔融的聚醚醚酮表面形成一定厚度的非晶相。

熔融的聚醚醚酮冷却到液氮中，由于比热容和汽化热都比较小，熔体中只有少量的热量被及时带走，就没有获得足够的过冷度，因此在表面没有获得非晶结构的聚醚醚酮。另外，由于聚醚醚酮低的热传导率，虽然熔体的表面凝固，但是熔体内部的温度还很高，热量将继续向外传递，也制约了非晶聚醚醚酮的形成。

13.4　高压对 PEEK 非晶形成的影响规律

通过差热分析(DTA)的方法采用活塞圆筒模具测量了聚醚醚酮在 0.3 GPa，0.5 GPa 和 1.5 GPa 压强下的熔点，并初步给出聚醚醚酮的高压相图，证明了聚醚醚酮的熔点随着压强的增加而有明显上升的趋势，为快速增压制备大块非晶聚醚醚酮的研究提供了实验的依据。

采用快速增压法将熔融的聚醚醚酮在 20 ms 内从 0.1 GPa 快速增压到 2.0 GPa，回收样品经 X 射线衍射和 DSC 分析，并将该过程制备出了三种相对分子质量的大块非晶聚醚醚酮，与急冷法制备的非晶聚醚醚酮进行了对比。结果发现快速增压制备的非晶态聚醚醚酮具有更均一的非晶结构、更高的热稳定性和更高的密度。

再分别采用快速增压法和急冷法制备了超大块的聚醚醚酮，并通过 X 射线衍射对样品剖面不同位置进行了检测和分析。结果发现：快速增压法制备出来的超大块聚醚醚酮为完全的非晶结构，非晶块体的直径为 24 mm，厚度为 12 mm，远远超出了急冷法制备非晶聚醚醚酮的临界尺寸(小于 1 mm)，从而用实验的方法直接证明了快速增压制备非晶材料的尺寸可以超过急冷法制备非晶材料的临界尺寸，不受材料热传导率的限制。这些结果为进一步研究用快速增压法制备大块非晶材料和全面理解材料的非晶形成能力的物理本质提供了新的依据。

第14章　聚乳酸水凝胶的压致凝胶化性能

14.1　水凝胶及其应用

14.1.1　温度敏感性水凝胶

聚合物高分子材料在水溶液中通过物理化学键合形成的具有三维网络结构的固体称为水凝胶。水凝胶具有亲水基团，是能够在水中或体液中膨胀却不溶解的交联聚合物。这种具有三维网络结构的水凝胶能够感知外界环境的微小变化，根据其对外界的响应可分为pH敏感型水凝胶、温度敏感型(温敏)水凝胶、光敏感型水凝胶、电敏感型水凝胶和压力敏感型水凝胶等。温敏水凝胶属于智能水凝胶的一种，其在食品、医药载体、药物释放、组织工程等多个领域具有重要的应用。

温敏水凝胶的体积能够随温度的变化而变化，在其分子内部有一定比例的亲水基团和疏水基团，两种基团在分子内部组成网络结构。当外界温度变化，在水凝胶达到某一临界温度点时就会由原来透明的规律溶胀液体变成不透明的退溶胀液体或者是无规律的浑浊沉淀聚集物。

温敏水凝胶又分为热缩型水凝胶和热涨型水凝胶两种，这两种水凝胶的名称就是根据其特性所命名。热缩型水凝胶的溶胀度随温度的升高而急剧降低，在高温度时分子链因为聚集而收缩，在低温时，溶胀度较大。随温度的变高，热涨型水凝胶分子链由于水合作用而快速伸展，溶胀度变大，反之低温溶胀度较小。

14.1.2　水凝胶的溶胀性

由于高分子凝胶是一种具有网络结构的聚合物，其内部的亲水基团在水中，会和水分子结合，将水分子牢牢锁在其网络结构内部。因而高分子水凝胶是一种能够吸收大量溶剂而溶胀，而不溶于溶剂的特殊材料。高分子凝胶在水中的溶胀性其实是由两种相反的力平衡所致：①吸水力，亲水基团遇水分子产生水合作用，高分子凝胶内部的网络结构伸展，网络结构内外就会出现浓度差，在网状结构中由于亲水基团的存在产生渗透压，水分子在渗透压的作用力下向网络结构中渗透，水凝胶体积增大，即水凝胶溶胀；②收缩力，另一方面溶剂试图渗透到网络结构的内部中，高分子的网状结构中由于这些大量溶剂进入网络结构而不停伸展，分子链中的网络结构伸展从而导致它的构象熵值变低，分子链内部网络结构就会产生相应的弹性收缩力，并试图使网络回缩。当这两种相反的力达到一种动态平衡时，也称之为溶胀平衡。水凝胶的溶胀性也受到多种环境因素的影响，如温度、pH 值、压强。

14.1.3　水凝胶的体积相转变

Tanaka(1978)发现轻度离子化的聚丙烯酰胺在水-丙酮的溶液中能够发生体积相转变的特征，由此引发人们对水凝胶的体积相转变和与之相关的临界现象的研究。研究发现，诸多外界因素如温度、压强、电场、磁场、pH 值等都可以引发水凝胶产生不连续的体积相转变。而发生体积相转变的临界温度被称为该水凝胶的低临界溶解温度(LCST)。Tanaka(1978)又发现引发水凝胶体系发生相变的相互作用力可分为四类：范德华力、离子间作用力、氢键、疏水相互作用力。

(1)范德华力：一般包括取向力、诱导力、色散力三部分。色散力存在于大溶质分子之间，呈现非极性。

(2)离子间作用力：离子间作用力主要是静电作用力，静电相互作用力源于大分子链上的离子之间存在相互吸引和排斥力。假如用弱酸性的丙烯酸和强碱性的季铵盐合成两性凝胶，在 pH 值为中性的环境下，在离子间的静电作用下，水凝胶收缩，而在 pH 值为碱性或酸性较强的环境下，水凝胶溶胀。

(3)氢键：氢键能够在含有氧、氮等负电性较大的凝胶大分子中产生，它在水凝胶相转变中的作用很大。当形成氢键时，大分子将以特定的方式排列而收缩，氢键在温度升高时容易被破坏，因此凝胶往往在较高温度下溶胀。

(4)疏水相互作用力：水凝胶拥有亲水和疏水两种基团，疏水作用力存在于疏水基团中。当外界环境满足一定条件时，疏水基团形成分子链内胶束，水不容易进入凝胶网络内，从而使凝胶发生体积相转变。

14.1.4　水凝胶的应用及发展概况

1. 水凝胶在医学领域的应用

(1)药物缓释：水凝胶能延缓药物释放，有利于在人体内部精准用药，所以近年来，许多研究者在大力研发能够将药物更长时间地保持在患者伤口的药物传送系统。水凝胶在口服、鼻腔、直肠、眼部、口腔等药物途径都有巨大的研发潜力。

(2)伤口敷料：目前在临床上使用的敷料大多是传统敷料(纱布)等。水凝胶敷料是新近开发的，具有良好的品质和运用前景而可望在以后获得广泛使用的新型敷料。

(3)组织工程：人类由于疾病、外伤、事故等原因可能会导致身体失去某些组织、器官、功能，可通过移植各种替代物来支撑，修复身体功能。在寻求更好的、更合适的身体替代物过程中，组织工程的方法孕育而生。Zmora 和 Glicklis 等(2002)制备出具有多孔海绵结构相互贯通的海藻酸盐水凝胶，它可以作为肝细胞组织工程的三维支架材料，可增强肝细胞的聚集性，从而为提高肝细胞的活性以及合成纤维蛋白能力提供了良好的环境。

(4)活性酶的固定：活性酶的固化技术的发展促进酶制剂的应用的发展。活性酶与自由酶相比，其最显著的优点是在保证酶拥有一定活力下，具有储存稳定性高、分离容易回收、多次重复使用、操作可控及连续等一系列优点。温度敏感型水凝胶由于其在临界温度附近溶胀度变化明显的特点，使其成为固定化酶的一种理想的包埋载体(李伟等，2001)。

(5)角膜接触镜：水凝胶的应用是非常广泛的，在生活中无处不见，如许多人常用的角膜接触镜，即隐形眼镜。角膜接触镜是一种具有医疗作用兼视力矫正、美容、防护眼镜的产品。

2. 水凝胶在农业和工业中的应用

水凝胶因具有高度膨胀性、高机械强度、黏着性、耐燃性、高化学稳定性等优点，在土木建筑工程中具有广泛应用。例如，将吸水性良好的水凝胶贴于要浇制的混凝土表面，就可以吸收混凝土中的水分，能有效地减少干燥时间，还能防止表面产生裂纹。

在一些干旱地区，被国外学者称为保水剂的水凝胶的用处更加显著，它可以锁住土壤中的水分，对防止土壤沙化、肥力减退都有很大的作用。保水剂水凝胶可以吸收比自身重千百倍的水，并且能良好地保持水分，缓慢地将水释放出来。在干旱地区，树苗浇灌量得不到保障的情况下，保水剂能够有效地提升树苗的存活率，减少土地沙化，对绿化事业的推进有重要意义。

水凝胶在工业方面也有广泛的应用，在生产食物方面，水凝胶可以作为水果或生鲜的保险膜；在重金属方面，可以作为污水处理剂；在电子产品方面，可以用来制作水分测量传感器、漏水检测器和湿度检测器；在美容产品方面，水凝胶可以用来制作保水面膜、保湿剂。

上面列举了水凝胶在工业、农业和生活中的部分应用，但这些只是水凝胶运用较多的领域，水凝胶还有许多广泛的应用。随着现代化工业的进步与发展，更多特殊的水凝胶会诞生、出现在我们生活中。对于当下新型水凝胶的研究，有几个研究热题：①光响应水凝胶的研究；②智能水凝胶在现代智能生活中的应用；③pH 敏感型水凝胶在医学领域的应用。

14.2 高压原位荧光系统

14.2.1 荧光光谱法

本节主要使用的技术是荧光光谱法，测量出温敏水凝胶在温致过程或高压压致过程中的荧光光谱图，根据在荧光光谱线的位置变化来分析此温敏水凝胶相变过程。水凝胶也是一种荧光物质，根据荧光光谱法的原理，我们将配制 20 wt%水凝胶样品的待测溶液放入温度梯度或压强梯度的环境中，用荧光光谱仪测量出不同环境下水凝胶样品的荧光强度，在得到不同温度和压强的荧光光谱图后，将不同梯度环境下的荧光光谱图进行对比。通过已知的水凝胶的环境梯度变化，与所测得的荧光强度进行一一对应，可以根据实验结果作出工作曲线。将温致过程的荧光光谱图和高压压致的荧光光谱图进行对比，也可以相互参考。

根据荧光光谱法的三个特性，针对 20 wt%水凝胶待检测样品，用容量较小的比色皿容器来做荧光实验。首先检测出激发光谱图，从激发光谱图中选取合适的激发光波长，再用激发波长来检测水凝胶样品不同环境下的荧光强度。

14.2.2　四窗口高压腔装置

图 14-1 为荧光光谱的测量装置，整个系统由两部分组成：①由荧光光谱仪和配制电脑组成的荧光强度测量绘图装置；②由四窗口高压腔连接手动加压系统所组成的加压装置。当加压系统和四窗口高压腔加压装置连接就能为放置高压腔内的待测样品提供压力，压力由加压系统的压力表显示；四窗口高压腔装置配备了完整的一套温控装置，此温控装置可以通过四窗口高压腔内部的液体循环控制腔里的样品变温；荧光光谱仪主要测量四窗口高压腔中水凝胶样品的荧光光谱。

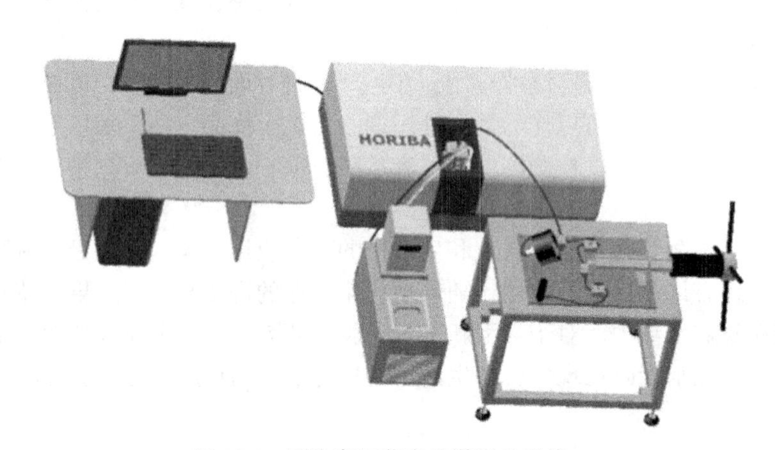

图 14-1　原位高压荧光光谱测量系统

荧光光谱测量装置的重要组成部分是四窗口高压腔，如图 14-2 所示。四窗口高压腔窗口直径为 10 mm，窗口可以使用蓝宝石或者石英。当窗口使用蓝宝石时，压强最高可达 400 MPa；当窗口使用石英时，压强最高可达 300 MPa。通过内置的液体循环控制系统控制样品温度，温控范围为 273~343 K。四窗口高压腔可用于荧光光谱和吸收光谱的采集。高压腔其中一边接加热制冷循环器，加热制冷循环器是由德国优莱博公司生产的是 Julabo F12-ED。当使用水为高压腔内循环液体时，温控范围一般为 283~343 K；当使用油为高压腔内循环液体时，温控范围可以更大，一般为 243~393 K。本实验选用水作为循环液体，荧光光谱实验温度变化范围为278~343 K。

图 14-2 四窗口高压腔装置

14.2.3 样品制备

PLGA75/25-PEG-PLGA75/25 三嵌段共聚物(温敏水凝胶的一种凝胶剂)，为浅黄色至黄褐色胶体，购于济南岱罡生物科技有限公司。

温敏水溶胶的配制：①用电子天平称取 PLGA75/25-PEG-PLGA75/25 共聚物 5g 放入试剂瓶，再取 20 mL 水缓慢倒入试剂瓶中，盖上瓶盖，放入冰箱内(4~20℃之间)冷藏 15 min。②连续几天晃动溶液加速聚合物在水中的溶解，晃动一次时长 5 min，晃动一次之后需再放置冰箱 8 min，待溶液温度降低后再次晃动，晃动至固体完全溶解，液体变成透明状后，20 wt%水溶胶样品方配制完成。实验采用差示扫描量热仪（TA Q250)测量水溶胶的热力学参数，扫描速率 2 ℃/min，氮气气氛保护，扫描范围 10~80 ℃。

14.3 温敏水凝胶的原位高压荧光研究

14.3.1 水溶胶的装样

选取一个容积为 1 mL 的比色皿，利用超声波清洗机在去离子水中清洗 15 min。做完水溶胶后的比色皿，需要在乙醇中清洗。清洗好后，用吹风机吹干比色皿，准备装样。将

20 wt%水溶胶样品从冷藏的冰箱中拿出放置在工作台上，使用微量移液器，每次吸入少量样品慢慢添加到比色皿中，注意比色皿中不要产生气泡，如果有气泡可再加入一些样品将之挤出。同时，将比色皿盖加满样品，确认没有气泡后，将比色皿盖套在将比色皿上(图 14-3)。

图 14-3 比色皿和比色皿盖

将装满样品的比色皿装入荧光光谱仪中，大致可分为五步。

(1)用针管吸取酒精，用于清洗比色皿，冲洗完后放入四窗口高压腔中的比色皿支架中。

(2)在高压腔中添加适量乙醇，使其淹过整个比色皿，用作传压介质。添加完乙醇后，用旋钮杆旋紧高压腔盖子。

(3)将带样品的高压腔放入荧光光谱仪的测量室内，固定高压腔。

(4)将标准加热制冷循环器的水管和高压腔的温度控制管的两个管口扣紧。

(5)将加压系统和高压腔连接。

14.3.2 确定激发光波长

实验的第一步，确认 PLGA-PEG-PLGA 水溶胶的入射光波长，即样品的激发光波长。图 14-4 是 PLGA-PEG-PLGA 水溶胶的激发光谱图，激发光源为氙气灯，激发光波长范围为 240~410 nm。从图中我们可以看出，激发光谱中有两个峰值，即 275 nm 和 340 nm 附近。340 nm 峰的荧光强度比 275 nm 大，为得到更好的荧光光谱，采用 340 nm 为激发光波长。

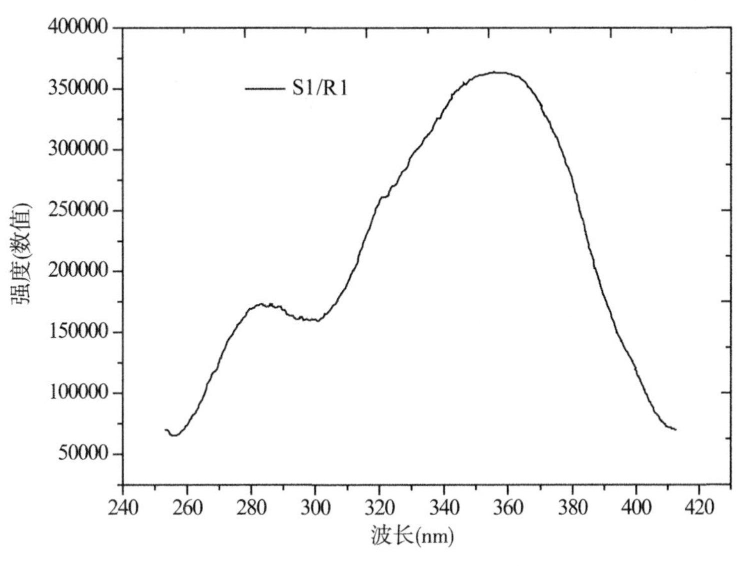

图 14-4 水溶胶样品的激发光谱图

14.3.3 水溶胶的高压荧光实验

PLGA-PEG-PLGA 水溶胶的高压实验过程大致分为两部分，即高压下的温致过程和高压压致过程。实验具体过程如图 14-5 所示。

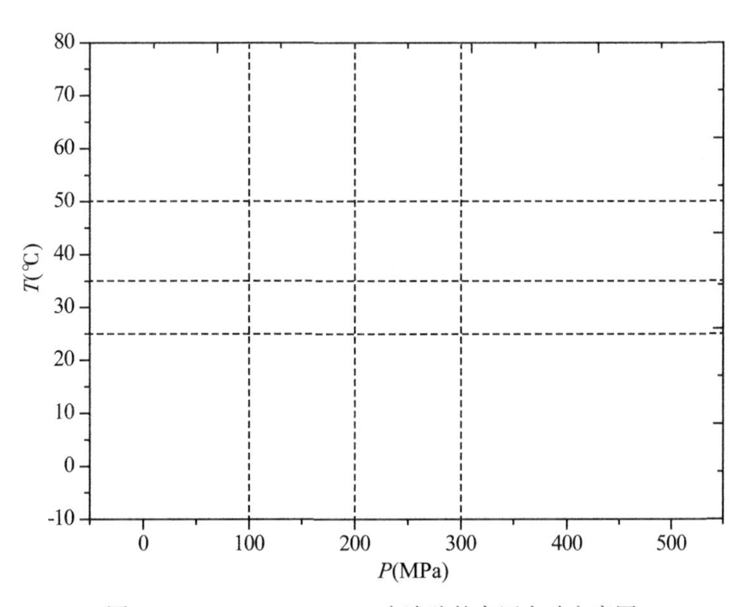

图 14-5 PLGA-PEG-PLGA 水溶胶的高压实验方案图

1. 恒压温致过程

常压下温致实验：①样品放入四窗口压腔内，然后将四窗口压腔导入荧光光谱光路。②然后打开加热制冷循环器，将温度降到 5 ℃，保持此温度 10 min。③测量此条件下的荧光光谱图，测量完后，将样品拿出拍照记录，如此算完成一次温度测量和记录。④此后，间隔 5 ℃依次升温，每次达到温度并保持温度 10 min 后方测量拍照记录，最高升温到 70 ℃。

高压下温致实验为分别加压至 100 MPa、200 MPa 和 300 MPa 压强下，然后升温。升温步骤与常压方法相同。实验过程中对样品在不同温度进行荧光光谱的检测，但是由于高压下不能取出样品，所以不做拍照处理。

2. 高压压致过程

实验样品和装置方法与常压温致实验相同。首先将温度设置到预定值，待温度恒定后保持 10 min。接着对样品施加压力，从 0 MPa 开始，间隔 25 MPa 加压一次，加压完保持环境时间依旧是 10 min，然后测量这一压强下的荧光强度，最高加压至 400 MPa。本次实验选取了 25 ℃、35 ℃和 50 ℃进行了压致实验，并对实验过程中不同压强下样品的荧光光谱进行了测量。

14.4　温致和压致对水溶胶凝胶行为的影响

14.4.1　差示扫描量热分析

图 14-6 为浓度为 20%的水溶胶样品的差示扫描量热曲线。从图中我们发现，样品在整个升温过程中，不存在吸热、放热的情况，说明样品中不存在焓变。这可能是由于样品的温致相变过程中吸/放热量较小或不存在热量的变化。

14.4.2　温致过程的原位荧光光谱分析

1. 常压温致原位荧光光谱分析

常压环境下，将此水溶胶样品在荧光光谱仪中从 5 ℃升温至 70 ℃(标准加热制冷循环器加热)，间隔 5 ℃测量一次荧光强度，并取出样品拍照。图 14-7 是样品在不同温度下的照片。

从图 14-7 中我们可以看出，5 ℃和 30 ℃时，样品水溶胶没有太大变化，为澄清透明的液体。当温度升高到 55 ℃时，玻璃瓶中样品变得浑浊，样品开始出现分层，上方为透明液体层，下面出现白色沉淀物，并随温度升高逐渐变多。当温度升高至 70 ℃时，样品

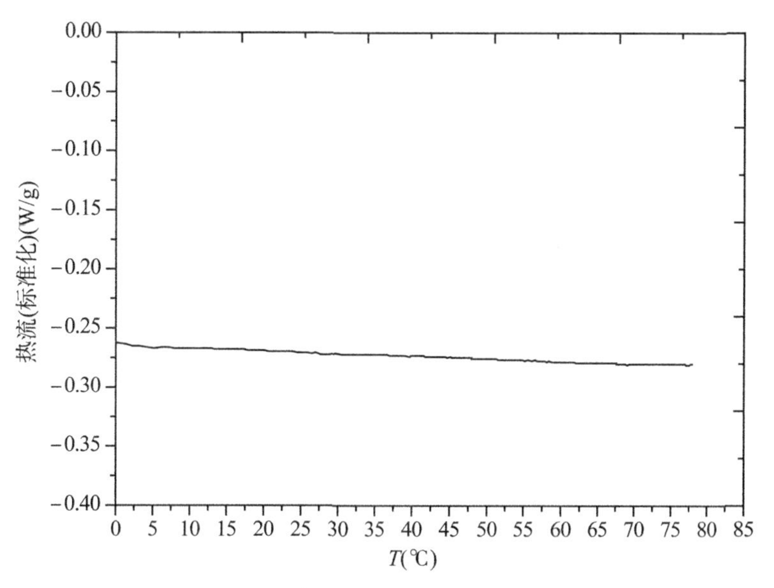

图 14-6 20%水溶胶样品的差示扫描量热图(DSC)

图 14-7 常压下样品在不同温度下的照片

上方液体完全变成透明水状，容器下部为白色沉淀物，中间分层线十分清晰。根据玻璃瓶中样品随温度变化的图像来看，样品经历了从透明变成乳白色液体，再到分层和沉淀物的过程，这些现象都说明在升温过程中水溶胶经历了凝胶转变过程，但是当温度超过了其临界温度后凝胶发生了相转变。

为进一步验证水溶胶的这一凝集过程，图 14-8 给出了从 5 ℃到 70 ℃的荧光光谱图。从图中我们可以看出，随着温度的升高，水溶胶的荧光强度发生了明显的减弱。除此之外，我们还可以看到荧光峰的位置向高波数发生了偏移。这些结果表明：在升温过程中水凝胶的凝胶网络结构形成，然后不断被破坏，凝胶剂分子链段的排列方式发生了改变，进而导致了嵌段聚合物 PLGA-PEG-PLGA 失去了凝胶活性。这一现象也与样品照片的结果(图 14-7)相一致。

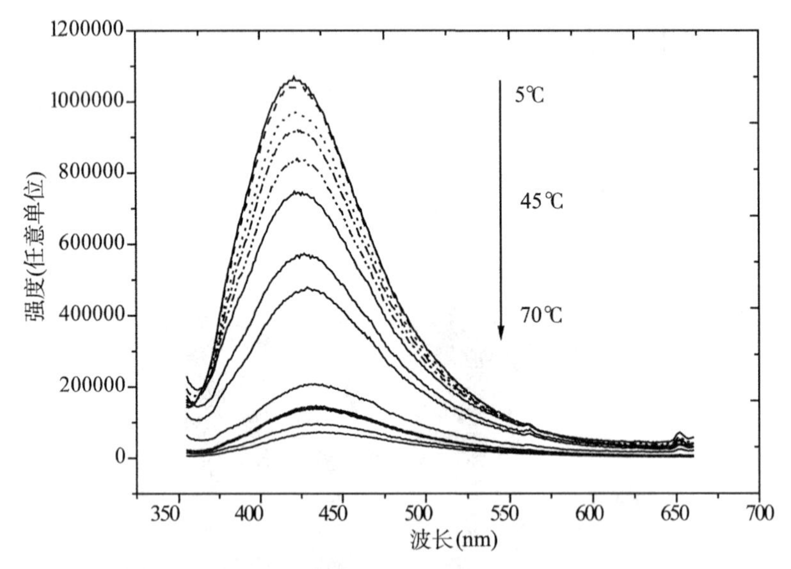

图 14-8 常压下 5 ℃到 70 ℃升温过程水溶胶的荧光发射光谱图

由图 14-8 可以得出荧光峰的强度归一化，并列出与温度的关系(图 14-9)。由图 14-9 可知，温度范围在 5 ~30 ℃，荧光强度基本线性减弱，此时对应的照片中水溶胶样品为透明水状，样品的凝胶性质没有变化。当温度为 50 ℃时，荧光强度为一极小值，并保持不变，此时对应水凝胶样品照片中的分层现象。因此，我们推测此温敏性水溶胶在常压环境升温到 50 ℃时，PLGA-PEG-PLGA 水凝胶全部形成了凝胶；但是随着温度的进一步升高，凝胶剂 PLGA-PEG-PLGA 逐渐从水凝胶中解离出来，形成了单一的高分子聚集相。

2. 高压温致原位荧光光谱分析

图 14-10 为 100 MPa 压强下水溶胶荧光光谱与温度的关系图。从图中我们可以看出，随着温度的升高，水溶胶的荧光强度减弱，荧光峰的中心向高波数移动。对荧光峰进行拟

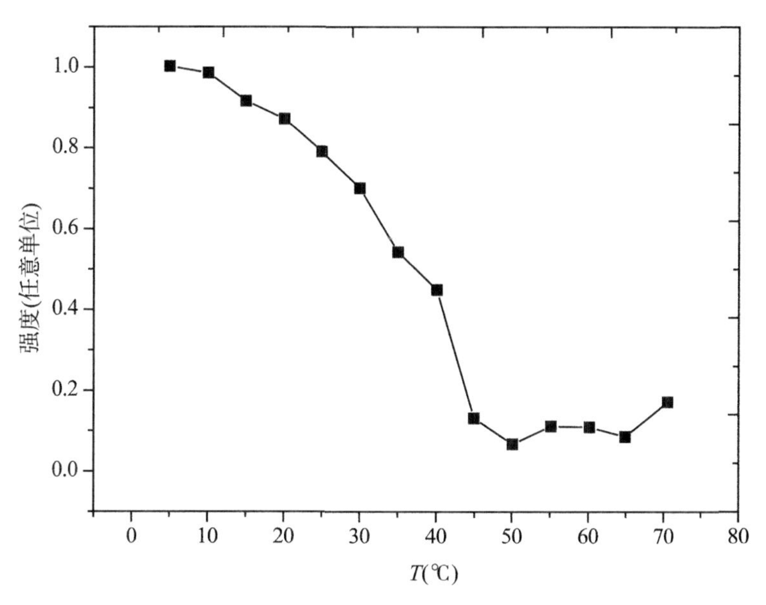

图 14-9 常压升温过程水溶胶的荧光光谱峰强度与温度的关系

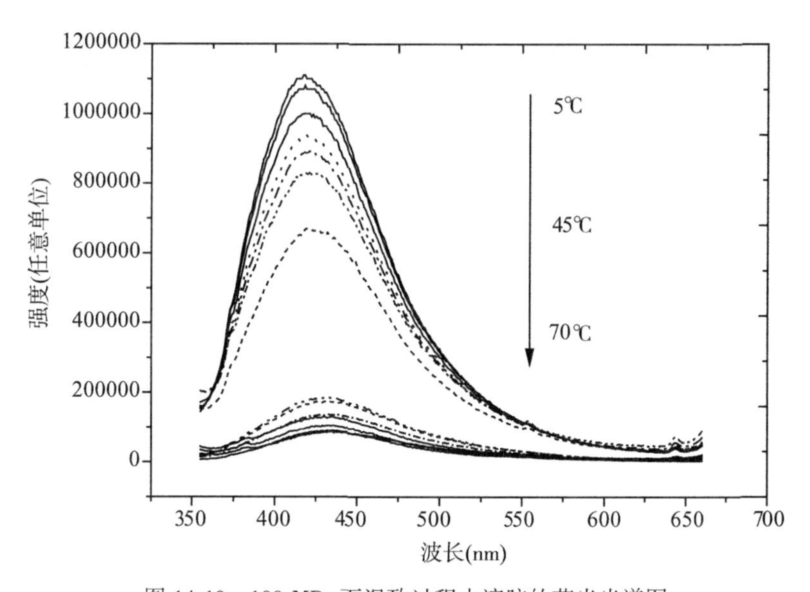

图 14-10 100 MPa 下温致过程水溶胶的荧光光谱图

合，可得出峰强度与温度的关系(图 14-11)。从图 14-11 中我们可以看出，在 10~30 ℃范围内随着温度的升高，荧光强度基本线性降低。当温度升至 30~40 ℃时，荧光峰的强度急剧衰减至最强峰的 20%左右。当温度超过 40 ℃以后，荧光峰的强度基本保持不变，维持在一个低值。这一过程与常压下的温致过程相同，我们认为该过程也对应水溶胶的凝胶形成应在 45 ℃附近；随着温度的进一步提高，强度稍有起伏，这可能是凝胶网络受到破坏，凝胶剂以单相形式析出。

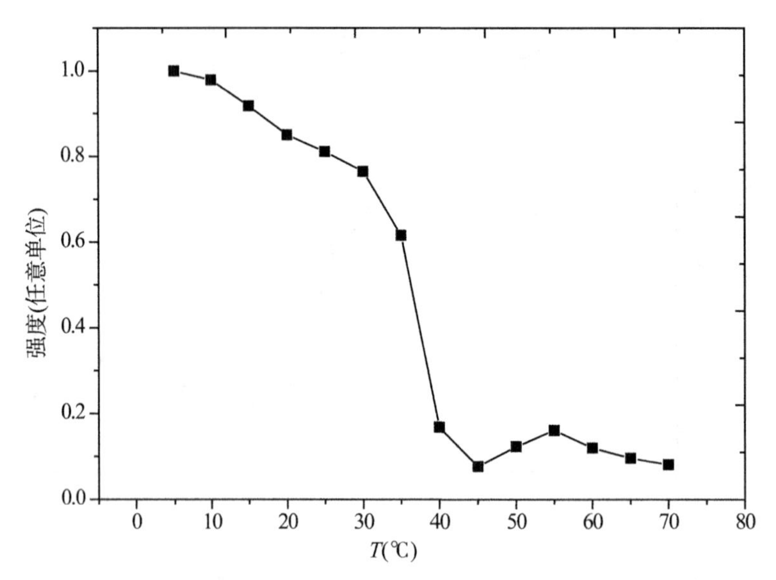

图 14-11　100 MPa 下温致过程中水溶胶的荧光波峰强度与温度的关系

图 14-12 为 200 MPa 压强下温致过程水溶胶的荧光光谱图。从图中我们可以看出，随着温度的升高，水溶胶的荧光强度减弱，荧光峰的中心向高波数移动。变化趋势也与常压下的温致过程基本一致。

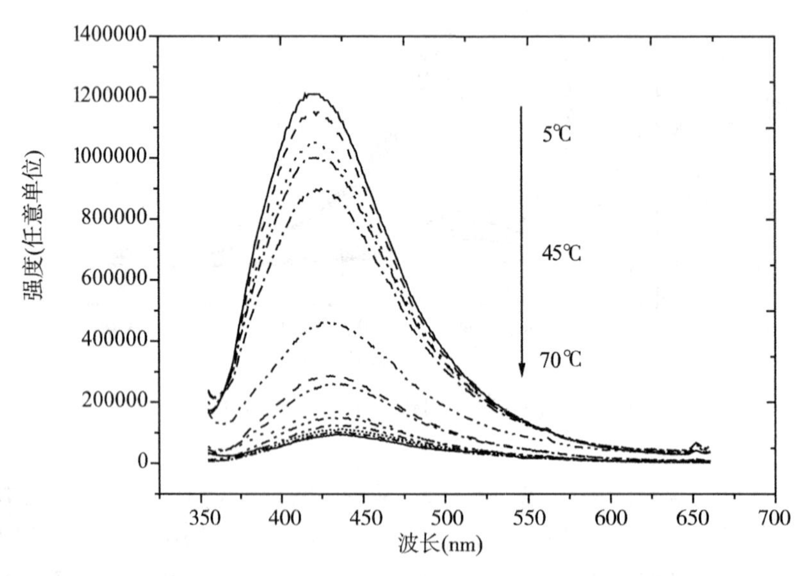

图 14-12　200 MPa 压强下温致过程水溶胶的荧光光谱图

为进一步探索水溶胶的凝胶行为，对荧光峰的强度进行拟合，可得出峰强度与温度的关系(图 14-13)。由图 14-13 可知，随着温度的升高，荧光强度也是先线性降低(10~25 ℃)，然后迅速下降至极小点(25~40 ℃)，这一过程对应水溶胶的凝胶的形成，我们认为凝胶点在 40 ℃；随着温度的进一步升高，在 60 ℃时荧光强度有所增加，这可能是由于温度的进一步升高破坏了凝胶结构，使凝胶剂发生了相分离。

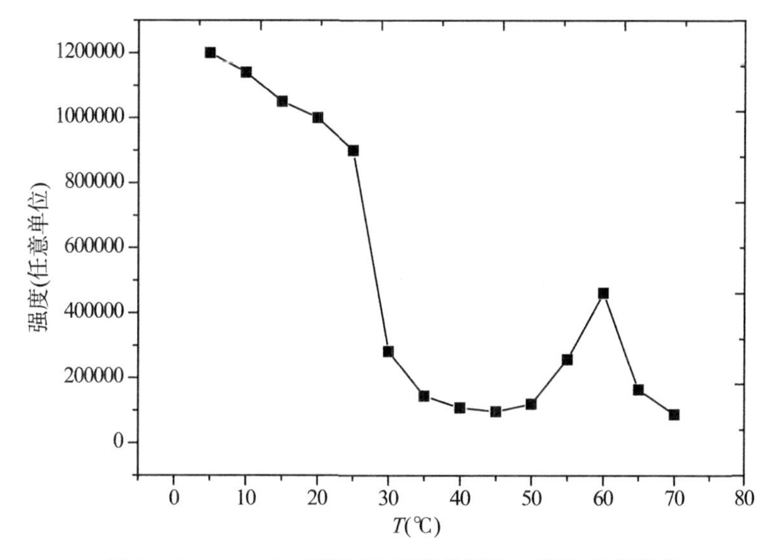

图 14-13 200 MPa 压强下水溶胶的温致过程的荧光强度

图 14-14 是 300 MPa 下 5~70 ℃水溶胶的荧光光谱图，由该图拟合可得水溶胶荧光强度与温度的关系(图 14-15)。从这两个图中可以看出，在 5~35 ℃范围内，荧光强度线性降低，在 35 ℃以后荧光强度维持在一个较小值，这说明 35 ℃是水溶胶发生了凝胶化行为的温度点。当温度超过 60 ℃时，荧光强度有所上升。荧光强度的改变说明物质的聚焦状态发生了改变，虽然我们不能确认水溶胶到底发生了何种转变。

通过分析水溶胶在常压、100 MPa、200 MPa、300 MPa 下荧光光谱，可以确定在上述压强下的凝胶点为 55 ℃、45 ℃、40 ℃和 35 ℃。很明显，随着温致过程压强的增加，水溶胶的温致凝胶点降低了，说明高压的环境限制了凝胶剂分子链的运动，易于形成网络结构。

14.4.3 高压压致凝胶化的荧光分析

对于水溶胶的压致凝胶化研究，我们做了 25 ℃、35 ℃和 55 ℃ 下的压致实验，并采用荧光光谱仪检测了水溶胶的荧光强度的变化。图 14-16 为 25 ℃下水溶胶的压致相变过程中的荧光光谱。从图中我们可以看出，荧光峰在 426 nm 处，随着压强的增加，荧光强度有所改变，荧光峰的中心随着压强增加而有小的偏移。

根据图 14-16，将荧光强度拟合，可得到 25 ℃下水溶胶的压致相变过程中的荧光强度与压强的关系(图 14-17)。从图 14-17 中我们可以看出，随着压强的升高，荧光峰的强度

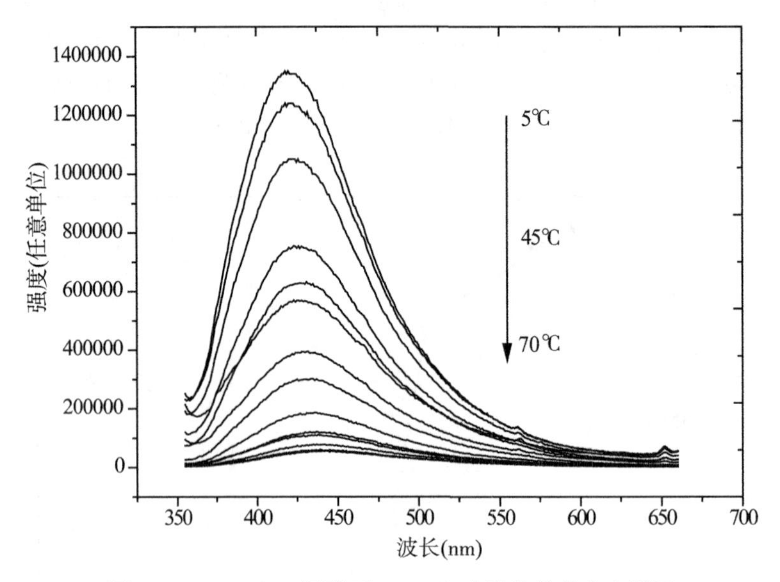

图 14-14　300 MPa 压强下 5～70 ℃水溶胶的荧光光谱图

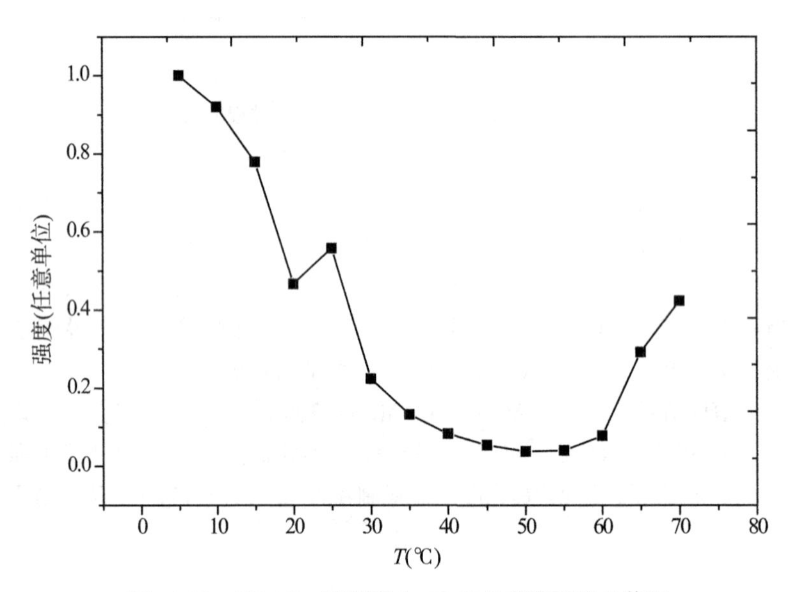

图 14-15　300 MPa 压强下 5～70 ℃的荧光强度比值图

稍有增加，当压强加至高压 200 MPa 时，荧光峰的强度迅速下降；进一步增加压强至 300 MPa，荧光强度保持在一个较小值。这一过程说明在 200～300 MPa 压强范围内，水溶胶发生了压致凝胶化转变，我们大致确定凝胶压强在 260 MPa 附近。

另外，我们对加压后的样品进行了回收，发现样品中并不完全是水溶胶，存在部分絮状的沉淀，这说明压致凝胶化过程并不是可逆的过程。当撤去压力后，凝胶的结构受到了破坏。

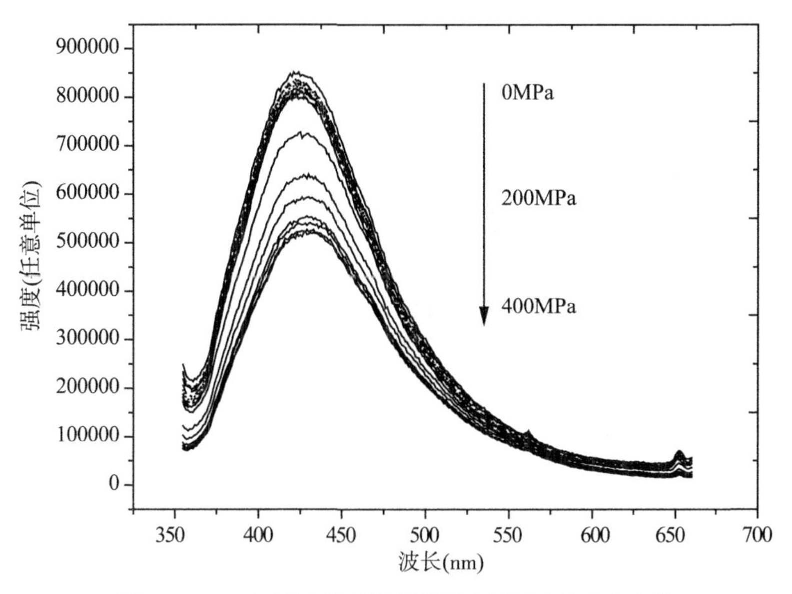

图 14-16　25 ℃下水溶胶的压致相变过程中的荧光光谱

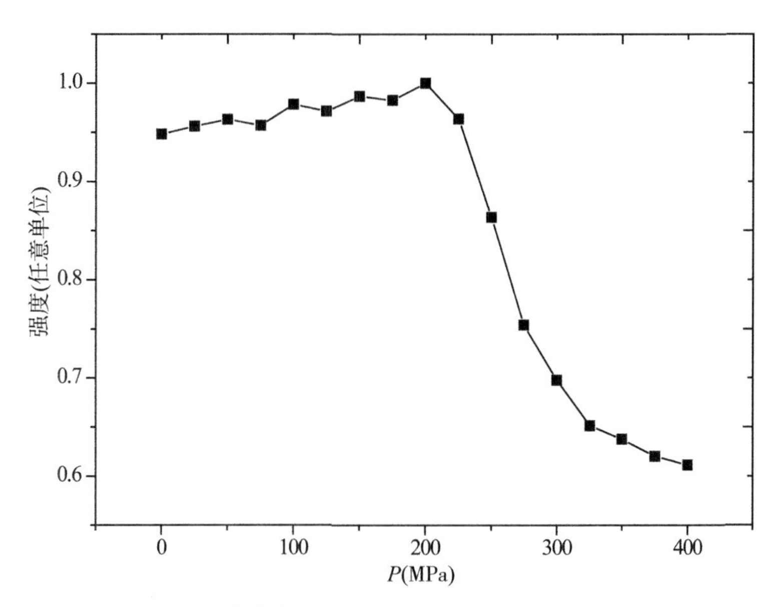

图 14-17　25 ℃下水溶胶的压致相变过程中的荧光强度与压强的关系

图 14-18 是 35 ℃时水溶胶的压致过程的荧光光谱图，样品的荧光峰的位置基本没有移动，但是荧光峰的强度随压强的增加而有所不同。为了进一步说明压致过程中水溶胶的凝胶化过程，由样品的荧光光谱图可以得出 35 ℃时水溶胶的压致相变过程中的荧光强度与压强的关系(图 14-19)。图 14-19 中，随着压强的增加，水溶胶的荧光强度线性增强，当压强增加到 200 MPa 时，水溶胶的强度达到最大值。这说明压强提高了凝胶剂在水中的溶解度。当压强进一步升高时，样品的荧光强度急剧下降，在 350 MPa 时强度变得最低，这个过程对应

着水溶胶的凝胶化过程。由此我们推断水溶胶发生溶胶—凝胶转变的压强为 250 MPa。

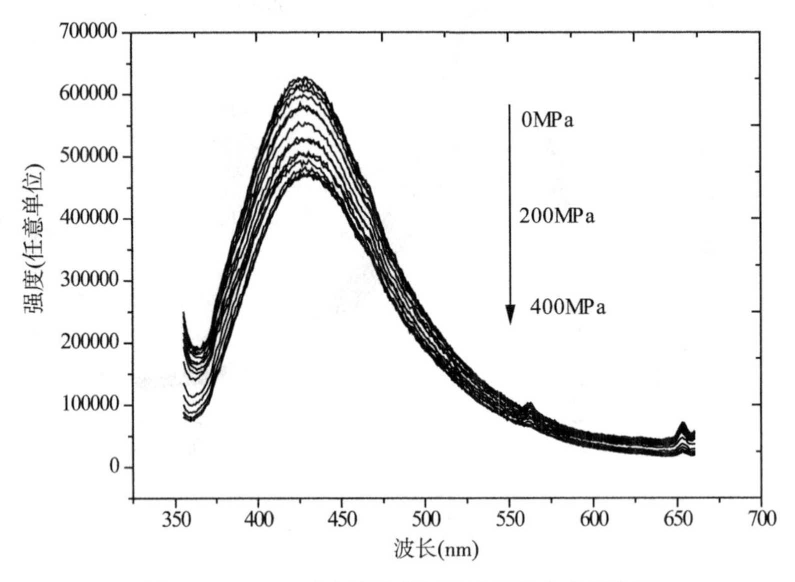

图 14-18 35 ℃时水溶胶的压致过程的荧光光谱图

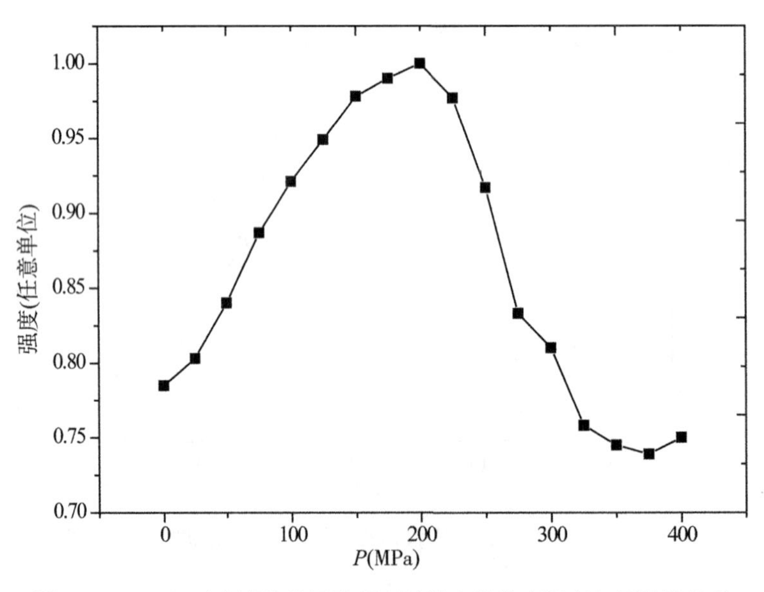

图 14-19 35 ℃时水溶胶的压致相变过程中的荧光强度与压强的关系

图 14-20 是 55 ℃时水溶胶的压致过程的荧光光谱图。随着压强的增加，水溶胶的荧光峰的强度发生了明显的变化，但是荧光峰的位置没有发生明显的移动，这与 25 ℃和 35 ℃时水溶胶压致过程类似。将样品荧光峰的强度拟合可得 55 ℃下水溶胶的压致相变过程中的荧光强度与压强的关系(图 14-21)。图 14-21 中，随着压强的增加，水溶胶的荧光

强度呈线性增加。当压强增至 150 MPa 时，荧光峰强度达到最高值。超过 200 MPa 以后，荧光强度呈线性迅速下降；超过 300 MPa 后，荧光强度基本保持稳定在较弱的值。因此，我们推断水溶胶在 55 ℃下的压致溶胶—凝胶转变压强点在 200 MPa 附近。

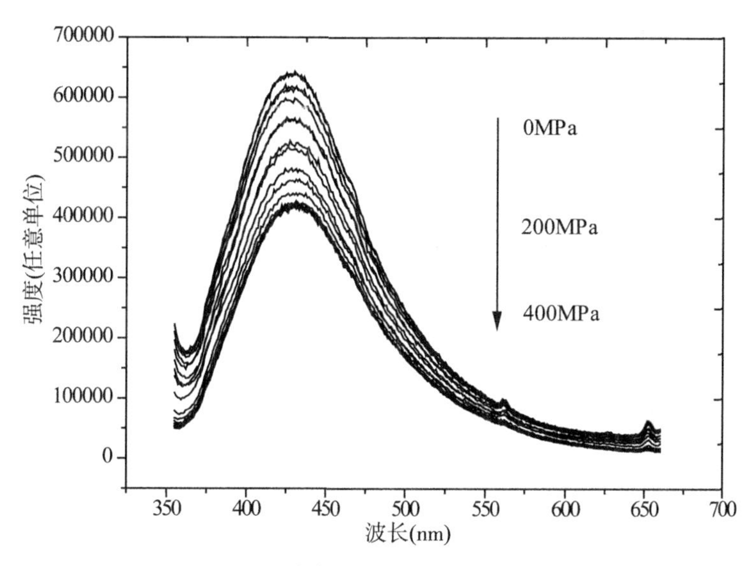

图 14-20　55 ℃时水溶胶的压致过程的荧光光谱图

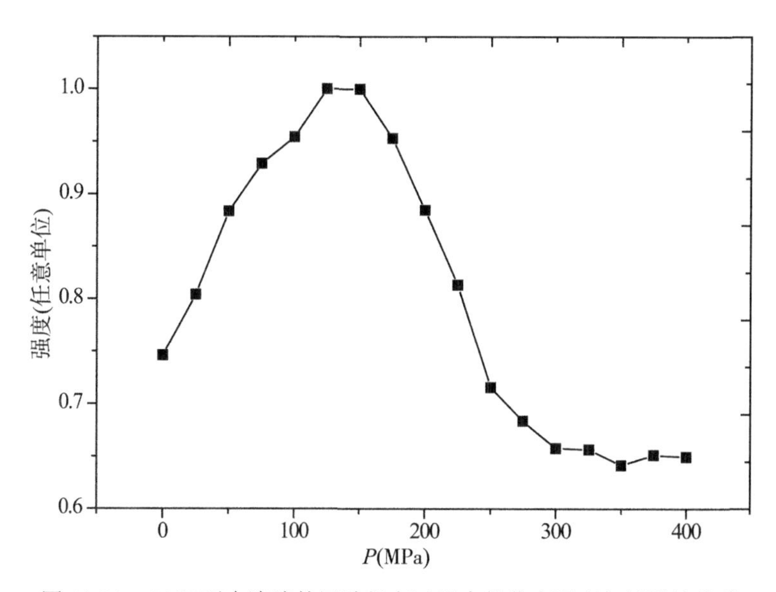

图 14-21　55 ℃下水溶胶的压致相变过程中的荧光强度与压强的关系

完成实验后，取出样品发现分层现象。从恒压温致过程中可知，在 50 ℃时，水溶胶样品进入溶胶—凝胶的过程。所以 50 ℃时压致实验实际是对水溶胶在加压状态下的荧光强度变化的分析。在 0 MPa 到 200 MPa，荧光强度缓慢增加，推测可能是由于压强使凝胶密度增加而产生荧光强度增大。在 200 MPa 至 400 MPa 之间，荧光强度急剧降低，可能由于压强过大，凝胶样品中部分网络结构崩塌，PLGA-PEG-PLGA 从样品中析出，此时样品存在的物质除凝胶和水外，还有 PLGA-PEG-PLGA 聚合物。

14.4.4　温度和压强对水溶胶相变的影响

本实验的主要内容是在温致过程和高压压致过程中，通过对变化过程中水溶胶样品的荧光强度变化的测量得出荧光光谱图，以分析推测水溶胶的相变过程。通过以上研究工作的完成，得出如下主要结论。

(1)通过梯度压强环境下的温致原位荧光实验，发现随着压强的升高，0 MPa、100 MPa、200 MPa、300 MPa 的溶胶—凝胶的低溶解温度分别是 50 ℃、45 ℃、40 ℃、35 ℃。说明环境压强升高，水凝胶的低溶解温度点会降低。

(2)在不同温度环境下的高压压致原位荧光实验中，发现压强不会导致此水溶胶从溶胶—凝胶的相变，但是压强会对溶胶溶解度产生影响，压强升高，溶胶转变为凝胶，且压致凝胶过程不可逆。环境温度越高，压致凝胶化的压强点越低。

14.5　压致凝胶化的讨论

本节以 PLGA75/25-PEG-PLGA75/25 三嵌段共聚物为研究对象，对其水溶胶的凝胶行为进行了高压原位荧光研究。采用三窗口压力装置，配合荧光光谱技术研究了温敏水溶胶在 0 MPa、100 MPa、200 MPa、300 MPa 下的升温过程中的原位荧光光谱。通过分析一定

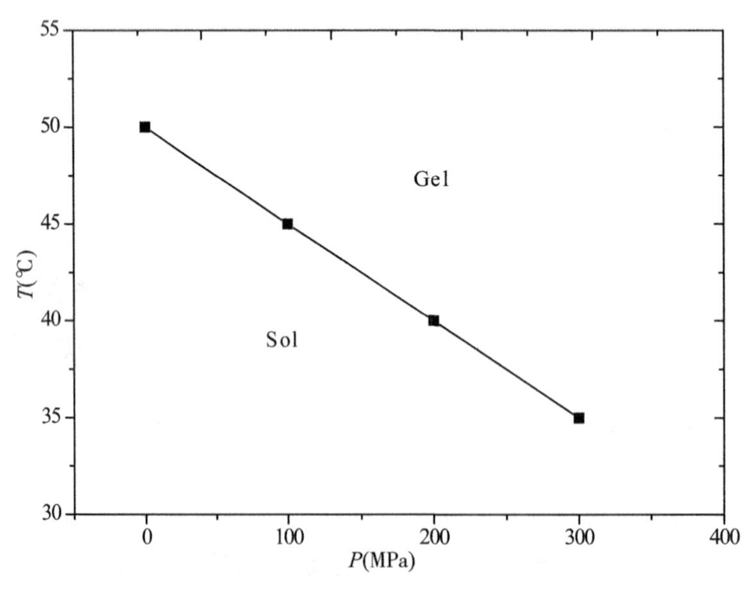

图 14-22　温敏水凝胶的高压相图

压强下温敏水溶胶在不同温度下的荧光强度，获得了温敏水溶胶的溶胶—凝胶转变温度，也获得了温敏水凝胶的高压相图(图 14-22)。结果显示，随着压强的升高，温敏水溶胶的溶胶—凝胶的转变温度降低。对温敏水凝胶在不同凝胶状态下进行了压致实验，压致也可导致温敏水凝胶的凝胶相变，环境温度的提高能够有效降低溶胶—凝胶的转变压强。

温敏水凝胶是应用十分广泛的一种材料，也常用于医学、农业、工业等多个领域。本章主要研究温敏水凝胶溶胶—凝胶相变点受环境因素的影响，如果我们能够精确控制温敏水凝胶的低溶解温度点，也就能使温敏水凝胶在我们日常生活中得到更多的应用。

第 15 章　嵌段共聚物的等温结晶生长

15.1　概述

聚丙二醇与环氧乙烷(Pluronic)的三嵌段共聚物，是由一个疏水性聚环氧丙烷(PPO)中心嵌段和两个聚环氧乙烷(PEO)亲水端嵌段组成，可以表示为$(PEO)_x(PPO)_y(PEO)_x$。共聚物具有许多有趣的特性，如自组装、微相分离、在水溶液中形成胶束以及共聚物凝胶等，这些材料非常有价值，广泛应用于太阳能电池电解质、锂电池和药物递送。在水溶液中，随着温度和浓度的升高，嵌段共聚物表现出大量不同的结构，如立方、六角形和层状结构，这些结构对盐的加入也很敏感。

离子液体以其独特的低蒸气压、低熔点、高化学稳定性、热稳定性和电化学性能引起了人们的广泛关注。因此，离子液体被广泛用于溶剂、试剂、催化剂，以及自身作为一种新的材料。近 10 年来，离子液体因其宽且稳定的电化学窗口而被广泛应用于电池电解液中。此外，离子液体还被用来诱导嵌段共聚物两亲体和表面活性剂的自组装。离子液体的稀释液和与高分子链的相互作用可以诱导聚左旋乳酸(PLLA)的形态转变。带有 PS 末端和离子液体配位中间块的三嵌段共聚物在有离子液体填充时形成具有物理 PS 交联的凝胶。离子液体对极性亲水性阻滞的选择性已被证明，可诱导自组装成有序的 BCP(嵌段共聚物)微相，并且 BCPs 在离子液体的溶液中，可诱导成核心——胶束。Pluronic 共聚物表面活性剂也被证明可以自组装成有序的 BCP 微相和胶束。本章通过原位偏光显微镜和红外光谱技术研究了 F127 在不同熔融温度和离子液体浓度下的等温结晶过程。这些结果为 F127 在离子液体中的有序生长提供了明确的证据。

15.2　F127 在离子液体中的原位测量等温结晶

15.2.1　实验材料

实验中使用的 Pluronic F127 三嵌段共聚物购买自 Sigma-Aldrich 公司。离子液体为 1-丁基-3-甲基咪唑六氟磷酸氢盐([Bmim][PF_6])，购买自河南利华制药有限公司(中国)。两种物质均在真空中干燥(50 ℃)持续 48 h。图 15-1 显示了 F127 和[Bmim][PF_6]的结构特征。乙醇是从阿拉丁工业(中国)有限公司购买。

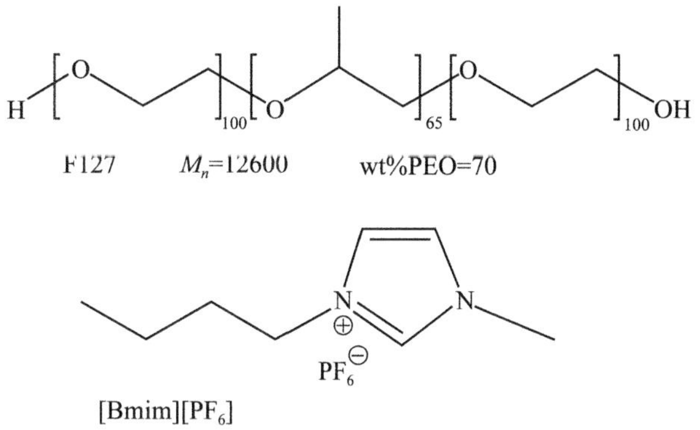

H O 100 O 65 O 100 OH

F127 M_n=12600 wt%PEO=70

N ⊕ N $PF_6^{\ominus}$

[Bmim][PF_6]

图 15-1 F127 和[Bmim][PF_6]的结构特征

采用传统的溶液铸造法制备了 F127/[Bmim][PF_6]共混物。将一定量的聚合物 F127 在 50 ℃下搅拌、溶解在乙醇中，直到得到清晰的均相溶液。不同浓度的离子液体(0~50 wt%)被添加到溶液中，并在 50 ℃搅拌 5 h。然后，混合溶液在 50 ℃下真空干燥 48 h。乙醇完全蒸发后，聚合物离子液体复合材料的初始材料制备完成，其中离子液体的浓度分别为 0 wt%、10 wt%、20 wt%、30 wt%、40 wt%、50 wt%。

15.2.2 实验设备及检测方法

为了确定 F127 和 F127/[Bmim][PF_6]的等温结晶温度，使用 TA Q100 仪器进行了差示扫描量热(DSC)测量，温度设置在 0~150 ℃的温度范围内，在氮气气氛下加热速率为 5 ℃/min。每个样品的结晶度 X_c 的计算公式如下：

$$X_c = \frac{\Delta H_m - \Delta H_c}{\Delta H_m^0} \times 100\% \qquad (15\text{-}1)$$

式中，ΔH_m^0 为 F127 晶体的熔化焓，188.9 J/g；ΔH_m 为 F127 在 DSC 加热过程中的熔化焓，ΔH_c 为 F127 在 DSC 加热过程中的晶化焓。

为了探究温度和离子液体对 F127 结晶行为的影响，我们测量了 F127 和 F127/[Bmim][PF_6]共混物在不同熔点和结晶温度下的成核和晶体生长。干燥的薄膜夹在两片覆盖玻璃之间，放在恒温热台上。恒温加热台被安装在偏光显微镜上。为了提高对比度和接收球晶的信号，在偏光显微镜中插入了一块波长为 λ 的波片。将薄样品在预定的熔点 T_m(高于样品熔点)下加热 30 min，然后将熔融膜以 50 ℃/min 的速度冷却到等温结晶温度 T_c。所有样品的加热、冷却和等温过程的详细信息如表 15-1 所示。在加热和冷却过程中，在不同的熔点和等温温度下，每隔 10 min 记录样品的偏光显微图像。

表 15-1　实验过程和条件

样品	T_M(℃)	t_H(min)	T_C(℃)	t_c(min)
F127-1	60	30	50	120
F127-2	80	30	50	120
F127-3	135	30	50	120
F127/IL-1	135	30	40	120
F127/IL-2	135	30	38	120
F127/IL-3	135	30	35	120
F127/IL-4	135	30	28	120
F127/IL-5	135	30	25	120

注：F127/IL-1，F127/IL-2，F127/IL-3，F127/IL-4，F127/IL-5 分别表示 F127 混合了 10wt%，20wt%，30wt%，40wt%，50wt%的[Bmim][PF_6]。

使用带有 MCT 探测器的 Bruker 70 V 对不同温度下加热的样品的红外光谱进行了测量。红外测量采用常规透射方式。为了研究 F127 和 F127/[Bmim][PF_6]原位 FT-IR 的结晶行为，将样品夹在两片 KBr 玻片之间，置于恒温热台。所有样品的加热、冷却和等温过程与上述偏光显微测量相同。在 600 ~ 3500 cm^{-1}的波数范围内得到测量光谱，每间隔 10 min 记录不同熔点和等温结晶温度下的光谱。

15.3　结果与讨论

15.3.1　差示扫描量热分析

DSC 是一种研究 F127 和 F127/[Bmim][PF_6]共混物熔融行为极好的测量方法，定量地获得了 F127 的结晶度，以及 F127 和[Bmim][PF_6]相互作用的强度。纯 F127 和 F127/[Bmim][PF_6]共混物的 DSC 曲线如图 15-2 所示。F127 的 DSC 曲线表现出明显的吸热行为，这与 F127 在热扫描过程中的熔化相一致。随着[Bmim][PF_6]含量的增加，吸热熔化峰面积和熔点明显减小。当离子液体[Bmim][PF_6]增加到 50 wt%时，吸热熔化峰几乎消失。不同样品的熔点(T_m)、熔化焓(ΔH_m)和结晶度(X_c)列在表 15-2 中。对于每一个 F127/[Bmim][PF_6]共混物的 DSC 图，热流数据按照共混物中 PEO 的质量进行归一化处理。对于每个系列的 F127/[Bmim][PF_6]共混物，随着[Bmim][PF_6]浓度的增加，熔点明显降低(从 59.8 ℃降至 47.8 ℃)，PEO 结晶度明显降低(从 63.4%降至 5.1%)。这些结果表明，由于 F127 与[Bmim][PF_6]的相互作用，离子液体可以抑制 F127 在共混物中的结晶。如上所述，F127 的等温结晶过程在 T_c = 50 ℃，F127 混合了 10 wt%、20 wt%、

30 wt%、40 wt%、50 wt % [Bmim] [PF_6]的共混物的结晶温度分别在 T_c=40 ℃、38 ℃、35 ℃、28 ℃和 25 ℃。

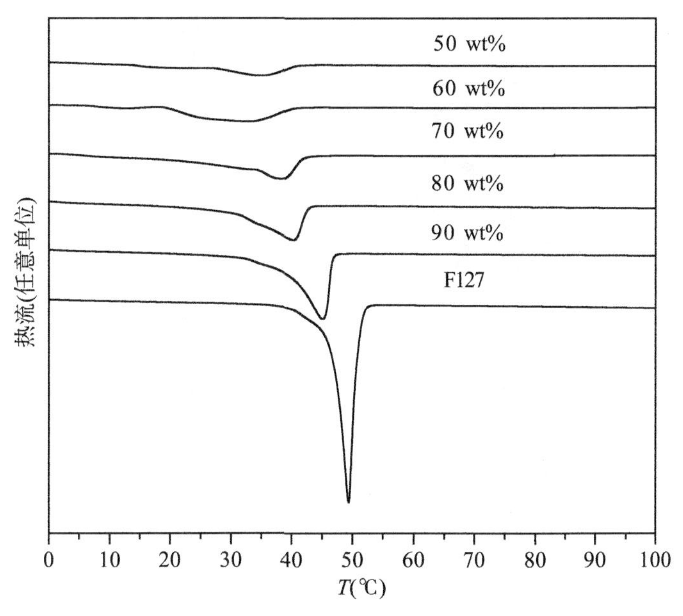

图 15-2 纯 F127 和 F127/[Bmim][PF_6]共混物的 DSC 曲线(图中质量百分数量为 F127 的含量)

表 15-2 **由 DSC 曲线给出的样品的热力学参数**

样品	T_m(℃)	ΔH_m(J/g)	X_c(%)
F127	59.8	119.7	63.4
F127/IL-1	55.3	93.2	49.3
F127/IL-2	51.1	59.9	31.7
F127/IL-3	50.4	39.8	21.1
F127/IL-4	49.2	34.8	18.4
F127/IL-5	47.8	9.70	5.1

注：F127/IL-1, F127/IL-2, F127/IL-3, F127/IL-4, F127/IL-5 分别表示 F127 中混有 10wt%, 20wt%, 30wt%, 40wt%, 50wt%的[Bmim][PF_6]。

15.3.2 偏光显微分析

通过偏光显微镜研究了熔点对晶体形貌的影响。将 F127 分别加热至 60 ℃、80 ℃、135 ℃，均保持 30 min，然后以 50 ℃/min 的速度冷却至 50 ℃，最后在 50 ℃等温结晶 120 min。图 15-3 显示了 F127 经过等温结晶过程后的偏光显微照片。如图 15-3(a)所示，可以观察到由许多明显的 Maltese 十字的球晶组成的紧密的微观结构，这意味着 F127 从 60 ℃冷却至 50 ℃时形成了球晶。从镜下标尺看，球粒直径是 110～140 μm。

(a)

(b)

(c)

图 15-3　等温结晶过程后 F127 的偏光显微照片[(a) 60℃、(b) 80℃、(c)135 ℃，分别保持 30 min]

图 15-3(b)、图 15-3(c)显示了从熔融温度为 80 ℃和 135 ℃冷却的 F127 形成的球状晶体形貌。我们可以明显观察到，球晶的尺寸随着熔融温度的升高而增大。从熔融温度为 135 ℃冷却结晶得到的 F127 球晶的直径大约是 2000 μm，是从熔融温为 80 ℃冷却形成球晶直径的 2 倍，是从熔融温度为 60 ℃冷却形成球晶直径的 20 倍。这些结果表明，提高熔点温度可以抑制嵌段 PEO 的成核，促进球晶生长。

众所周知，球晶的尺寸和形貌受到结晶温度、压强和时间等诸多因素的影响。然而，熔融温度对晶体生长的影响却鲜有报道。由此我们可以得出，除熔融温度不同外，其他结晶条件均相同，然而三种 F127 等温结晶的尺寸却明显不同。熔融温度越高，球晶尺寸越大。这可以用聚合物分子链在高温下的柔韧性来解释。聚合物链的柔韧性随着熔点的升高而增大，这有利于大分子在片晶中的折叠和球晶的形成过程，从而促进大分子的生长。

图 15-4(a)~(f)为 F127 与 10 wt% [Bmim][PF_6]在 T_c=40 ℃时的原位偏光显微图像。我们观察到具有五角星核和圆边的树枝状结构。首先，形成的核如图 15-4(a)所示，然后从核中生长出五个"分支"[图 15-4(b)]。随着时间的增加，这些"分支"继续生长和延伸[图 15-4(c)~(e)]。最终，嵌段聚合物生长成一个圆形边缘[图 15-4(f)]。此外，在这个等温结晶过程中，Maltese 十字完全消失。虽然一系列图像清楚地显示出了圆形的趋势，却没有形成球晶。这些结果表明，[Bmim][PF_6]的加入对 F127 的结晶形态有很大的影响。

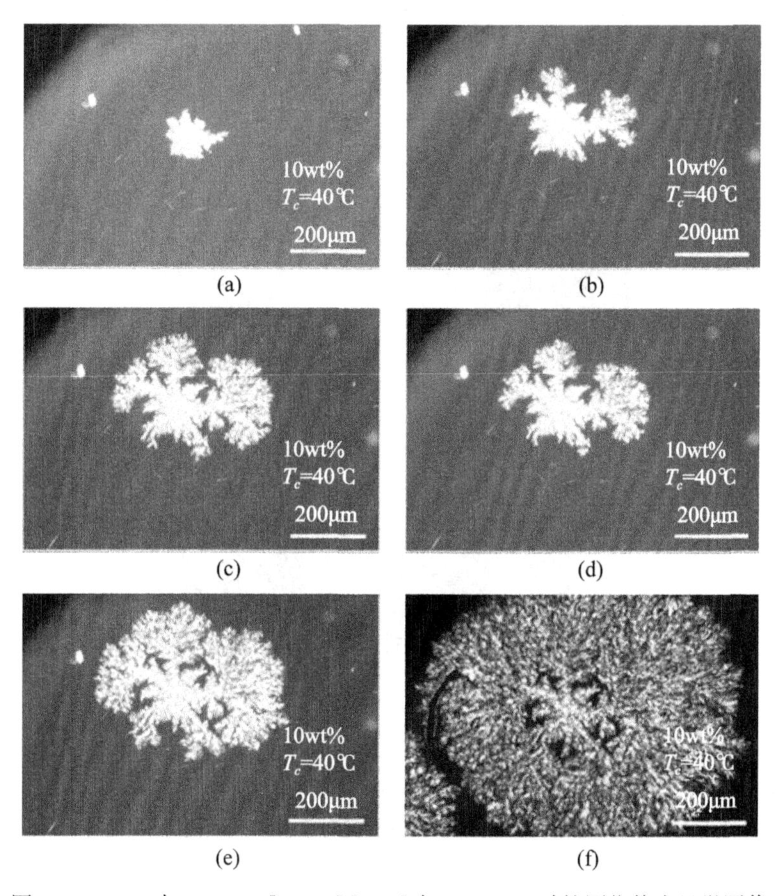

图 15-4 F127 与 10 wt% [Bmim][PF_6]在 T_c=40 ℃时的原位偏光显微图像

此外，F127 与不同浓度的离子液体等温结晶的偏光显微图像如图 15-5 所示。可见，随着离子液体浓度的增加，结晶形态没有出现规律的变化。对于 20 wt% [Bmim][PF_6]，图 15-5(a)显示了许多层状结构的区域，这些层状结构由具有丝状、毛发状结构的层状晶体组成。对于 Bmim][PF_6]含量为 30 wt%时，图 15-5(b)显示了由许多管状晶体组成的枝晶结构。对于 40 wt%[Bmim][PF_6]，图 15-5(c)为一团簇结构，由许多小枝形成类似于团簇的结构。这些图像表明，随着[Bmim][PF_6]浓度的增加，没有形成球晶，晶体的形状变小、变薄。结果表明：[Bmim][PF_6]的加入可以抑制 F127 球晶的形成和晶体的生长，这可以通过 F127 与[Bmim][PF_6]的相互作用来解释。

图 15-5　F127 与不同浓度的离子液体等温结晶的偏光显微图像

15.3.3　红外光谱分析

图 15-6 为 F127-1 在等温结晶过程中的原位 FT-IR 光谱。为便于比较，还提供了在

60 ℃经过 30 min 熔解后的 F127 的红外光谱。随着时间的延长，我们可以观察到 F127 在等温结晶过程中红外光谱的吸收峰出现或消失。在结晶时间 t_c = 20 min 之前的红外光谱与 F127 在熔融温度为 60 ℃的红外光谱没有明显的区别，说明这是 F127 的初级成核阶段。在 40 min 以上时，随着时间的延长，谱线发生显著变化。

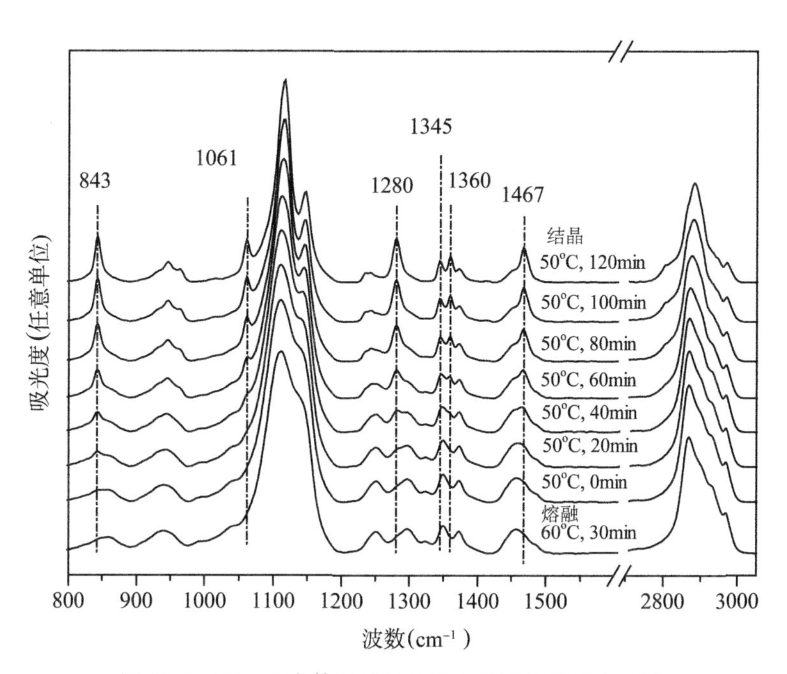

图 15-6 F127-1 在等温结晶过程中的原位 FT-IR 光谱

此外，在图 15-6 中我们可以看到一些新的吸收峰，或峰的分裂：即在 1467 cm^{-1}、1360 cm^{-1}、1345 cm^{-1}、1280 cm^{-1}、1061 cm^{-1}和 843 cm^{-1}处出现吸收峰，随着 t_c 的增加，这些吸收峰变得更强和更加尖锐。已知 1467 cm^{-1}、1360 cm^{-1}、1345 cm^{-1}、1280 cm^{-1}、1061 cm^{-1}和 843 cm^{-1}处的振动对应 F127 的晶体相的吸收峰。因此，可以确定在这个时期内(t_c = 40 min)对应于嵌段聚合物的结晶和生长过程，与偏光显微结果一致。采用上述方法，在等温结晶过程中得到了熔融温度为 80 ℃和 135 ℃的纯 F127 的原位 FT-IR 谱，这两幅光谱的变化趋势与 60 ℃熔融时的 F127 相同。

图 15-7 显示的红外光谱是 F127 在 60 ℃，80 ℃，135 ℃加热 30 min，然后再冷却到 50 ℃等温结晶 120 min。F127 在熔融温度为 60 ℃、80 ℃、135 ℃时，吸收光谱存在 1325 cm^{-1}、1350 cm^{-1}和 1373 cm^{-1}三种振动模式，它们分别与 PEO 和 PPO 的非晶相有关。这些吸收峰的强度随着熔融温度的升高没有明显变化。然而，在 50 ℃结晶 120 min 后，1325 cm^{-1}和 1350 cm^{-1}处的吸收峰消失，但是在 1343 cm^{-1}和 1360 cm^{-1}出现与 PEO 有关的两个峰，这些表明 F127 在这一温度下发生了结晶。

此外，等温结晶后的 F127 光谱也发生了一些变化：随着熔融温度的升高，峰从 1345 cm^{-1}到 1342 cm^{-1}，1344 cm^{-1}处的峰值强度增大，半峰宽 FWHM（FWHM：8.987，8.771，8.063)呈线性减小。这些结果表明，随着熔点的升高，F127 的结晶度增大，结晶

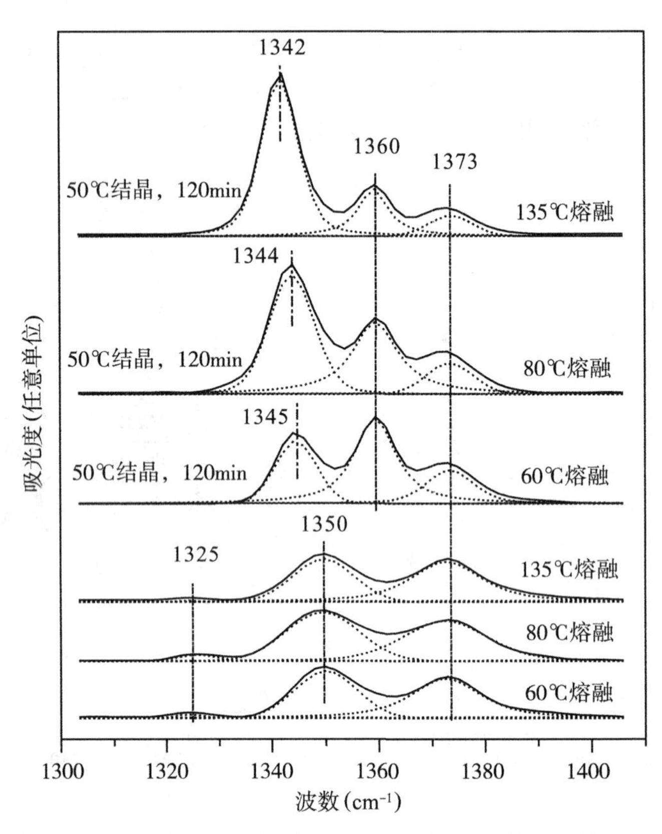

图 15-7　F127 在 60 ℃，80 ℃，135 ℃加热 30min 后，在 50 ℃等温结晶 120 min 的红外光谱

更加完美，这可以归因于聚合物链在高温下的柔韧性。

图 15-8 为不同浓度 F127/[Bmim][PF_6]共混物的红外光谱。图中，当 F127 与 10 wt%的[Bmim][PF_6]混合时，可以看到在 1467 cm^{-1}、1360 cm^{-1}、1345 cm^{-1}、1280 cm^{-1}和 1061 cm^{-1}的吸收峰对应于 F127 的结晶相。然而，随着[Bmim][PF_6]浓度的增加，这些吸收峰变弱并消失。结果表明，[Bmim][PF_6]能抑制 F127 结晶，与偏光显微结果一致。此外，对于 F127/[Bmim][PF_6]共混物，在 1097 cm^{-1}处对应 F127 醚基拉伸峰，肩峰随着[Bmim][PF_6]浓度的增加而相对强度增加。代表醚键的肩峰红移表明 F127 的醚基团与[Bmim][PF_6]之间形成了氢键相互作用。

图 15-9 为 F127/[Bmim][PF_6]共混物中[Bmim][PF_6]的咪唑环 C—H 键拉伸区域的红外光谱。[Bmim][PF_6]在 3170~3125 cm^{-1}区域有两个吸收峰，分别是[Bmim][PF_6]的咪唑正离子环的 C—H 伸缩振动和 HCCH—的不对称伸缩振动。F127 在这个波数区域没有吸光性(没有在图 15-9 中显示)。图 15-9 中，对于 F127/[Bmim][PF_6]共混物，可以看到一个肩峰出现在 3080~3089 cm^{-1}之间，从 C—H 拉伸峰位置发生了大约 30 个波数的移动。近年来的研究表明，红外光谱是研究[Bmim][PF_6]与聚合物氢键相互作用的有效方法。此外，C—H 伸缩振动的吸光峰移至较低的波数，表明氢键的形成。因此，可以确定

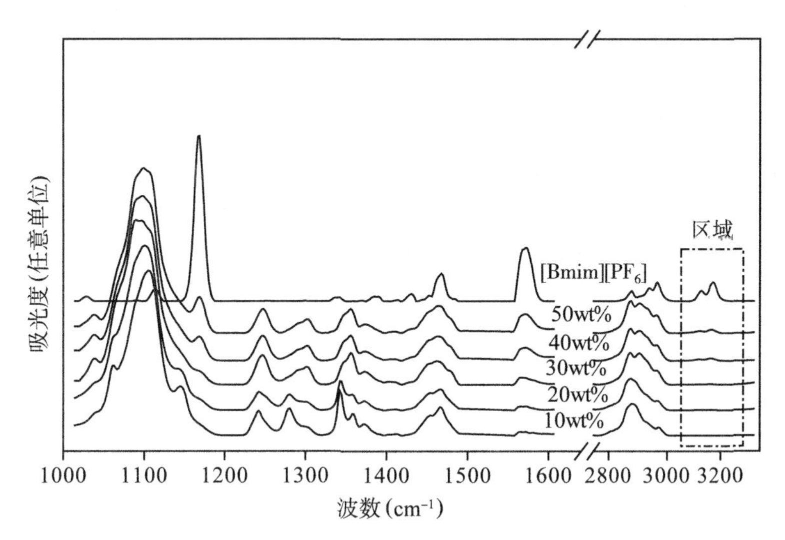

图 15-8　不同浓度 F127/[Bmim][PF_6]共混物的红外光谱

[Bmim][PF_6]和 F127 的醚基团之间存在强的氢键作用。

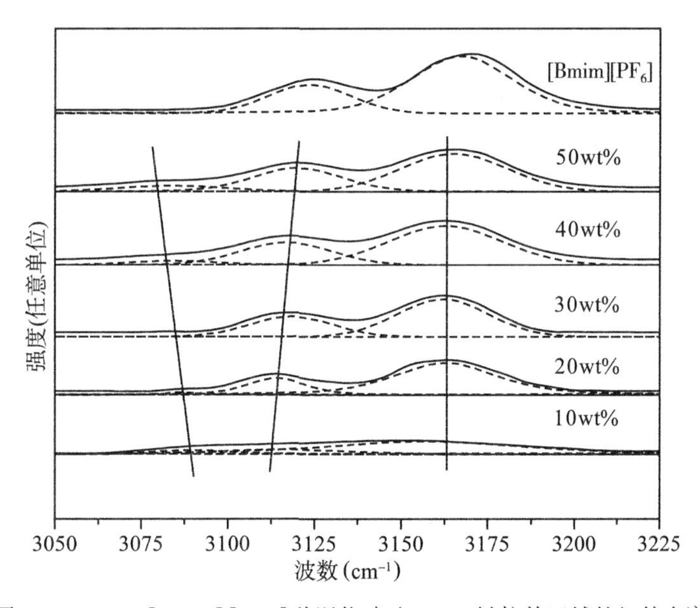

图 15-9　F127/[Bmim][PF_6]共混物咪唑 C—H 键拉伸区域的红外光谱

另一方面，一些研究工作已经通过咪唑啉酮类离子来研究氢键，并证明每个咪唑环质子都能形成氢键。因此，假设咪唑环上的每个质子都是一个氢键供体，导致每个[Bmim][PF_6]有 3 个供体。研究还表明，在 F127/[Bmim][PF_6]共混物中，只有 PEO 醚官能团是氢键受体，而不是 PPO 醚。因此，由于氢键的存在，PEO 链的氢键受体被离子液体饱和，PPO 链屏蔽了醚氧和离子液体之间的相互作用，从而控制了离子液体与这些聚合物的相容性。F127 与[Bmim][PF_6]形成氢键的模拟图如图 15-1 所示。

上述结果清楚地表明，加入[Bmim][PF_6]可以影响 F127 的等温结晶行为。这可以通过 F127 与[Bmim][PF_6]之间的氢键相互作用来解释。在较高的熔融温度下，F127 的分子链可以自由扩散，离子液体分子由于具有较高的分子能量而在分子链之间均匀分布。当冷却到等温结晶温度后，随着离子液体浓度的增加，氢键在 F127/[Bmim][PF_6]共混物中逐渐起主导作用。一些研究发现，[Bmim][PF_6]咪唑环质子(供体)和 PEO 醚官能团(受体)之间可以形成氢键。我们推测离子液体会导致聚合物基团之间的氢键断裂，从而增加聚合物链的流动性。分子内和分子间的氢键对片晶的形成有重要作用。因此，离子液体可以通过[Bmim][PF_6]咪唑环与 PEO 醚官能团形成氢键，破坏聚合物基团间的氢键，导致球晶消失。因此，在 F127/[Bmim][PF_6]共混物等温结晶后没有观察到球晶。

15.4　离子液体对结晶生长的影响规律

综上所述，我们使用原位偏光显微镜和红外光谱研究了 F127 和 F127/[Bmim][PF_6]共混物在不同预熔融温度的等温结晶行为。预处理熔融温度是影响 F127 球晶尺寸的重要因素。随着预处理熔融温度的升高，球晶尺寸明显增大。这一发现可以用聚合物链在较高熔融温度下的柔韧性来解释。离子液体的加入能够影响 F127 的结晶形貌，随着[Bmim][PF_6]含量的增加，F127 与离子液体共混物的晶体形貌由球晶向枝状晶体和纤维晶体变化。红外吸收光谱中，F127/[Bmim][PF_6]共混物的红外光谱中肩峰的出现，代表了 F127 与[Bmim][PF_6]之间氢键的形成，而氢键的形成促进了分子链的运动，减少了 PEO 的片晶生长。

第16章 新型离子导电泡沫聚合物凝胶

16.1 凝胶电解质

离子液体以其独特的热稳定性、非挥发性、电化学稳定性和高离子导电性而备受关注。离子液体现在正成为继水和有机溶剂体系之后的第三类溶剂。将离子液体掺入聚合物基质中可制备出聚合物离子液体凝胶。离子液体凝胶具有较高的离子导电性，因此，它们作为聚合物电解质在燃料电池、锂二次电池、染料敏化太阳能电池、双电层电容器、双电层晶体管等电化学器件中的作用是广泛研究的课题。在离子液体凝胶中，分子链通常通过分子内或分子间的非共价相互作用(如氢键、π-π 堆积和离子相互作用)来捕获溶剂而形成网络结构。而且，这些分子内或分子间的非共价相互作用对温度、pH 值、光和压强等物理刺激非常敏感。例如，Zhang 和 Lee 等(2011)研究了热力学方法诱导的嵌段共聚物(PB-PEO)在离子液体中溶解度的变化，发现 PB-PEO/离子液体体系呈现球形体心立方晶格、六方有序柱状体和片状相。Ueki 等(2012)发现疏水性离子液体中二嵌段共聚物的可逆光诱导自组装行为。我们在高压下制备了聚合物离子液体凝胶，发现聚合物离子液体凝胶的离子导电性对压强也较为敏感。

超声波是一种高频机械波，需要物理介质来支持其传播。当超声波在液体或液体-粉末悬浮液等介质中传播时，会产生空化效应，从而产生极端的物理和化学条件。这种空化效应可以提供高能量来诱导某些化学和物理变化，这些变化在化学反应(如卤代烃的降解、聚合反应、氧化-还原反应和反应选择性)中早已被研究过。此外，令人惊奇和好奇的是，超声波作为一种外部刺激，被观察到可以促进凝胶的形成。超声波可能适合于以高能量屏障的动态方式刺激凝胶，然而很少有研究表明这一点。

为了进一步研究超声波辐照对聚合物离子液体凝胶结构和性能的影响，本章分别制备了聚偏氟乙烯-六氟丙烯共聚物(PVDF-HFP)/离子液体(1-乙基-3-甲基咪唑双(三氟甲基磺酰)酰亚胺[Emim][TFSI])。采用扫描电镜(SEM)、X 射线衍射(XRD)、傅里叶变换红外光谱(FT-IR)、差示扫描量热仪(DSC)对凝胶结构和热力学行为进行了表征，并用交流阻抗谱对其电化学行为进行了研究。详细讨论了超声波辐照下 PVDF-HFP/[Emim][TFSI]凝胶的形成机理。

16.2　超声波对凝胶制备的影响

16.2.1　实验材料

本研究所用的离子液体为 1-乙基-3-甲基咪唑双(三氟甲基磺酰)酰亚胺[Emim][TFSI]，从河南丽华制药有限公司(中国)获得，纯度约为 99.5%。聚合物(乙烯基氟化物-六氟丙烯)，缩写为 PVDF-HFP，标准：$M_n=130000$，$M_w=400000$，购自西格玛-奥德里奇(上海)贸易有限公司。

16.2.2　超声波制备

首先，取一定量的 PVDF-HFP 放入过量的丙酮中，并加热至 50 ℃，在磁力搅拌下溶解至少 2 h，直到得到清澈均匀的溶液。然后，在聚合物溶液中加入一定量的离子液体[Emim][TFSI]，在 50 ℃下继续搅拌 12 h，直到得到 PVDF-HFP/[Emim][TFSI]的黏性溶液。再将 PVDF-HFP/[Emim][TFSI]溶液置于频率为 20 kHz、振幅为 5 μm 的超声清洗机处理 1 h 后，将混合物倒入玻璃培养皿中进行浇铸。待丙酮完全蒸发后，得到含离子液体(80 wt%)的聚合物凝胶膜，标记为 S-1。

作为对比研究，采用与 S-1 相同的方法制备了未超声处理的离子液体含量为 80 wt%的 PVDF-HFP/[Emim][TFSI]膜，并标记了 S-2。另外，用与 S-1 相同的方法制备了另一种纯 PVDF-HFP 膜样品，标记为 S-3。

16.2.3　表征技术

结构表征：采用 JEOL-JSM-6490LV 型扫描电镜研究了聚合物凝胶膜的表面形貌。样品在液氮温度下断裂，获得横截面，然后涂金处理观察。用 Bruker-Advance 型 X 射线衍射仪(D8 型)在 $2\theta=5°\sim80°$范围内记录了回收聚合物离子液体凝胶的 X 射线衍射谱。使用 TA Q-100 DSC 系统进行热力学参数的测量，扫描温度范围 30~160 ℃，以 10 ℃/min 的升温速率，并用氮气进行保护。FT-IR 光谱测量在 Bruker FT-IR(V70 型)光谱仪上完成，该光谱仪装有水平衰减总反射率(ATR)附件，扫描范围为 400~4000 cm^{-1}。

电化学性能表征：使用电化学工作站(CHI660E，CHI Inc.)通过交流阻抗谱对电化学性能进行了表征。交流阻抗分析采用两个不锈钢电极和聚四氟乙烯支架，频率范围为 10 Hz~1 MHz，信号电平为 100 mV。根据复阻抗图拟合计算体电阻。电导率(σ)可根据式(11-1)计算。

16.3 超声波对凝胶结构和性能的影响

16.3.1 超声波对电解质结构的影响

SEM 分析：凝胶膜的结构表征通过扫描电子显微镜进行扫描，得到了不同制备条件下 PVDF-HFP/[Emim][TFSI]凝胶的形貌(图 16-1)。超声辐照制备的 S-1 样品是一种独立的白色不透明薄膜；而未经超声辐照制备的 S-2 样品是一种完整的半透明橡胶薄膜。从力学强度上看，S-1 膜比 S-2 膜更弱、更脆。如图 16-1(a)所示，S-1 的断裂面呈现许多球形晶粒，尺寸(直径)约为 5 μm。此外，在 S-1 样品的层状基体中发现一些晶粒稀疏聚集。相比之下，样品 S-2 显示出紧密堆积的表面形貌，由基质和畴组成，如图 16-1(b)所示。这些结果表明，通过应用超声波处理，PVDF-HFP/[Emim][TFSI]凝胶的形貌和力学行为明显发生了变化。另外，经超声辐照处理的纯聚合物膜样品 S-3 表面粗糙、多孔，有大量的片状物[图 16-1(c)]。在离子液体中浸泡 24 h 后，S-3 的质量是浸泡前初始质量的 9 倍。这一数据表明：超声波处理的聚合物独特形态对离子液体有很好的吸附作用。

XRD 分析：样品 S-1、S-2、S-3 的 X 射线衍射图谱如图 16-2 所示。纯 PVDF-HFP 为半结晶共聚物，其 XRD 图谱由 $2\theta=17.94°$、$20.05°$、$26.42°$ 和 $38.75°$ 的衍射峰组成。对于样品 S-1 和 S-2，$2\theta=18°$ 和 $27°$ 附近的峰完全消失，$20°$ 处的衍射峰向高角度移动。这对应 PVDF 的 γ 多晶型(101)面的衍射峰位置。此外，在 $2\theta=13°$ 处样品 S-1 和 S-2 中均出现明显的衍射峰。新的衍射峰出现的原因尚不清楚，但这可能涉及离子液体本身。结果表明，在离子液体和丙酮的混合物中，PVDF-HFP 的晶型结构对超声辐射不敏感。对于样品 S-3，在 $2\theta=17.95°$、$20.0°$、$26.53°$ 和 $38.9°$ 处出现四个峰值(位于非晶晕之上)，分别归属于 α-PVDF 晶面的(100)，(200)，(110)和(021)晶面。这些结果表明超声辐照后的 PVDF-HFP/[Emim][TFSI]凝胶中存在聚合物的部分结晶。

DSC 分析：纯 PVDF-HFP 和样品 S-1、S-2、S-3 的 DSC 曲线如图 16-3 所示。由图16-3 可知，S-1 和 S-2 的熔融温度明显低于纯 PVDF-HFP，这可能是由于离子液体的增塑作用及其与聚合物主链的络合作用所致。如图 16-3(a)、(b)所示，样品 S-1 在 99 ℃ 和 108 ℃左右出现双峰熔化，而样品 S-2 在 105 ℃ 只有一个峰熔化。由 Thomson-Gibbs 方程可知，聚合物的熔点与层状厚度(l)有关，熔点越高，其晶片厚度就越厚。由该方程可知，在超声辐照下制备的 S-1 样品中存在两种不同厚度的晶片，而在未经超声辐照的 S-2 样品中只有一种不同厚度的薄片。因此，可以推测超声辐照使 PVDF-HFP 在离子液体[Emim][TFSI]中的片层厚度发生了变化。

从 Tazaki 等(1997)的研究中可知，理想 PVDF-HFP 晶体的熔化焓为 104.7 J/g，然后由熔化焓(峰下面积)可计算出高分子的结晶度。因此，样品 S-1 和 S-2 的结晶度(X_c)分别约为 12.3%和 6.8%。结果表明，超声辐照制备的凝胶中 PVDF-HFP 的结晶度明显大于未经超声辐照制备的凝胶。此外，在图 16-3 中，S-3 和纯 PVDF-HFP 的 DSC 曲线约在142 ℃

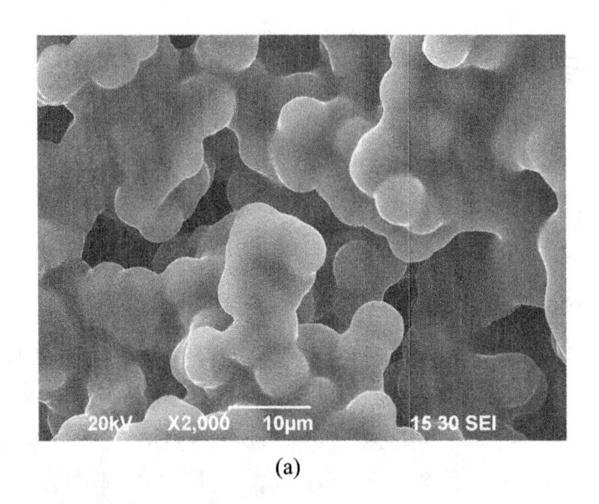

(a)

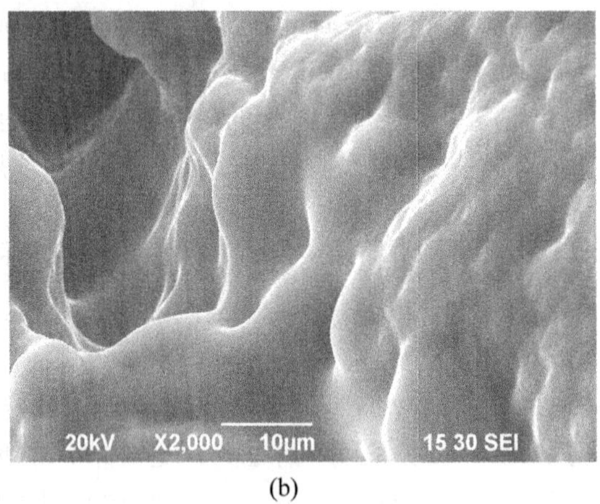

(b)

(c)

图 16-1　(a)超声辐照制备的 PVDF-HFP/[Emim][TFSI]凝胶(S-1)，(b)未超声辐照制备的 PVDF-HFP/[Emim][TFSI]凝胶(S-2)和(c)超声辐照制备的 PVDF-HFP(S-3)

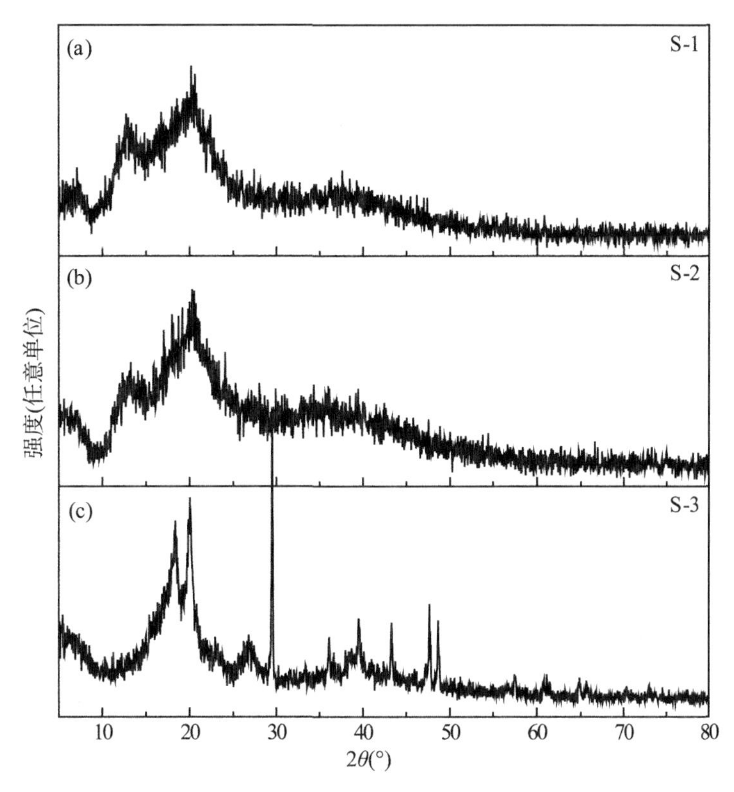

图 16-2 X 射线衍射图谱[(a)超声辐照 PVDF-HFP/[Emim][TFSI]凝胶(S-1)，(b)未超声辐照 PVDF-HFP/[Emim][TFSI]凝胶(S-2)，(c)超声辐照 PVDF-HFP(S-3)]

时存在明显的吸热熔融峰。样品 S-3 的熔化焓大于纯 PVDF-HFP，计算的结果也表明：S-3 的结晶度(X_c=37.3%)大于纯 PVDF-HFP(X_c=23.8%)。综上所述，在溶剂蒸发过程中，经超声辐照的预处理有利于 PVDF-HFP 的结晶。

红外光谱分析：样品 S-1、S-2 和 S-3 的 ATR-IR 光谱如图 16-4 所示。作为对比，我们也给出了纯 PVDF-HFP 和纯[Emim][TFSI]的 ATR-IR 光谱。如图 16-4 所示，S-1 和 S-2 的红外光谱没有差别，它们几乎与纯[Emim][TFSI]的光谱相同，只是在 879 cm^{-1} 和 1399 cm^{-1}处有弱峰。这主要是由于样品中的离子液体含量较高，掩盖了聚合物的吸收信号。此外，经 ATR-IR 对比分析，样品 S-3 与纯 PVDF-HFP 在吸收峰形态和位置上存在多处差异。众所周知，530 cm^{-1}、615 cm^{-1}、765 cm^{-1}、795 cm^{-1}、976 cm^{-1}、1214 cm^{-1}和 1383 cm^{-1}处的振动吸收带对应于聚合物 PVDF-HFP 的 α 相，而 470 cm^{-1}、510 cm^{-1}、840 cm^{-1}和 1279 cm^{-1}处的振动带对应于 β 相。对于纯聚合物 PVDF-HFP，530 cm^{-1}、615 cm^{-1}、766 cm^{-1}、795 cm^{-1}和 1214 cm^{-1}以及 510 cm^{-1}、840 cm^{-1}和 1280 cm^{-1}处出现的谱带表明纯聚合物 PVDF-HFP 为 α 和 β 相共存。然而，超声辐照制备的 S-3 中几乎未发现 β 相的特征谱带，仅有 α 相的特征谱带，出现在 531 cm^{-1}、765 cm^{-1}、795 cm^{-1}、976 cm^{-1}、1214 cm^{-1}和 1383 cm^{-1}处。这些结果表明，溶剂蒸发时 PVDF-HFP 的 β 相可以

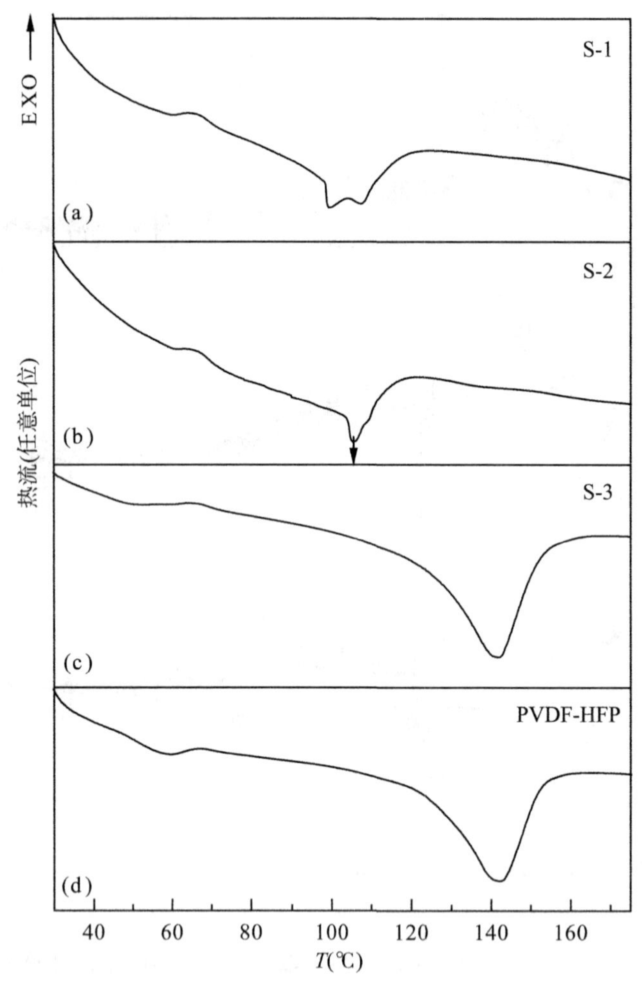

图 16-3　差示扫描量热法测定[(a)超声辐射制备的 PVDF-HFP/[Emim][TFSI]凝胶(S-1)，(b)未超声辐射制备的 PVDF-HFP/[Emim][TFSI]凝胶(S-2)，(c)超声辐射制备的 PVDF-HFP(S-3)，(d) 纯 PVDF-HFP]

转变为 α 相，超声辐照处理可以促进 α 相的形成。

光谱范围 2800~3200 cm^{-1}(图 16-4)的峰值是由离子液体的咪唑阳离子环的 C—H 伸缩振动引起的。为找到咪唑阳离子环 C—H 伸缩振动的准确峰位，利用 PeakFit 软件对 3050~3250 cm^{-1}范围内的光谱进行了详细的反褶积处理。在 3050~3250 cm^{-1}范围内，纯[Emim][TFSI]、S-1 和 S-2 的反褶积谱图如图 16-5 所示。所有样本的反褶积谱：由 3171 cm^{-1}、3157 cm^{-1}、3124 cm^{-1}和 3104 cm^{-1}处的四个峰值组成。对于纯[Emim][TFSI]、S-1 和 S-2 样品，四个峰的峰位基本上没有变化；但是，在 3157 cm^{-1}和 3171 cm^{-1}吸收峰的强度(I_{peak})明显发生了改变。Shalu 等(2013)报道了离子液体在两种不同的环境中存在，分

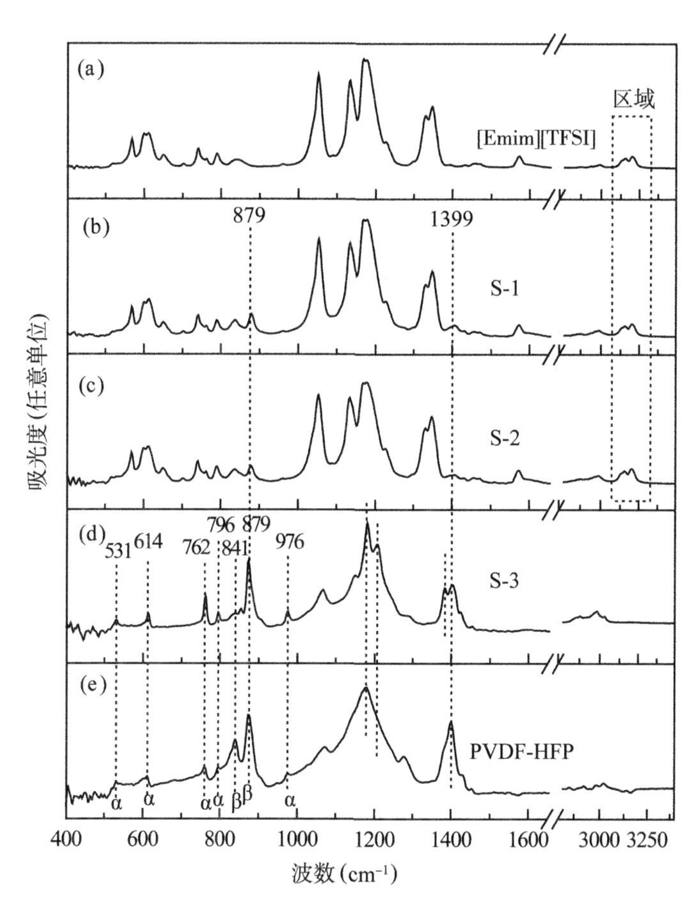

图 16-4 (a)纯离子液体[Emim][TFSI]，(b)超声辐射制备的 PVDF-HFP/[Emim][TFSI]凝胶(S-1)，(c)未超声辐射制备的 PVDF-HFP/[Emim][TFSI]凝胶(S-2)，(d)超声辐射制备的 PVDF-HFP(S-3)和(e)纯 PVDF-HFP 的 ATR 红外光谱图

别是与聚合物链络合的离子液体以及未与聚合物链络合的离子液体。3155 cm^{-1}和 3169 cm^{-1}处的吸收峰，分别归属于与聚合物链络合的离子液体和过量未络合的。因此，可以通过计算得到相对强度(I_{3171}/I_{3157})的比值，对于纯离子液体、S-1 和 S-2，该比值分别约为 1.28、0.75 和 1.85。显然，与纯离子液体相比，超声辐照处理后 S-1 的 I_{3171}/I_{3157}含量比下降，而未经超声辐照制备的 S-2 的 I_{3171}/I_{3157}含量比上升，说明超声辐照后 PVDF-HFP/[Emim][TFSI]膜中未络合离子液体的含量下降。这一结果表明，在超声辐照过程中，聚合物 PVDF-HFP 的构象结构在与离子液体结合过程中发生了变化。

图 16-6 示意性地总结了超声辐照对 PVDF-HFP/[Emim][TFSI]膜结构的影响机制。PVDF-HFP/[Emim][TFSI]中的疏松凝胶结构主要归因于超声波处理下的局部结构有序性和分子链缔合作用。根据 Cravotto 等(2012)的研究结论，当超声波在液体或液体-粉末悬浮液等介质中传播时，通常会出现空化现象，产生极端的物理和化学条件。超声空化可能

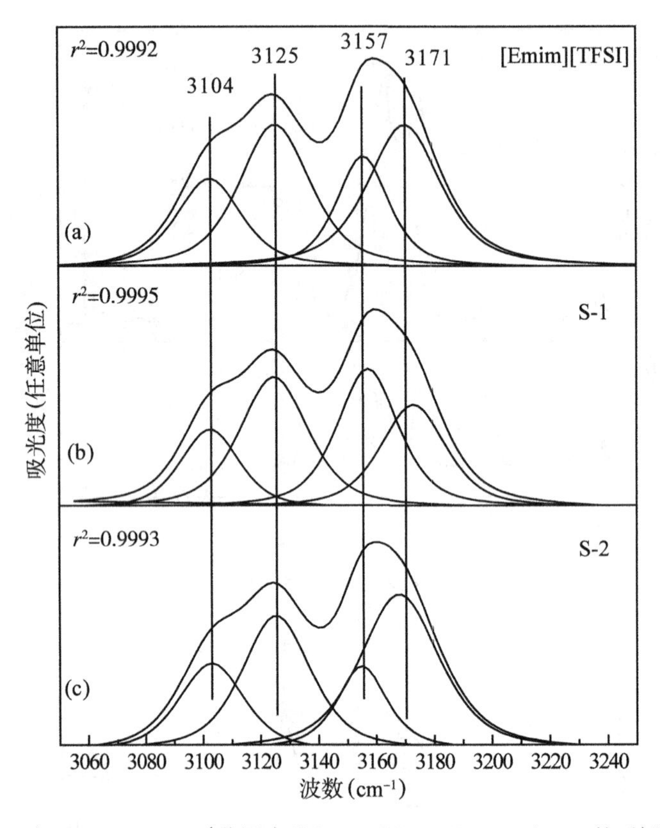

图 16-5　在 3050~3250 cm^{-1}范围内纯[Emim][TFSI]、S-1 和 S-2 的反褶积谱图

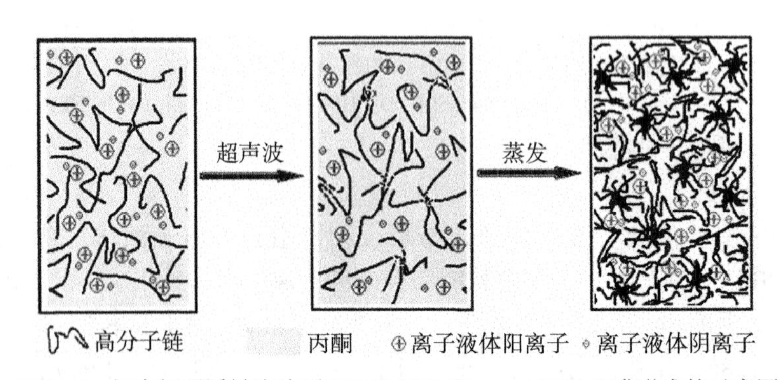

图 16-6　超声辐照诱导泡沫型 PVDF-HFP/[Emim][TFSI]膜形成的示意图

引起前驱体溶液中聚合物的聚集和溶剂的络合等物理变化。另一方面，超声波引起的空化现象可能会在聚合物溶液中引起一些化学效应(如聚合物链间的交联反应)。因此，我们推测超声波可以诱导分子链在稀溶液中形成有序聚集。

无论如何，这种现象的原因还不清楚，一种可能解释是超声波引起的物理和化学的协同效应。溶剂(丙酮)蒸发后，预有序聚集可使聚合物(PVDF-HFP)结晶速率提高，聚合物

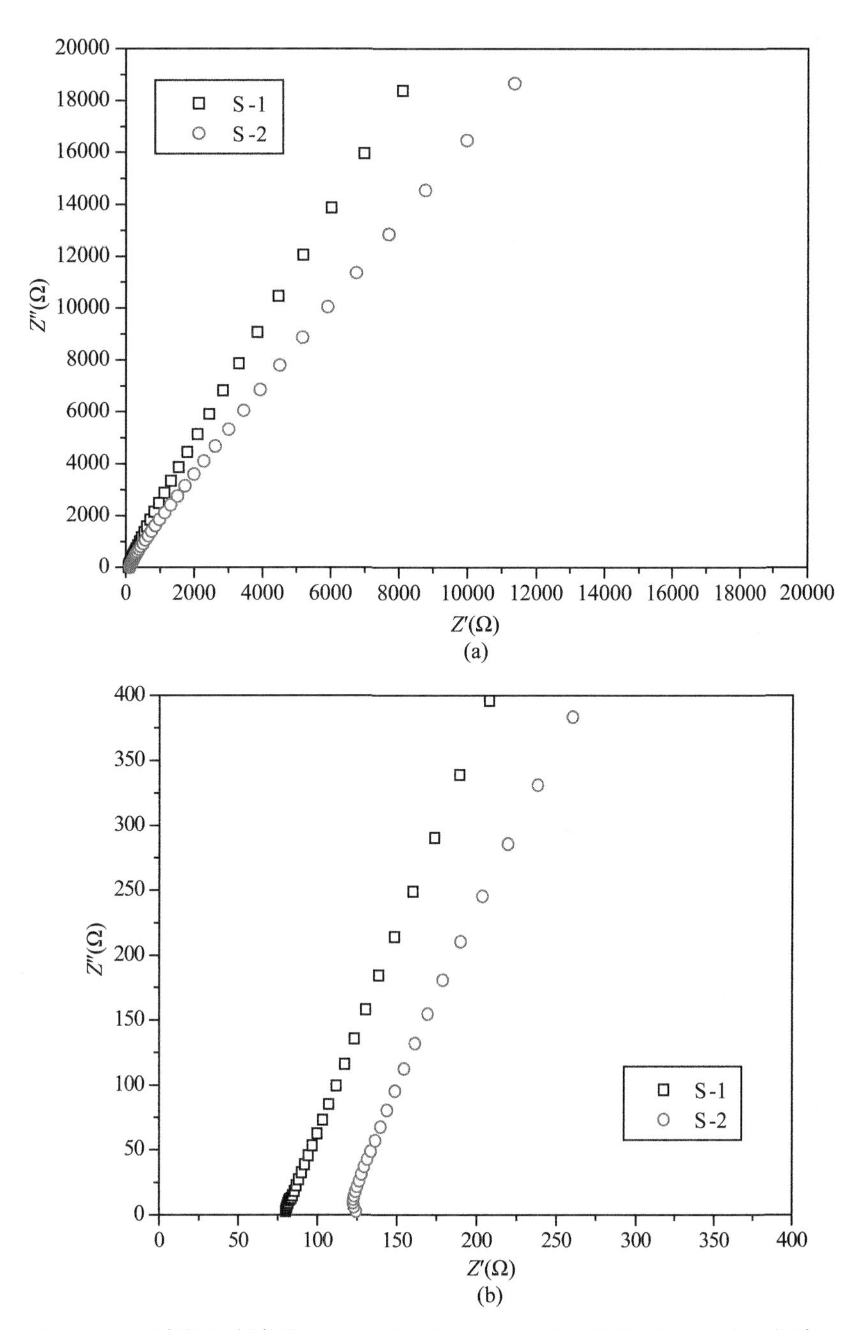

图 16-7 超声辐照制备的 PVDF-HFP/[Emim][TFSI]凝胶(S-1)和未经超声辐照制备的 PVDF-HFP/[Emim][TFSI]凝胶(S-2)在室温下1 Hz~10 MHz 范围内的阻抗谱(a)以及放大的高频区域(b)

链在不同晶体间形成桥连，从而形成具有高结晶度、双熔点和多孔结构的新型凝胶结构。聚合物离子液体凝胶的离子导电行为反映了凝胶结构。

16.3.2　超声波对电解质电导率的影响

样品 S-1 和 S-2 的阻抗谱如图 16-7 所示。在低频区观察到两条直线，表明聚合物离子液体膜与电极间的离子传导是自由的。凝胶电解质在高频区[图 16-7(b)]电阻抗响应的扩展部分具有体积特性。另外，S-1 和 S-2 样品在高频区均未观察到电弧形状，表明电极与电解液接触良好，存在较低的电容。

此外，样品 S-1 和 S-2 的离子电导率可以用交流阻抗法测定。在室温(25℃)下，样品 S-1 和 S-2 的电导率(σ)分别为 6.82 mS/cm 和 8.58 mS/cm。结果表明，样品 S-2 具有比 S-1更好的离子导电性。这些结果表明，超声辐照后 PVDF-HFP/[Emim][TFSI]薄膜结晶度高，微观结构疏松，不利于离子的传输。

16.4　超声波改性的规律

总之，采用挥发溶剂法制备了 PVDF-HFP/[Emim][TFSI]聚合物凝胶。超声辐照制备的 PVDF-HFP/[Emim][TFSI]凝胶呈现出一种新型的泡沫型凝胶结构，其表面覆盖着许多均匀的球形颗粒。DSC 分析结果表明，与未经超声辐照的 PVDF-HFP/[Emim][TFSI]凝胶相比，超声辐照的 PVDF-HFP/[Emim][TFSI]凝胶具有较高的结晶度和更大的晶粒尺寸。超声诱导分子链的有序聚集是形成泡沫型凝胶结构的重要原因。FT-IR 研究表明，超声辐照前后，凝胶中与分子链络合的离子液体的量发生了改变，可能与超声诱导的分子链构象变化有关。通过阻抗谱测试，发现超声辐照制备的 PVDF-HFP/[Emim][TFSI]凝胶结晶度高，微观结构疏松，离子电导率较低。对于纯 PVDF-HFP，超声波可以促进 β 相向 α 相的结晶转变，提高聚合物的结晶度。这些结果表明超声照射可能是改变聚合物/离子液体凝胶结构和性能的有效物理外场。

第 17 章　低共熔溶剂聚合物凝胶的结构与电化学性质

17.1　概述

17.1.1　绿色化学

绿色化学(Green Chemistry)是由美国化学会提出的，目的是为了从源头减少和消除化学物质对环境的污染。绿色化学的主要特点是利用资源和能源时，采用无毒、无害的原料；进行反应时，在无毒、无害的条件下进行；尽力提高原子利用率，力争实现“零排放”。

目前常见的绿色溶剂有：二氧化碳膨胀液体，室温离子液体，低共熔溶剂，超临界CO_2。其中，低共熔溶剂，原料无毒、无害；制备过程无毒、无害；原子利用率可以达到100%，是理想中的环境友好型材料。低共熔溶剂具有良好的导电性能和较宽的电化学窗口。此外，它还具有电解质的作用、溶剂的溶解作用。

17.1.2　低共熔溶剂

低共熔溶剂是把两种或多种成分按一定的化学计量比混合后，形成的一种熔点低于其混合原料的低共熔混合物，由英国莱斯特大学 Abbott 教授首次提出，2003 年，Abbott 等合成了胆碱类低共熔溶剂。他们把尿素(Urea)和氯化胆碱混合在一起，得到了一种无色均一的液体，此类液体的熔点低于其合成物(采用 2mol 氯化胆碱和 1mol 尿素混合时，得到了比它们的熔点都低的液态物，熔点为 12 ℃)，所以被称为低共熔溶剂(Deep Eutectic Solvent，DES)。关于低共熔溶剂的形成理论，目前有两种意见：主流说法是因为氢键理论，范德华力等相互作用力使其达到动力学、热力学的平衡；另一种说法是两种物质混合后，造成了晶格结构的破坏，降低了晶格能，从而使熔点变低。吴国忠等(2009)用同步辐射法，为氢键理论提供了强有力的支持，他们发现了 $ChCl/ZnCl_2$ 低共熔溶剂中 Ch^+ 与 $ZnCl_3^-$ 通过库仑力相互作用形成氢键。

低共熔溶剂的制备方法简单，操作容易，很适合进行工业化生产。目前主要有两种制备方法。第一种是加热法，先用真空干燥器进行干燥，然后将无水的药品，按各组分应占的比例进行混合，在加热条件下，搅拌至均一、清澈的液体即可。第二种是真空蒸发法，第一步就将各组分溶于水，之后用蒸发器蒸发，反复进行称重、干燥，直至恒重，这可以通过将药品放在硅胶干燥器中实现。本实验选用第一种方法制备低共熔溶剂。

低共熔溶剂一般可以用下面的公式来表示出来

$$Cat^{+}X^{-} \cdot zY \tag{17-1}$$

式中，Cat^{+}是阳离子；X 通常是卤化物阴离子，复杂的阴离子由 X^{-}和布朗斯特酸或路易斯酸组成；z 指一定数量的与阴离子相互作用的 Y 粒子。

DES 的分类基本取决于络合剂的使用，DES 一般由 MCl_x 和季盐组成。具体分类见表 17-1。

表 17-1　**低共熔溶剂分类表**

类型	一般组成通式	实例
类型一	$Cat^{+}X^{-} \cdot zMCl_x$	M=Fe，Sn，Al，Ga，In，Sn，
类型二	$Cat^{+}X^{-} \cdot zMCl_x \cdot YH_2O$	M=Cr，Fe，Cu，Ni，
类型三	$Cat^{+}X^{-} \cdot zRZ$	Z=CO—N—H_2，COOH，OH
类型四	$MCl_x^{+}RZ=MCl_x^{+} \cdot RZ+MCl_x^{+}$	M=Zn，Al Z=OH，CO—N—H_2

类型一的配位剂是一类金属盐，被广泛研究的是氯铝酸盐/咪唑盐的混合物，咪唑盐可以与各种金属卤化物形成各种常见的离子液体。在类型一中选择非水合金属卤化物组成低共熔溶剂的选择范围十分有限，但是类型二的配位剂可以选择水合金属盐，利用水合金属卤化物和氯化胆碱组成低共熔溶剂。第三类低共熔溶剂由氯化胆碱和氢键供体构成，并且它可以溶解很多金属物质，是目前研究中比较关注的一类低共熔溶剂。无机阳离子具有高的电荷密度，不能构成低共熔溶剂，然而最近的研究发现金属卤化物与尿素混合可以形成熔点低于 150 ℃的低共熔溶剂。这种混合类型的低共熔溶剂被称为类型四。

胆碱类低共熔溶剂是用一定化学计量比的胆碱盐与配位剂组成的低共熔混合物，是一种新型的类离子液体，胆碱类中典型的一种是氯化胆碱/尿素低共熔溶剂。由于氯化胆碱是一种水溶性维生素，在动物生长发育过程中具有举足轻重的地位，可以调控动物脂肪沉积，进入动物体内，也可以通过氧化、磷酸化等途径代谢出去。因而氯化胆碱又称为“增蛋素”，可以把它加入禽畜饲料，可以使禽畜多产蛋、产仔以及增重。而尿素是几乎所有哺乳动物和某些鱼类体内蛋白质代谢分解的主要的含氮最终产物。尿素由肝脏产生后溶入血液，由肾脏排出。故两者混合产生的低共熔溶剂也是无毒、生物可降解的环境友好型的材料。同时，它又是一种良好的溶剂，可溶解多种金属矿物、金属盐及金属氧化物。

低共熔溶剂的凝固点比较低，低于组成它的物质，一般为-70～160 ℃，很多人对凝固点降低这一现象进行了解释，其中 Abbott 等(2003)认为这是胆碱盐与氢键供体在两个物质混合时，它们的晶格能的改变引起的。也有研究者认为这与氢键供体和低共熔溶剂中的阴离子结合方式有关。其中，氢键具有很重要的作用，氢键越强，其造成的电子离域越大，凝固点越低。如 F^-、$[BF_4]^-$、$[NO_3]^-$ 与尿素形成的低共熔溶剂的凝固点分别为 1 ℃、67 ℃、12 ℃。这表明氢键的强弱可以影响低共熔溶剂的凝固点。氢键供体与氢键受体在不同的混合比例下，凝固点也是不同的。如氯化胆碱与苯乙酸，尿素，$ZnCl_2$，$CrCl_3 \cdot 6H_2O$ 以 1∶2 摩尔比相互混合时的熔点最低，如图 17-1 所示。

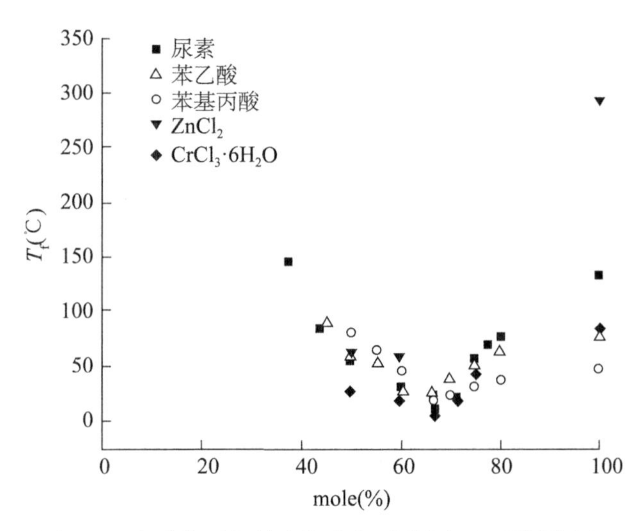

图 17-1 氯化胆碱与其他物质在不同摩尔比下的凝固点

低共熔溶剂的电导率一般为 0.1～12 mS/cm。电导率与很多因素相关，它与混合物组分的摩尔比相关；此外，它还与温度等环境因素有关。温度越高，它的电导率越高。低共熔溶剂的导电性还与其组分有关，加入不同的物质，导电性不同。电导率与黏度有关，并且具有负相关的关系，黏度越高，则其电导率越低；反之，黏度越低，则其电导率越高。

17.2 聚乙二醇/低共熔溶剂凝胶的合成研究

17.2.1 实验试剂与仪器

实验中所使用的实验试剂包括氯化胆碱、尿素、聚乙二醇(PEG)等化学试剂，试剂的纯度、规格等信息见表 17-2。

表 17-2　　实验主要试剂及其规格

名称	无水乙醇	氯化胆碱	尿素	聚乙二醇
规格	分析纯	分析纯	分析纯	分析纯
生产厂家	天津市福晨化学试剂厂	上海阿拉丁生化科技股份有限公司		
相对分子质量	46.07	139.62	60.04	6000
化学式	C_2H_6O	$C_5H_{14}ClNO$	$H_2NCO—N—H_2$	PEG
熔点	液体	302~305 ℃	132~135 ℃	60~63 ℃

17.2.2　聚乙二醇/低共熔溶剂凝胶制备

1. 低共熔溶剂的制备

氯化胆碱/尿素型低共熔溶剂的制备步骤如下。

(1)按摩尔比 1∶2 量取氯化胆碱、尿素。先用电子天平分别称取 2.09445 g、2.09445 g、2.09445 g、1.3963 g、1.3963 g 的氯化胆碱晶体放入待用的试剂瓶中，编号分别为 1，2，3，4，5。

(2)再用电子天平分别称取 1.8018 g、1.8018 g、1.8018 g、1.2012 g、1.2012 g 的尿素晶体分别放入编号为 1，2，3，4，5 的试剂瓶中。

(3)将混有氯化胆碱和尿素的玻璃瓶放入磁力搅拌机，油浴加热，设置油浴温度为 80 ℃，搅拌 1 h。待混合物搅拌成无色透明液体，之后再继续加热搅拌 30 min，直至溶液变成无色透明的澄清液体。

2. 聚乙二醇/低共熔溶剂凝胶的制备

(1)聚乙二醇和低共熔溶剂按质量比 1∶9、2∶8、3∶7、4∶6、5∶5 分别制备聚乙二醇/低共熔溶剂凝胶。用电子天平分别称取 0.4329 g、0.9740 g、1.6696 g、1.7316 g、2.5975 g 的聚乙二醇晶体放入编号为 1，2，3，4，5 的试剂瓶中。

(2)将试剂瓶放在磁力搅拌机上，油浴加热，加热温度为 80 ℃。搅拌时间为 48 h(表 17-3)。

表 17-3　　实验具体操作时间

编号	1	2	3	4	5
质量比(wt%) (PEG∶DES)	1∶9	2∶8	3∶7	4∶6	5∶5
搅拌温度(℃)	80	80	80	80	80
搅拌时间(h)	48	48	48	48	48

17.3 样品的结构与性能表征

1. 拉曼光谱检测

采用拉曼光谱对凝胶的分子结构进行了表征，拉曼光谱仪为雷尼绍 inVia(美国)，激光光源波长为 532 nm，激光强度为 5 mW。采用单光栅单色器，电荷耦合探测系统(CCD)和共聚焦技术。样品拉曼光谱的扫描范围 100~3500 cm^{-1}。将熔融的样品，滴在载玻片上，等待其凝胶，等待时间 30 min，凝胶后放在激光拉曼仪上进行测试。

2. 红外光谱检测

红外光谱仪采用布鲁克 70V 红外光谱仪，由于凝胶样品具有较强的吸收性，故本实验采用衰减全反射(ATR)附件进行分子振动结构的表征。扫面范围为 400~4000 cm^{-1}，步长为 4 cm^{-1}。将聚乙二醇/低共熔溶剂凝胶样品加热熔化，取适量的样品放入 ART 窗口载物台，待熔融的凝胶凝固后继续停留 10 min，然后进行测量。

3. 差示扫描量热仪检测

采用差示扫描量热法对低共熔溶剂的热力学参数进行表征，设备为 TA Q250，扫描范围 0 ℃—100 ℃—0 ℃，一个循环，扫描速率为 10 ℃/min。实验中采用氮气作为保护气体，进气速率为 15 mL/min。

4. 电化学检测

本实验使用 CHI660E 型电化学工作站，对氯化胆碱/尿素/聚乙二醇凝胶体系进行了循环伏安和交流阻抗测试。在电解体系中，我们选用玻碳电极为工作电极，选用铂电极作为电化学工作站测试时的对电极，选用 Ag/AgCl 电极为参比电极，每次做电化学实验前都对电极进行清洗处理。把处于熔融状态的液体倒入检测专用瓶中，把事先调节好的电化学电极及时插入溶液中，等待 30 min 后，液体凝胶化，再等 30 min，使其充分凝胶化后，再打开电化学工作站进行检测。

对氯化胆碱/尿素/聚乙二醇凝胶体系进行了循环伏安和交流阻抗扫描。在该电解体系中循环伏安的扫描范围是-3~+3 V。交流阻抗的测试范围是 1 Hz~1 MHz。做循环伏安测量时，样品的扫描速度是 5 V/S，1.2 V/S，0.75 V/S，0.5 V/S，0.2 V/S，0.1 V/S。扫描范围从-3 V 到+3 V，连续做 8 组数据，分析数据时，取其中最稳定的一组，这样可以消除误差。在制备凝胶时，把电极及时插入还没有退温的溶液。

17.4 结果与讨论

为了清楚地表述不同组分样品的结构和性质，在本节中所列出的全部图片中，样品

1，低共熔溶剂：聚乙二醇的质量比为 1∶9；样品 2，低共熔溶剂：聚乙二醇的质量比为 2∶8；样品 3，低共熔溶剂：聚乙二醇的质量比为 3∶7；样品 4，低共熔溶剂：聚乙二醇的质量比为 4∶6；样品 5，低共熔溶剂：聚乙二醇的质量比为 5∶5。

17.4.1　DSC 结果与分析

图 17-2 为样品 1，样品 2，样品 3，样品 4，样品 5 的 DSC 曲线图。为了更深入地了解聚乙二醇/低共熔溶剂凝胶体系的热力学行为，本实验记录了 0~100℃范围内样品的升温、降温过程。我们发现样品 1，样品 2，样品 3，样品 4，样品 5 都有明显的吸热峰、放热峰。这正对应着样品在升温、降温过程中的熔融和凝胶过程。而且升温、降温过程，有且只有一个吸热峰或者放热峰，这表明聚乙二醇/低共熔溶剂凝胶是一个均一的体系，并且各种物质之间可能存在相互作用。此外，我们归纳了样品 1，样品 2，样品 3，样品 4，样品 5 的热力学参数，具体参数见表 17-4。

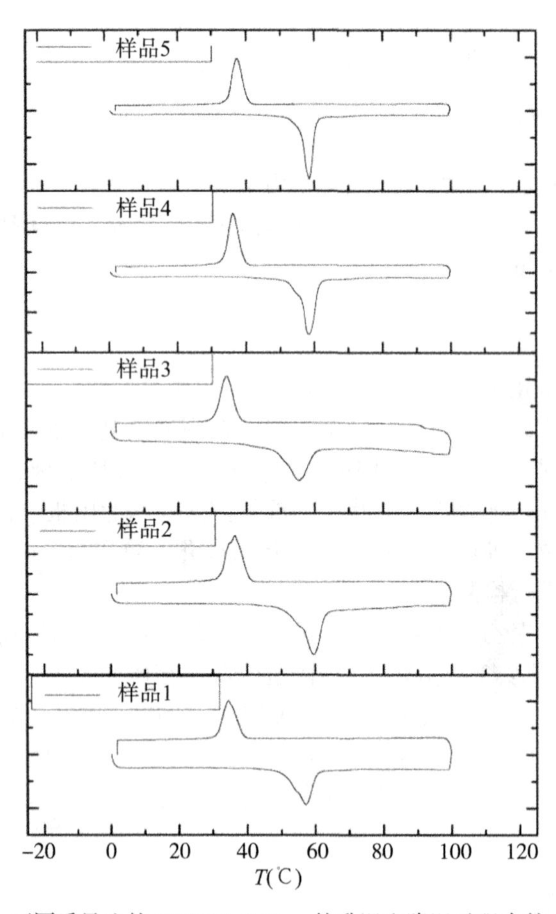

图 17-2　不同质量比的 PEG/ChCl-Urea 的升温和降温过程中的 DSC 曲线

表 17-4 **样品的热力学参数**

样品	凝胶点	凝胶焓	熔化焓	熔点
样品 1	34.57 ℃	26.87 J/g	35.39 J/g	57.25 ℃
样品 2	35.01 ℃	52.29 J/g	66.45 J/g	59.00 ℃
样品 3	34.92 ℃	55.44 J/g	71.55 J/g	57.67 ℃
样品 4	36.47 ℃	73.87 J/g	102.6 J/g	57.90 ℃
样品 5	37.59 ℃	77.69 J/g	104.6 J/g	58.30 ℃

由表 17-4 可以看出，样品 1 的熔点是 57.25 ℃，样品 2 的熔点是 59.00 ℃，样品 3 的熔点是 57.67 ℃，样品 4 的熔点是 57.90 ℃，样品 5 的熔点是 58.30 ℃。氯化胆碱/尿素组成的低共熔溶剂在摩尔比 1∶2 的情况下，熔点为 12 ℃。聚乙二醇的熔点为 62 ℃。然而，不同比例的凝胶样品的熔点随聚乙二醇含量的增加而变化不大。这表明聚乙二醇/低共熔溶剂组成的凝胶的熔点主要与高分子聚合物有关，低共熔溶剂在凝胶中起到增塑剂的作用。这可能是因为聚乙二醇的空间网状结构在聚乙二醇/低共熔溶剂凝胶体系中起到“骨架”的作用，这个骨架支撑了整个凝胶体系的结构。要想破坏这个体系，必须使整个凝胶体系的熔点达到其骨架的熔点附近，因此整个体系的熔点和骨架的熔点相近，而与体系中可以移动的低共熔溶剂的熔点关系不大。另外，我们发现聚乙二醇/低共熔溶剂凝胶体系的熔点依然低于聚乙二醇的熔点，这表明低共熔溶剂的增塑降低了聚乙二醇的分子链韧性和分子链活动，降低了聚乙二醇分子链的作用力。所以，聚乙二醇/低共熔溶剂凝胶体系的熔点低于聚乙二醇的熔点。

从熔化焓观察，从样品 1 到样品 5，随着聚乙二醇含量的增加，凝胶体系的熔化焓和凝胶焓都在有所增加，表明随着聚乙二醇含量的增加，低共熔溶剂/凝胶体系的热稳定性增加。这可能是因为，随着聚乙二醇含量的增加，在整个凝胶体系之中相互交联的网状结构变得更加密集，因此导致整个凝胶体系热稳定性增强。

另外，随着聚乙二醇含量的增加，凝胶点温度在逐渐升高。例如，样品 1 的凝胶点是 34.57 ℃，样品 5 的凝胶点达到了 37.59 ℃。这说明了聚乙二醇增多，可以影响体系的凝胶温度，使其移向温度增高的方向。同时，加入聚乙二醇的量较少时，对凝胶体系的影响不大。

最后，随着聚乙二醇含量的增加，凝胶的熔限在不断地变窄，由图 17-2 可以很明显地看出样品 1，样品 2，样品 3 的熔限都较大，而样品 4、样品 5 的熔限较小。这说明了在低共熔溶剂含量过多时，凝胶体系的热稳定性差。

综上所述，从样品 1 到样品 5 的 DSC 曲线，我们可以发现：第一，我们制备的样品形成了均一的凝胶体系，且当聚乙二醇含量低时对凝胶体系的影响不大；第二，随着聚乙二醇的增加，整个 PEG/DES 凝胶体系的热稳定性在增加，这可能与氢键、凝胶的空间结构有关。

17.4.2　拉曼光谱测试结果与分析

为了更深入地了解聚乙二醇/低共熔溶剂凝胶体系的物理结构，我们检测了 400～4000 cm^{-1}拉曼光谱，同时还检测了凝胶剂 PEG-6000 和氯化胆碱/尿素低共熔溶剂的拉曼光谱。图 17-3 为样品 1，样品 2，样品 3，样品 4，样品 5 的激光拉曼光谱图。

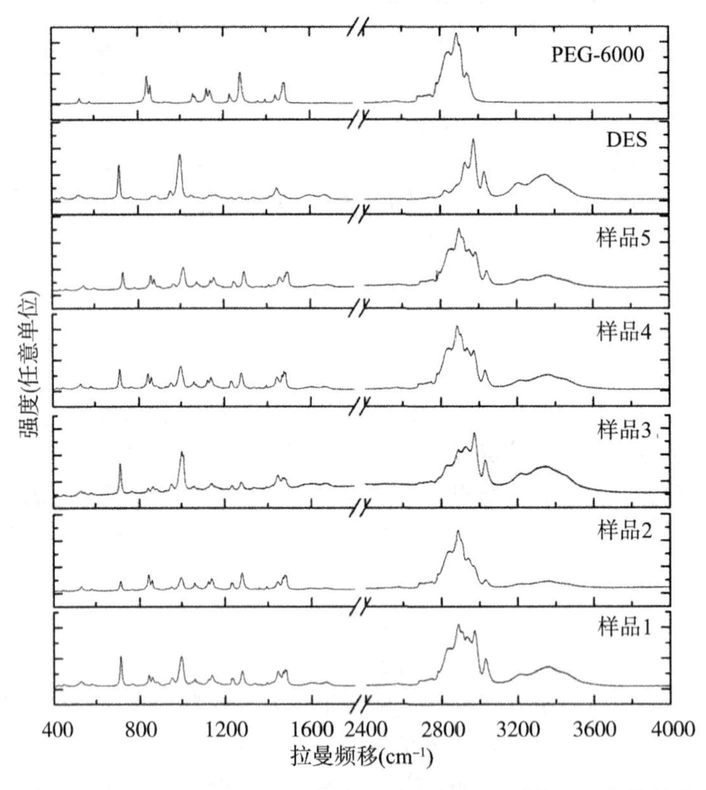

图 17-3　不同质量比 PEG/ChCl-Urea 在 400～4000 cm^{-1}范围内的拉曼光谱图

由图 17-3 可知，凝胶样品的拉曼光谱图像是低共熔溶剂与聚乙二醇聚合物的谱图的叠加。其中 3357 cm^{-1}和 3320 cm^{-1}处的拉曼峰，归属于低共熔溶剂中尿素的—N—H_2键的对称和反对称伸缩振动。除此之外，1403 cm^{-1}、1366 cm^{-1}是—CH_2的摇摆和扭曲振动的拉曼峰；1276 cm^{-1}、1229 cm^{-1}、1221 cm^{-1}峰是—CH_2扭曲振动的拉曼峰；1148 cm^{-1}峰是 C—C 伸缩振动和—CH_2摇摆振动的拉曼峰；1132 cm^{-1}峰是 C—C 和 C═O 伸缩振动的拉曼峰；1071 cm^{-1}、1060 cm^{-1}是 C—O 伸缩振动和—CH_2摇摆振动的拉曼峰；944 cm^{-1}峰是—CH_2扭曲振动的拉曼峰；938 cm^{-1}峰是—CH_2扭曲振动的拉曼峰；864 cm^{-1}、846 cm^{-1}是分子骨架的振动；582 cm^{-1}和 533 cm^{-1}是 C═C═O 的骨架振动拉曼峰。225 cm^{-1}，278 cm^{-1}，371 cm^{-1}是分子骨架振动的拉曼峰。具体振动模式见表 17-5。

表 17-5 PEG 的几个拉曼振动峰数据

波峰位置(cm^{-1})	对称性	振动基团	振动形式
2939	反对称	亚甲基基团	伸缩振动
2897	对称	亚甲基基团	伸缩振动
2783	反对称	CH_2—CH_2	弯曲振动
1479	对称	CH_2—CH_2	弯曲振动
1458	反对称	CH_2—CH_2	弯曲振动
1470	反对称	CH_2—CH_2	弯曲振动
1403	无	—CH_2	摇摆和扭曲振动
1366	无	—CH_2	摇摆和扭曲振动

此外，在氯化胆碱和尿素形成低共熔溶剂时，低共熔溶剂中存在大量的氢键作用，这些氢键主要由单碱基中 Cl^-和尿素中 N—H 提供，氢键类型可能是 N—H…O，N—H…Cl，O—H…N—H，H—O…H—O。由于这些氢键的存在，使拉曼振动峰 C—N 拉伸振动(1009 cm^{-1})向低波数的(波数为 997 cm^{-1})偏移。随着聚乙二醇含量的增加，该拉曼峰逐渐向 1009 cm^{-1}峰偏移，这说明过多聚乙二醇的加入可能会破坏这种氢键的作用。在 3357~3320 cm^{-1}的范围内，对应—N—H_2的对称和反对称伸缩振动，存在波数范围 3100~3600 cm^{-1}内的 3 个峰，但并不明显。

17.4.3 红外光谱结果与分析

图 17-4 为不同浓度下聚乙二醇/低共熔溶剂凝胶的红外光谱图。为了便于比较，图中还添加了低共熔溶剂(DES)和 PEG 的图谱。由图可知，红外吸收峰 1474 cm^{-1}为 —CH_3的平面摇摆振动的峰；红外峰 1163 cm^{-1}为 C—N 的反对称伸缩振动；1084 cm^{-1}峰表示—CH_2的平面摇摆振动；955 cm^{-1}峰是 C═C═O 的反对称伸缩振动峰；786 cm^{-1}峰是 C═O 的非平面摇摆振动峰；528 cm^{-1}表示 C—H 的弯曲转动峰。此外，在吸收峰 3422 cm^{-1}和 3383 cm^{-1}处，是—N—H_2的反对称伸缩振动，属低共熔溶剂中只有尿素的—N—H_2的反对称弯曲振动和对称伸缩振动。从图中可以看出，聚乙二醇/低共熔溶剂凝胶的光谱图基本与低共熔溶剂相同，并没有发现新的振动峰。这说明低共熔溶剂的添加并没有破坏凝胶材料的分子结构，以及低共熔溶剂自身的分子结构。

另外，在图 17-4 中并未观察到 PEG 的吸收峰，但是并不代表 PEG 的消失。因为检测采用的是红外 ATR 技术。ATR 光谱是一种表面检测技术，我们检测的聚乙二醇/低共熔溶剂凝胶体系，是以聚乙二醇的三维网状结构为骨架，低共熔溶剂在骨架中移动的体系。其中，低共熔溶剂在凝胶体系中可以自由地移动，且与 PEG 的分子链相互作用，在聚乙二醇的骨架周围总是存在低共熔溶剂，因此低共熔溶剂凝胶中并未检测到聚乙二醇。

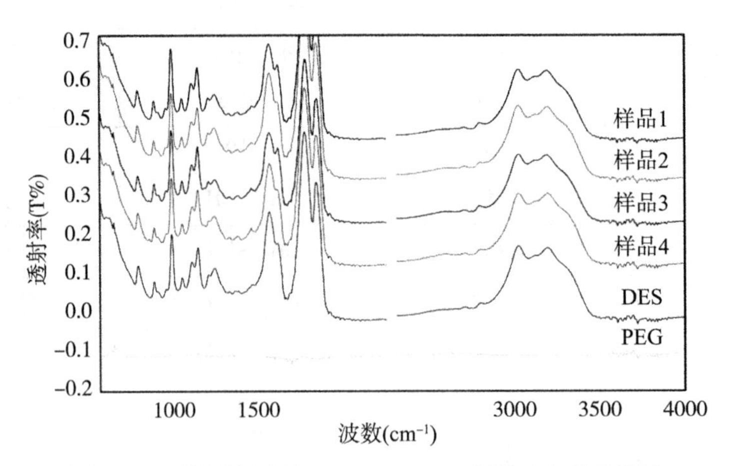

图 17-4　不同质量比的 PEG/ChCl-Urea 凝胶的红外光谱图

17.4.4　X 射线衍射分析

图 17-5 为样品 1，样品 2，样品 3，样品 4，样品 5 的 X 射线衍射光谱，测量的 2θ 范围为 10°~90°。从图中可以看出，样品 1、样品 2 和样品 3 都没有明显的衍射峰，2θ 在 20°~30°范围内有一个漫反射的包，说明在这些浓度的凝胶中聚乙二醇为完全的非晶态结构。随着聚乙二醇浓度的增加，2θ 在 22°和 24°出现了明显的衍射峰，而且与聚乙二醇的衍射峰相对应，说明在这些浓度的凝胶中聚乙二醇以晶体的形式存在。因此，随着聚乙二醇浓度的增加，聚乙二醇/低共熔溶剂凝胶的结晶度在升高，这也将导致该凝胶材料电导率的改变。

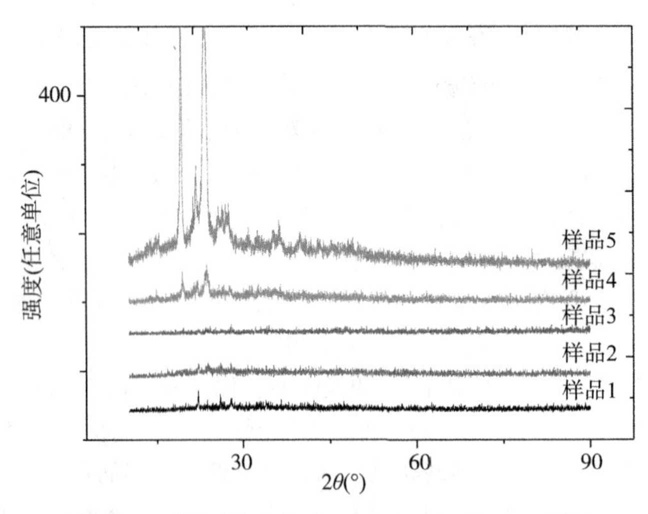

图 17-5　不同质量比的 PEG/ChCl-Urea 的 XRD 图谱

17.4.5 电化学数据与分析

下面主要讨论了氯化胆碱-尿素-聚乙二醇类离子液体凝胶的电化学性质，详细对其循环伏安曲线、交流阻抗曲线进行了研究，这对研究其应用有着重要的意义。

1. 循环伏安曲线分析

图 17-6 为不同扫描速率下样品 1，样品 2，样品 3 和氯化胆碱/尿素 DES 的循环扫描曲线。图中，a 的扫描速度为0.1 V/s，b 的扫描速度为 0.2 V/s，c 的扫描速度为0.5 V/s，d 的扫描速度为 1.2 V/s，e 的扫描速度为 5 V/s；氯化胆碱/尿素 DES 的扫描速率为 0.1 V/s。

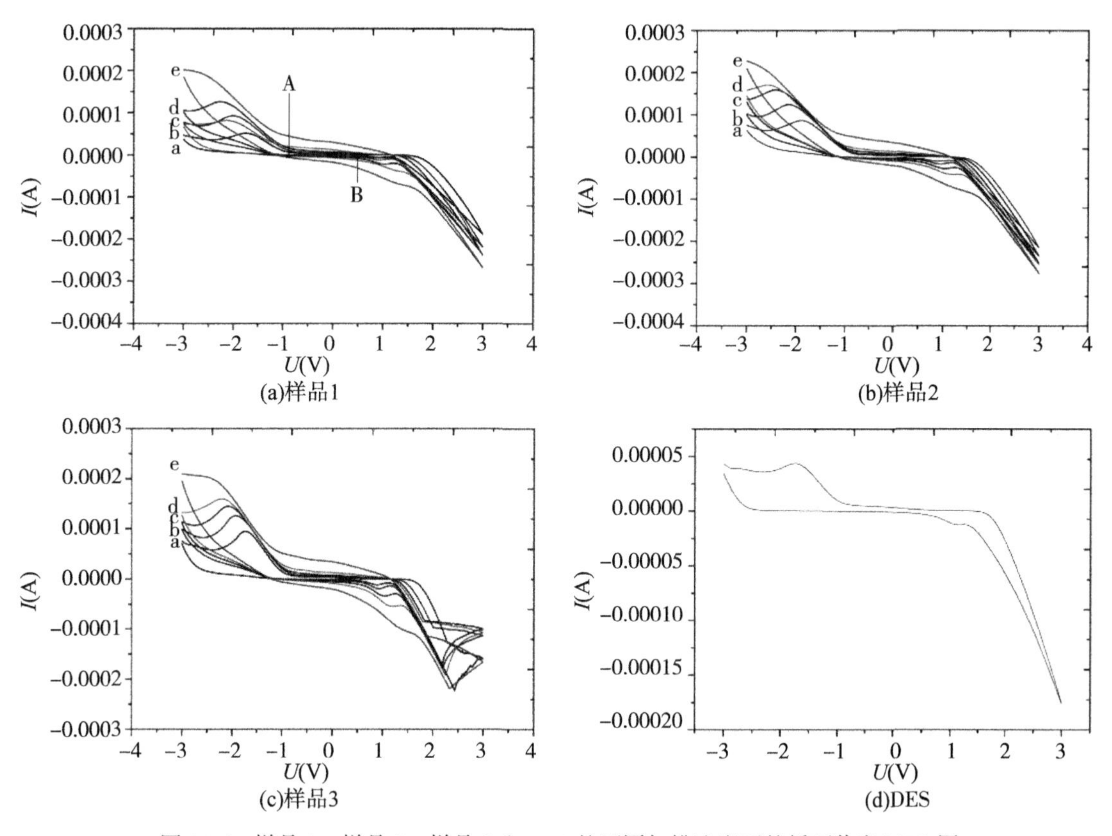

图 17-6　样品 1、样品 2、样品 3 和 DES 的不同扫描速度下的循环伏安(CV)图

对样品 1 在不同扫描速率下作 CV 曲线分析[图 17-6(a)]，在-0.8 V 处出现了氧化峰，在氧化峰开始的地方记为 A 点；在+0.5 V 处出现了还原峰，把还原峰开始的地方记为 B 点，A 点和 B 点之间的电势差，即为样品 1 的电化学窗口，计算出低共熔溶剂的电化学窗口为 1.3 V。同理，可以求出样品 2 的电化学窗口为 1.4 V[图 17-6(b)]，样品 3 的

电化学窗口为 1.5 V[图 17-6(c)]。由于样品 4 和样品 5 几乎是一条直线，表明它们的电化学窗口非常宽，这里未列出。

随着聚乙二醇含量的增加，凝胶的电化学窗口增加了。由于离子液体和类离子液体电化学窗口的大小和阴阳离子的电化学稳定性有极其重要的关系。随着聚乙二醇含量的增加，聚乙二醇的网状结构会影响低共熔溶剂中离子的流动性，从而降低其导电性。

2. 低共熔溶剂的交流阻抗

图 17-7 是不同浓度凝胶样品的交流阻抗谱，本实验测量的频率范围为 1 Hz ~ 10^5 Hz，振幅是 0.5 V，测试温度为室温，测试过程中采用氮气进行吹扫保护。

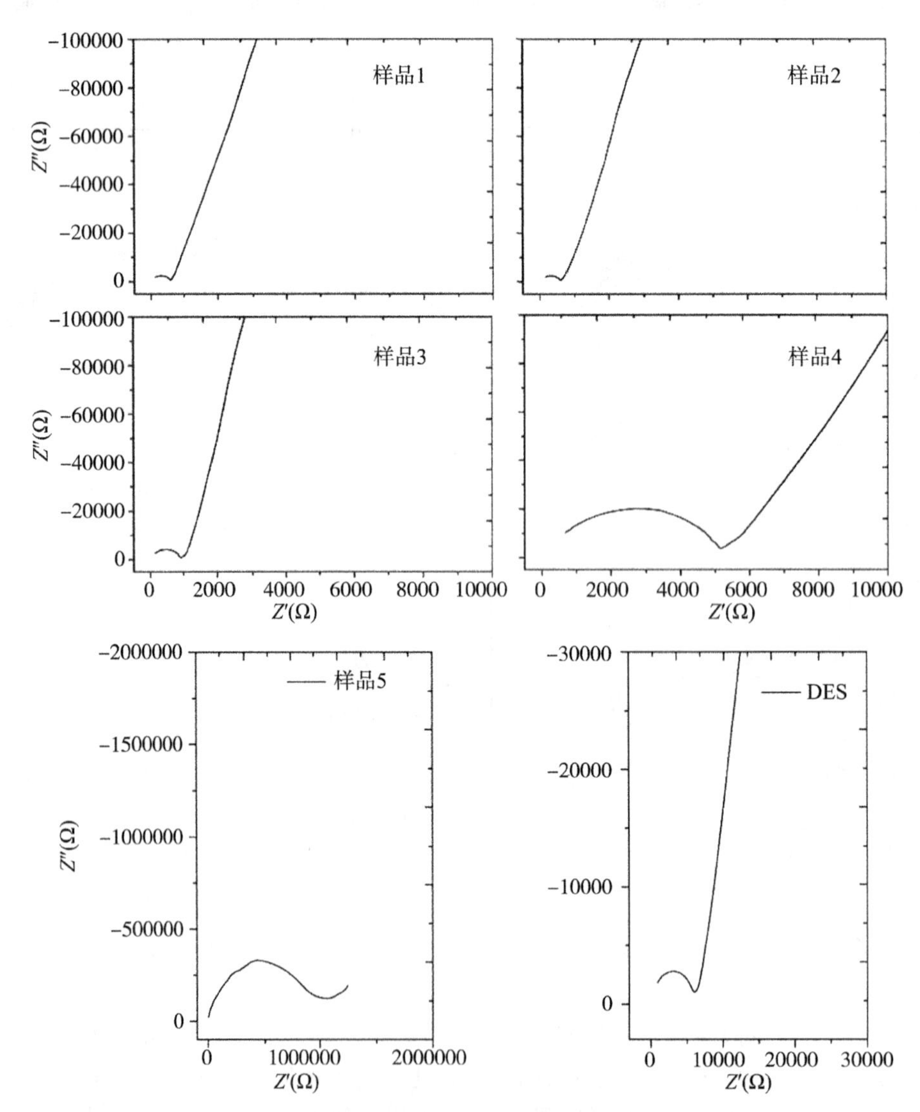

图 17-7　不同质量比的 PEG/ChCl-Urea 的交流阻抗谱

图 17-7 中，横轴 Z'表示阻抗的实部，Z''指阻抗的虚部，交流阻抗图在高频区域为半圆形，这是因为电极与电解质之间形成了双电层电容。样品 1，样品 2，样品 3 在低频区，交流阻抗图显示为一定斜率的直线。这说明了凝胶体系中的离子没有被凝胶的网状结构所束缚，其传导是自由的；同时也说明在凝胶中低共熔溶剂浓度较高时，凝胶体系对低共熔溶剂离子移动的干扰极小。

结合所制备的样品，可知凝胶体系对低共熔溶剂的影响只表现在宏观上，主要是空间结构上的影响，凝胶中相互交联缠绕的网状结构对低共熔溶剂中离子的束缚不明显。当这些可以自由移动的离子受到电场作用时，就会在凝胶体系中传导。对于样品 5，其高频区的圆弧半径较大，在测试的频率范围内未得到完整的谱图，这是由于凝胶中聚乙二醇的含量高，结晶度过大，严重阻碍了离子的传输，因而表现出较大的阻抗。

综上可知，随着聚乙二醇含量的增加，聚乙二醇/低共熔溶剂凝胶体系的电导率在不断下降，但是在低共熔溶剂含量多的情况下，电导率下降不明显。当加入的聚乙二醇增多时，会影响凝胶体系的导电性。当聚乙二醇含量少，低共熔溶剂含量多时，溶液中的载流子数目会变多，分子链间的相互作用力微弱，这时对导电性的影响很弱，可以忽略不计，这与拉曼光谱得到的结果一致。

17.5 小结

本章以聚乙二醇和氯化胆碱/尿素低共熔溶剂为原料，采用直接混合法对聚合物/低共熔溶剂凝胶的制备进行了初步的探索。按照聚合物/低共熔溶剂凝胶的质量比(1∶9，2∶8，3∶7，4∶6，5∶5)，得到了五种不同的凝胶材料。采用 X 射线衍射(XRD)、红外光谱和激光拉曼光谱对凝胶结构进行了表征；采用差示扫描量热(DSC)检测了凝胶的热力学性能；采用电化学工作站对凝胶进行了交流阻抗和循环伏安等电化学性能的表征。结果发现聚合物/低共熔溶剂凝胶具有很好的凝胶特性，有良好的电化学特性。

第 18 章　高压下魔芋葡甘聚糖的降解行为研究

18.1　魔芋葡甘聚糖概述

魔芋为天南星科魔芋属植物的泛称，又称为磨芋、鬼芋、花莲杆、蛇六谷等，主要产于东半球的热带、亚热带，中国为原产地之一，分布在四川、湖北、云南、贵州、陕西、广东、广西、台湾等省的山区。魔芋的种类非常多，全世界共有 260 多个品种，其中的 21 种在中国有记载。魔芋富含食物纤维，微量元素和多种氨基酸，经常食用对人体有很多好处：降低胆固醇，防治高血压；防治肥胖，延年益寿；清洁肠胃，帮助消化，防治消化系统疾病；对防治糖尿病有好的作用。

魔芋属的一些种类的块茎富含魔芋多糖，尤其是花魔芋和白魔芋品种中魔芋多糖的含量高达 50%~65%。魔芋多糖又称魔芋葡甘聚糖（Konjac Glucomannan，KGM），是魔芋的主要成分，是一种非离子型水溶性高分子多糖，在水中膨胀度特大，具有特定的生物活性。魔芋葡甘聚糖的相对分子质量为 2×10^6~ 2×10^7，黏度可达 2×10^5 Pa · s 以上，是目前所发现植物类水溶性食用胶中黏度最高的一种。

KGM 的结构是由 D-葡萄糖(G)和 D-甘聚糖(M)按 1：1.6 的摩尔比通过 β-1,4 吡喃糖苷和少量的 β-1,3 吡喃糖苷键结合的复合多糖，每 32 个糖残基上有 3 个左右支链，支链只有几个残基的长度。并且每 19 个糖残基上有 1 个乙酰基团。其单体分子中 C2、C3、C6 位上的—OH 均具有较强的反应活性(陈峰，钱和，2008)。KGM 的结构如图 18-1 所示。

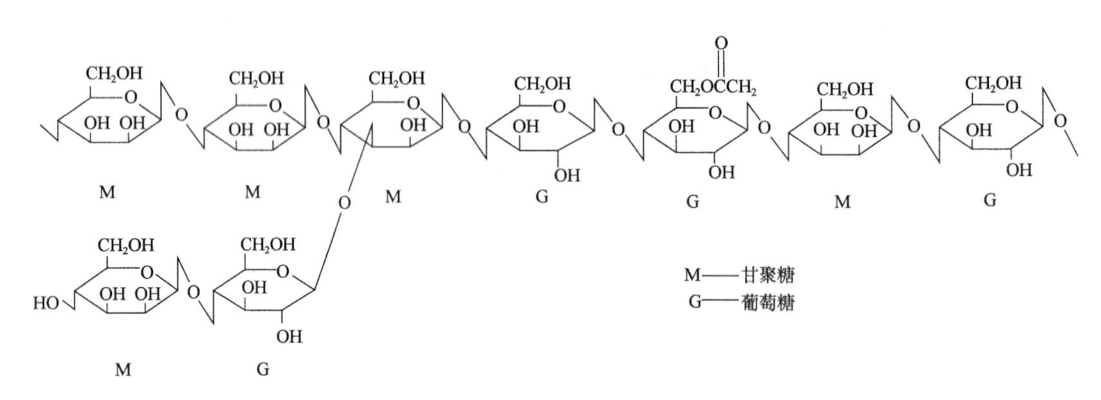

图 18-1　KGM 的分子结构(李庆国等，2001)

18.1.1 多糖分子修饰与多糖功能活性的关系

1. 分子量对多糖功能活性的影响

分子量大小是多糖具备生物活性的必要条件，这可能同多糖分子形成的高级构型有关。但摩尔质量越大，则分子体积越大，不利于跨越细胞膜进入生物体内发挥生物活性。不同的多糖产生生物活性，有各自的最佳摩尔质量的范围(张正光等，2007)。

运用分子修饰手段将多糖降解到适宜的摩尔质量，得到高活性、低摩尔质量的多糖片段或寡糖，或通过络合等方法得到具有活性的高摩尔质量的多糖复合物。李春美等(2004)研究指出魔芋葡甘聚糖摩尔质量为30000~80000 g/mol，对实验性糖尿病小鼠的降血糖效果最好。

多糖的黏度和溶解度对其实际应用和生物活性有极大的影响。因此，对于某些高黏度的多糖可采用降低摩尔质量的方法，增加其溶解度，降低黏度，同时保证其基本结构单元不变，从而提高和保持其活性，促进应用。例如，裂褶菌多糖，由于黏度大而限制了其应用范围，经部分降解，摩尔质量降低，同时黏度下降，但基本重复结构不变，保持了原有活性，扩大了应用范围。

2. 分支度和支链组成对多糖功能活性的影响

具有生物活性的β-(1，3)葡聚糖的分支度范围很广：在0.015~0.750之间都有分布，但其主要分布为0.20~0.33，该段的多糖活性也相对更强。多糖取代基的种类、数目、位置对多糖活性也有显著影响。分子修饰可以通过改变多糖取代基的种类、数目和位置来改变多糖的结构，得到高活性的多糖衍生物。Misaki等(1980)对一些β-(1，3)葡聚糖进行高碘酸氧化(仅有支链单元被氧化)，然后使其还原生成葡聚糖多元醇，该衍生物抗肿瘤活性得到增强，并且其抗肿瘤的强度直接与其多元羟基的含量有关，将其多元羟基侧链完全去除则导致抗肿瘤活性的丧失。

多糖中乙酰基对多糖活性有很大影响，因为它能改变多糖分子的定向性和横次序，从而改变多糖的物理性质，乙酰基的引入使分子的伸展产生变化，最终导致多糖羧基基团的暴露，增加在水中的溶解性。乙酰基是天然存在于KGM中的唯一取代基团，对KGM乙酰化改性是加强多糖功能性质、拓宽其应用范围的基础。

羧基化对多糖活性有很大影响，如淀粉无免疫调节活性，但其羧甲基产物羧甲基淀粉(CMS)和羧甲基直链淀粉(CMA)均具有免疫调节作用。

3. 主链糖单元对多糖功能活性的影响

主链糖单元的组成决定了多糖的种类，不同种类的多糖，其生物学活性存在较大差异，尤其对抗肿瘤活性的影响较大。其中的β-(1，3)糖苷键起着重要作用，大多活性多糖如葡聚糖都具有β-(1，3)糖苷键。同样是以葡聚糖为主链的多糖，香菇多糖具有较强的抗肿瘤活性，而淀粉则无任何生物学活性，这在一定程度上源于两者主链糖苷键的类型不同，前者为(1，3)键型，后者为(1，4)键型。

根据主链糖单元的组成可将多糖分为两类：同多糖和杂多糖。同多糖是指主链由同一单糖连接而成的多糖；杂多糖则是由两种或两种以上的单糖连接而成的多糖。目前已应用于临床的抗肿瘤多糖药物，如香菇多糖、裂褶多糖、灰树花多糖等均为具有葡聚糖主链结构的真菌多糖。葡聚糖是自然界许多动植物和微生物多糖的基本结构单元，据推测，它可能是生物产生宿主防御机制的基本诱发基因。除葡聚糖以外，其他同多糖也具有一定的生物学活性，如从酵母细胞壁中得到的甘露多糖能抑制人体细胞突变和抗氧化的活性。学术界也有研究报道具有生物学活性的杂多糖，以半乳糖葡萄糖为主链的杂多糖 Thamnolan，具有突出的免疫调节功能和抗肿瘤活性。

4. 构象对多糖功能活性的影响

多糖的构象对其功能活性起决定性作用。多糖构象是多糖基本结构作用的整体结果。由于多糖结构的复杂性，目前，多糖的结构研究大多局限于一级结构上，我们对大多高级构象还不明了。但多糖作为一个大分子，可以肯定的是多糖的高级结构对于多糖活性的发挥起着更为重要的作用。多糖改性可以改变多糖的空间结构，从而对构效关系产生影响。Adachi、Ohno 等(1990)研究发现，对于水溶性 β-(1-3)-D 葡聚糖，只有摩尔质量在 90000g/mol 以上才能具有免疫活性。这是因为摩尔质量影响了多糖的空间结构，摩尔质量在 90000g/mol 以上的多糖才能形成三股螺旋结构，导致活性发生变化。

近年来，多糖构效理论研究得到了较快的发展，但仍不够完善。多糖构效理论来自于对天然多糖结构与功能活性对应关系的总结，又反过来指导多糖分子修饰研究，因此受天然多糖所表现出的功能活性的制约。此外，目前的研究通常只针对单因素对多糖活性的影响而没有考察多个因素存在情况下的交互作用，以及影响因素的主次顺序。

18.1.2　魔芋葡甘聚糖的改性

魔芋葡甘聚糖的相对分子质量为 2×10^6~2×10^7，黏度可达 2×10^5 Pa·s 以上，是目前所发现植物类水溶性食用胶中黏度最高的一种。由于魔芋葡甘聚糖的相对分子质量太高，性能不稳定，不易充分发挥其作用，所以需要对其进行改性。

目前，多糖的降解方法主要有化学降解法、物理降解法和酶降解法等，然而这几类方法各有优缺点：酶降解法无副反应、降解条件温和、对环境污染小，但是酶容易失活、降解时间长；化学降解法的高聚物反应时间较短，但水解后的低聚糖容易受到酸和热的影响而进一步分解，操作难控制，导致产品均一性差，同时也有副产物生成，影响产品质量，废水处理量也大；超声波降解是一种物理降解法，与其他方法相比，具有速度快、无副产物、无环境污染等优点；一些物理法的过程不易控制，如超微粉碎等。因此，研究开发环境友好的新工艺是非常必要的。

1. 物理降解法

1)超声降解

陈峰、钱和(2008)利用超声波对魔芋葡甘聚糖进行降解，考察了魔芋葡甘聚糖浓度、超声功率、降解温度等对降解的影响，结果表明超声波对魔芋葡甘聚糖有明显的降解作用，是一种具有潜在应用价值的魔芋葡甘聚糖的新降解方法。超声降解法与其他方法相比，具有方法简单、成本低、无污染的优点，但是该方法突出的缺点是收率太低，导致生产成本过高，要实现工业化还有待于进一步的研究。

2)高能辐照降解

γ-射线是一种高能辐射线，用它辐照多糖类物质如淀粉会发生氧化降解，结果导致其黏度和结晶度下降、水溶性增强及对酶敏感性增强等。徐振林等(2006)利用^{60}Co γ-射线对魔芋葡甘聚糖的辐照降解，通过GPC、TG等分析对KGM降解产物进行了性能表征。结果表明，KGM相对分子质量随着辐照剂量的增加而下降，经5.0 kGy和100.0 kGy辐照后，KGM的相对分子质量从辐照前的4.81×10^5下降到3.70×10^5和3.98×10^4，但辐照后KGM的热稳定性能变化不大，这使KGM在高温稳定光电子高新技术材料研究中作为薄膜基底材料成为可能。

3)超微粉碎降解

在超微粉碎的强烈机械力作用下，魔芋葡甘聚糖发生了机械力化学降解，随粒度细化，溶胶黏度、相对分子质量和葡甘聚糖含量呈显著下降趋势，并产生大量魔芋低聚糖。与粗于80目粉相比，细于600目粉黏度下降93.06%，相对分子质量下降68.45%，葡甘聚糖含量下降9.02%，魔芋低聚糖的含量为7.56%，但粉碎过程不易控制(丁金龙等，2008)。

2. 酶降解法

聚多糖含有许多反应性羟基，能够参与多种反应，因此用常规的化学改性法制备聚多糖衍生物时，反应步骤繁杂、副产物多。自20世纪80年代，Kalibanov等首次报道了酶在有机介质中也能保持较高的活性以来，非水相酶学一直是酶工程学的研究热点之一。酶催化反应具有高选择性、高效性和环境友好的特点，使其具有常规反应不可比拟的优越性。若利用酶催化对聚多糖进行改性，则可望解决传统化学改性法所固有的缺点，最大限度地抑制副反应的发生，以及较好地控制产物的结构。

祈黎等(2003)开展了这一领域的研究，在前期工作中，选择嗜碱性β-甘露糖酶作为催化剂实现了KGM的可控降解。李光吉等(2007)以乙酸乙烯酯为酰基供体，分别针对8种脂肪酶和5种蛋白酶催化的非水介质中KGM酯交换反应的可能性，考察了不同极性的非水相反应介质的影响，从而筛选得到适宜的生物催化剂和反应介质，以期建立一种通过生物催化反应制备酯化KGM的新方法，为深入开展多糖的酶催化改性研究打下基础。

1)化学法降解

化学改性方法可分为聚合度降低的各种降解，聚合度基本不变的酯化、醚化方法，聚合度增大的化学接枝、共聚反应等。

KGM 化学氧化方法技术成熟，通过选择不同的氧化体系，可得到不同氧化程度的氧化 KGM 衍生物，即双醛基 KGM 和双羧基 KGM。双羧基 KGM 具有很好的水溶性、可生物降解性及免疫激励能力。庞杰等(2004)以 H_2O_2 为氧化剂，通过悬浮法和湿法氧化 KGM，并对氧化 KGM 的结构做了系统分析，证实了氧化发生在糖单元上的 C2 和 C3 位。Crescenzi 等(2002)在 TEMPO/ NaBr 氧化体系中，实现了在 KGM 糖单元上 C6 位的氧化，所得到的羧基 KGM 在 3 种不同的差向异构酶(AlgE1、AlgE4、AlgE6) 的催化作用下发生差向异构体转变。经分析，证实了羧基 KGM 分子结构中的 β-D-甘露糖(M)异构化为 α-L-葡萄糖(G)残基，并可推算出差向异构程度及 M 残基和 G 残基在 KGM 分子结构中的分布，这为进一步揭示 KGM 的分子结构及其 M 和 G 残基的分布提供了重要的参考参数。

2)聚合度不变的改性

醚化改性，即利用 KGM 分子结构中含有较多的活性羟基，通常在碱催化作用下，KGM 与醚化剂(如卤代烃)发生醚化反应。魔芋精粉进行醚化改性后可得到 KGM 产物，主要用于絮凝剂、印花糊料等领域。王丽霞等(2003)以氯乙酸、氯乙醇为醚化试剂在碱性催化条件下对葡甘聚糖进行羧甲基化改性，制备了羧甲基魔芋葡甘聚糖；利用红外光谱对 KGM 羧甲基化反应历程进行了探讨，对产物结构进行了表征，并对黏度、醚化度、稳定性及存放时间等性能进行了研究。此法简单易行，产物在工业上有一定的开发应用价值。

多糖大分子链中单糖分子上的某些羟基被硫酸根所取代而具有良好的血液相容性或抗凝血等生物活性。朱焱等(2005)用氯磺酸对魔芋葡甘聚糖进行硫酸酯化改性，得到硫酸酯化葡甘聚糖凝胶颗粒(KGMS)。由凝血试验可知，KGMS 对内源性凝血系统具有显著的影响，而对外源性凝血系统影响并不显著。KGMS 具有显著的抗凝血活性，有望开发成新一代抗心血系统疾病药物。此外，用长链脂肪酸棕榈酰氯作为酰基供体，制备了相应的 KGM 棕榈酸酯衍生物，产物具有良好的表面活性，可望开发成可生物降解的高分子表面活性剂。

再如：用磷酸氢二钠和磷酸二氢钠或三三聚磷酸钠对 KGM 做干法处理，得 KGMP 产品，产物放置 24 h 后的黏度是原魔芋精粉的 4 倍，且较长时间放置后仍不发霉，表明它具有一定的抗菌能力。用 NaH_2PO_4- Na_2HPO_4 水溶液对 KGM 进行固液悬浮处理，得到 KGMP 产物成膜性很好。

用马来酸酐与 KGM 反应，得酯化度为 0.28%~0.30%的 KGMM 产物。它的热稳定性、pH 值稳定性好，溶胶的稳定性提高 4 倍，黏度为 KGM 的 20~30 倍。

3)聚合度增大的改性

利用多糖类聚合物本身含有的功能性基团如羟基、氨基等在温和的反应条件下进行化学交联，可得到不含任何外界有毒交联剂(如乙二醛和环氧化合物等)的交联产物，其为伤口处理、组织工程材料及缓释给药载体的开发提供了新的思路。Yu 等(2007)以葡甘聚糖为起始原料，在高碘酸钠氧化剂作用下，制备了醛基葡甘聚糖，醛基葡甘聚糖分子中的活性基团醛基与壳聚糖分子中的氨基生成含 Schiff 碱的壳聚糖葡甘聚糖水凝胶；同时以氧氟沙星为药物模型，探讨了在不同的 pH 值环境中药物释放实验，表明凝胶对氧氟沙星控释效果良好，有望用于结肠定位缓释体系。

针对 KGM 膜在水中呈现柔软性和透水性较差的缺陷，通过物理共混方法对 KGM 膜进行改性，所得改性膜的黏度和稳定性有了一定的提高，但还存在抗菌性和持水性差等问题。通过接枝共聚可以解决上述问题。李娜等(2005)以过硫酸钾为引发剂，引发魔芋葡甘聚糖与丙烯酸甲酯接枝共聚并将产物流延成膜，研究了制备过程中各因素对共聚膜拉伸强度、断裂伸长率、透光率和吸水率的影响，此共聚膜有望用于可降解塑料包装材料。Chen 等(2005)利用二异丁烯酰胺偶氮苯为交联剂，制备了葡甘聚糖-丙烯酸(KGM-AA)接枝共聚物凝胶，研究表明可通过改变聚合物的交联度来调节凝胶的溶胀度和对 pH 敏感性，并初步探讨了产物在结肠靶向给药体系的应用。接枝共聚方法简单，通常可以在水体系中进行，工艺成熟，但反应体系中的引发剂硝酸铈铵等很难除去，偶氮苯衍生物交联剂的毒副作用也使该方法的应用受到一定的限制。

18.1.3 魔芋葡甘聚糖降解研究的意义

魔芋葡甘聚糖具有吸水、保湿、胶凝、成膜等性能，以及降血糖、降血脂等特殊的生理功能；魔芋精粉具有特定衍生物的吸水、增稠、稳定等性能，其在石油、纺织、建筑等工业领域中均有广泛应用。但由于 KGM 的相对分子质量太高，吸水性强，在水中的溶胀度高，溶胶的溶解度低、流动性不好及稳定性差，使其应用受到一定的限制。近年来，为使 KGM 得到更广泛的应用，研究者试图通过改性来拓宽 KGM 的应用范围，挖掘出 KGM 所具有的潜在价值。

降解是高分子天然多糖改性的一条重要途径，它不仅能改善多糖黏度、溶解性、成膜性、乳化性等，还能改善生物利用性乃至其本身的生物活性。魔芋低聚糖是魔芋葡甘聚糖降解后的产物，根据动物实验和临床研究表明，魔芋低聚糖对促进双歧杆菌生长非常有效，能有效地改善肠道菌群结构，而且其性能及效果优于乳果糖、大豆低聚糖及半乳糖基转移低聚糖(向进乐等，2004)。魔芋低聚糖还具有防治高血脂、降血脂、抗氧化、增强免疫功能等作用。

18.2 魔芋葡甘聚糖的高压降解研究

18.2.1 实验材料与设备

实验材料：魔芋葡甘聚糖，购于武汉强森魔芋有限公司；乙醇，购于国药集团化学试剂有限公司；乙酸、柠檬酸、山梨酸、酒石酸，均由阿拉丁试剂(上海)有限公司提供。

实验设备：高压反应釜，购于美国 PARR 公司；凝胶渗透色谱仪，购于美国怀雅特技术公司；傅里叶变换红外光谱仪，Nicolet 6700；电子天平，购于梅特勒·托利多仪器(上海)有限公司；过滤装置，购于郑州农业路市场；真空干燥箱，购于上海鸿都电子科技有限公司。

高压反应釜是美国 PARR 公司的产品(图 18-2)，整套设备包括：4576A 型台式搅拌反应釜，4848 型控制器，北京普莱克斯实用气体有限公司的氮气瓶，外部冷却装置，并带有自爆的安全装置。该设备可以实现在不同溶剂，500 ℃以内，34 MPa 以内条件下的材料改性实验。

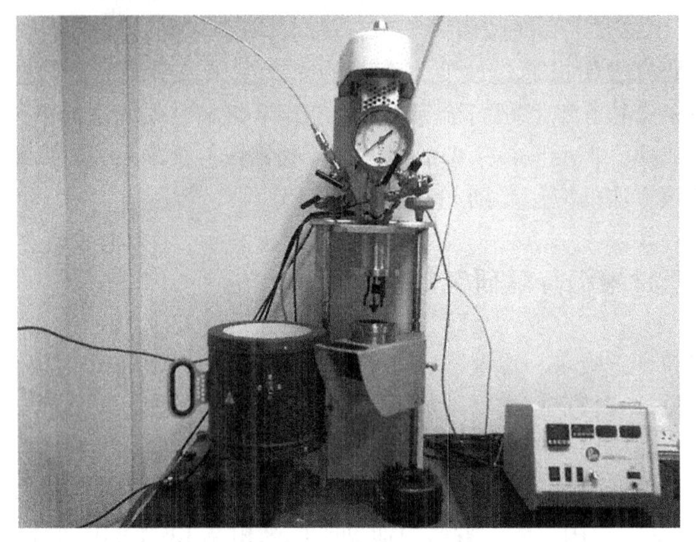

图 18-2　高压反应釜

搅拌反应釜完整的标准配置包括气体进样阀、气体释放阀、液体采样阀、探底管、压力表、温度电热偶、防爆膜、单层或双层搅拌桨、内冷凝管。其中的磁力驱动搅拌器，将高性能磁力材料与先进磁耦合技术设计相结合，具有高扭矩(110~748 N · cm)、长寿命、高温高压下密封性好的优势，适用于各种高黏度的合成反应；专利反应釜开环设计，取代了传统的法兰密封形式，提高了压力反应釜的安全性和操作方便性。

设备采用 4848 型控制器进行压强和温度的控制，该设备具有安全、准确、可靠的控制性能；模块化的设计，提供用户自主选择扩展控制功能的最大空间；控制功能齐全，完成单台反应釜多参数的控制、数据采集；操作界面清晰、操作方式简捷；操作范围为 0~500 ℃；温度分辨率为 0. 1 ℃；RS232 接口，PC 数据采集软件。

18. 2. 2　魔芋葡甘聚糖的高压降解实验

本实验中样品的制备是在上述的 PARR 高压反应釜中进行的。首先，用电子天平称取一定量的魔芋葡甘聚糖和溶液，将它们倒入反应釜中，封闭反应釜，用扳手拧紧螺丝完全封闭容器；然后，充三次氮气，排净空气，套上加热套，设定最终的加热温度，开始加热，搅拌，打开水龙头，冷却反应釜；升高到设定的温度后，开始充气加压到设定的压强；观察记录温度、时间、压强等数据，到达设定时间后停止加热，拔掉电源开关，关掉水龙头，卸下加热套；冷却到室温后取出样品并标记；用乙醇过滤样品，用真空干燥箱在 50 ℃下干燥 0. 5 h，最后取出样品。

本实验中，分别考察了不同溶剂对魔芋葡甘聚糖降解性能的影响。表 18-1、表 18-2 和表 18-3 分别是各组实验的质量配比，设定的压强、温度、时间。

表 18-1 **KGM 在乙醇/乙酸体系中降解实验方案**

条件 编号	KGM 与乙醇/乙酸的质量(g)	压强(MPa)	温度(℃)	时间(min)
m-1	KGM 5g，乙醇 50g	6	200	120
m-2	KGM 5g，乙醇 50g	6	150	120
m-3	KGM 5g，乙醇 50g	6	100	120
my-1	KGM 5g，乙醇 100g，乙酸 2g	6	100	120
my-2	KGM 5g，乙醇 100g，乙酸 2g	8	100	120
my-3	KGM 5g，乙醇 100g，乙酸 2g	10	100	120

表 18-2 **KGM 在乙醇/柠檬酸、山梨酸、酒石酸体系中降解实验方案**

条件 编号	KGM，乙醇与酸的质量(g)	压强(MPa)	温度（℃）	时间(min)
mn	KGM 5g，乙醇 100g，柠檬酸 2g	6	100	120
ms	KGM 5g，乙醇 100g，山梨酸 2g	6	100	120
mj	KGM 5g，乙醇 100g，酒石酸 2g	6	100	120

以上两组样品的制备过程是将 KGM 和乙醇、乙酸、柠檬酸、山梨酸、酒石酸分别混合在反应釜中，分别按两表中设定的条件，反应后制得样品。

表 18-3 **KGM 在乙酸蒸汽中降解实验方案**

条件 编号	质量(g)	压强(MPa)	温度（℃）	时间(h)	备　注
mq1	KGM 5g，乙酸 5g	9	80	2	
mq2-1	KGM 5g，乙酸 5g	10	80	2	瓶内 KGM
mq2-2	KGM 5g，乙酸 5g	10	80	2	冷却管氮气管搅拌器上 KGM
mq2-3	KGM 5g，乙酸 5g	10	80	2	高压桶上部 KGM
mq3-1	KGM 5g，乙酸 5g	10	100	2	瓶内顶 KGM
mq3-2	KGM 5g，乙酸 5g	10	100	2	瓶内底 KGM
mq4	KGM 1g，乙酸 5g	4	80	2	
mq5	KGM 1g，乙酸 5g	6	80	2	

续表

编号＼条件	质量(g)	压强(MPa)	温度(℃)	时间(h)	备　　注
mq6	KGM 1g，乙酸 5g	9	80	2	
mq7	KGM 1g，乙酸 5g	4	100	2	
mq8	KGM 1g，乙酸 5g	6	100	2	
mq9	KGM 1g，乙酸 5g	9	100	2	

其中，样品 mq1 和 mq2 的制备过程是把 KGM 盛放在试剂瓶中，将导气管和搅拌器套在瓶中，瓶子放入反应釜底部，乙酸直接倒入反应釜中，与瓶子底部相接触。在这种实验情况下出现了一个问题，即在充氮气的时候，会把 KGM 从瓶中吹出来，于是存在不同状态的 KGM 样品。

样品 mq3 的制备过程是换了一个小瓶子，与样品 mq1 和 mq2 不同的是只将搅拌器套入瓶中，这样在充氮气的时候，就不会出现以上问题。但是由于换了一个小瓶子，5 g 的 KGM 在瓶中的厚度相对较大，乙酸蒸汽可能只接触到顶层的 KGM，而没有充分接触到底部的 KGM，形成两种不同的样品。

样品 mq4~mq9 的制备过程是用铜丝将瓶子绑在搅拌器上，避免与反应釜底部相接触。

样品 mq1、mq2、mq3、mq6、mq9 的制备过程是先充氮气，加压到设定的压强，再加热到设定的温度，在实验过程中出现了压强不断变化的情况，不是很稳定；在样品 mq4、mq5、mq7、mq8 的制备过程中，为了使压强稳定，采取了先加热到设定的温度，再充氮气到设定的压强的方法，很好地解决了压强稳定性的问题。

表 18-4 是 KGM 在乙酸体系中的降解实验方案。这组实验是将 KGM 和乙酸按照一定的质量配比混合在反应釜中，按一定条件反应后制得样品。

表 18-4　**KGM 在乙酸体系中降解实验方案**

编号＼条件	KGM 与乙醇/乙酸的质量(g)	压强(MPa)	温度(℃)	时间(h)
my-a	KGM 11g，乙酸 110g	5	100	2
my-b	KGM 10g，乙酸 100g	5	100	4
my-c	KGM 11g，乙酸 110g	5	100	10

18.2.3　样品的检测

1. 样品的 GPC 检测

采用凝胶渗透色谱仪测定样品的相对分子质量和溶解度，仪器为 Water 1515 Isocratic

HPLC 型凝胶色谱仪。凝胶色谱仪主要由输液系统、进样器、色谱柱、视差折光检测器、记录系统等组成。示差检测器的型号是 Optilab-rex，多角度激光散射仪的型号是 DAWN HELEOS，色谱柱的型号是 SHODEX 805。样品溶解于 0.1 mol NaCl 流动相中，流速是 0.5 mL/min，样品浓度 0.1~0.5 mg/mL。

2. 样品的 IR 检测

降解后的魔芋葡甘聚糖采用红外光谱进行分子结构分析，仪器为傅里叶变换红外光谱仪(Nicolet 6700)。红外光谱分析法(KBr 压片法)：首先，把分析纯 KBr 在玛瑙研钵中充分研细(通常过 200 目筛)，再放在干燥器中备用；然后，按比例取一定量的样品和研磨过筛的 KBr 粉放在玛瑙研钵中充分研磨混合均匀，直到混合物中无明显样品颗粒存在为止；测量范围为 4000~500 cm^{-1}的红外吸收图谱。

18.3 高压处理对魔芋葡甘聚糖降解的影响

18.3.1 GPC 检测结果及分析

KGM 在乙醇/乙酸体系中降解后的相对分子质量及溶解度结果如表 18-5 所示。

表 18-5 **KGM 在乙醇/乙酸体系中降解实验方案及结果**

条件及结果 编号	KGM 与乙醇/乙酸的质量(g)	压强(MPa)	温度(℃)	时间(h)	相对分子质量($\times10^4$)	溶解度(%)
m-1	KGM 5 g，乙醇 50 g	6	200	2	9.854	78.5
m-2	KGM 5 g，乙醇 50 g	6	150	2	31.79	81.8
m-3	KGM 5 g，乙醇 50 g	6	100	2	38.73	90.6
my-1	KGM 5 g，乙醇 100 g，乙酸 2 g	6	100	2	38.08	82.6
my-2	KGM 5 g，乙醇 100 g，乙酸 2 g	8	100	2	40.43	86.9
my-3	KGM 5 g，乙醇 100 g，乙酸 2 g	10	100	2	37.40	90

(1)在 KGM 5 g，乙醇 50 g 的情况下，压强和时间不变，仅改变温度，发现样品的相对分子质量随着温度的下降，变化过程为 9.854×10^4—31.79×10^4—38.73×10^4，有不断增大的趋势；溶解度的变化过程为 78.5%—81.8%—90.6%，也有不断增大的趋势。但是温度在 200 ℃和 150 ℃时，KGM 发生碳化，结构严重破坏，于是在 100℃下做了一系列的实验。

(2)在 KGM 5 g，乙醇 100 g，乙酸 2 g 的情况下，温度和时间不变，仅改变压强，发现样品的相对分子质量随着压强的增大，变化过程为 38.08×10^4—40.43×10^4—$37.40\times$

10^4，呈现由小变大又变小的趋势；溶解度的变化过程为 82.6%—86.9%—90%，有不断增大的趋势。

KGM 在乙醇/柠檬酸、山梨酸、酒石酸体系中降解后的相对分子质量及溶解度结果如表 18-6 所示。由表中可知：在 KGM 5 g，乙醇 100 g，酸 2 g 的情况下，压强、温度、时间都不变，仅改变酸的种类，发现由柠檬酸—山梨酸—酒石酸，相对分子质量的变化过程为 16.64×10^4—37.10×10^4—23.42×10^4；溶解度的变化过程为 76.6%—86.37%—96.3%。从总的效果来看，酒石酸的效果较好。

表 18-6　**KGM 在乙醇/柠檬酸、山梨酸、酒石酸体系中降解实验方案及结果**

条件及结果 / 编号	KGM，乙醇与酸的质量(g)	压强(MPa)	温度(℃)	时间(h)	相对分子质量($\times10^4$)	溶解度(%)
mn	KGM 5 g，乙醇 100 g，柠檬酸 2 g	6	100	2	16.64	76.6
ms	KGM 5 g，乙醇 100 g，山梨酸 2 g	6	100	2	37.10	86.37
mj	KGM 5 g，乙醇 100 g，酒石酸 2 g	6	100	2	23.42	96.3

KGM 在乙酸蒸汽中降解后的相对分子质量的结果如表 18-7 所示。

表 18-7　**KGM 在乙酸蒸汽中降解实验方案及结果**

条件及结果 / 编号	KGM 与乙酸的质量(g)	压强(MPa)	温度(℃)	时间(h)	相对分子质量($\times10^4$)	备注
mq1	KGM 5 g，乙酸 5 g	9	80	2	15.08	
mq2-1	KGM 5 g，乙酸 5 g	10	80	2	24.44	瓶内 KGM
mq2-2	KGM 5 g，乙酸 5 g	10	80	2	16.58	冷却管、氮气管、搅拌器上的 KGM
mq2-3	KGM 5 g，乙酸 5 g	10	80	2	12.40	高压桶上部 KGM
mq3-1	KGM 5 g，乙酸 5 g	10	100	2	12.99	瓶内顶 KGM
mq3-2	KGM 5 g，乙酸 5 g	10	100	2	20.67	瓶内底 KGM
mq4	KGM 1 g，乙酸 5 g	4	80	2	38.99	
mq5	KGM 1 g，乙酸 5 g	6	80	2	29.60	
mq6	KGM 1 g，乙酸 5 g	9	80	2	36.14	
mq7	KGM 1 g，乙酸 5 g	4	100	2	27.20	
mq8	KGM 1 g，乙酸 5 g	6	100	2	30.99	
mq9	KGM 1 g，乙酸 5 g	9	100	2	18.70	

(1)在 KGM 5 g，乙酸 5 g 的情况下，温度降低，相对分子质量减小；mq2 样品中的 3 个样品的相对分子质量不同，笔者认为是由不同位置的温度不同所致，温度低，则相对分子质量小；mq3 样品中的 2 个样品的相对分子质量不同，可能是由乙酸蒸汽的浓度不同所致，乙酸蒸汽浓度大，则相对分子质量小。

(2)在 KGM 1 g，乙酸 5 g 的情况下：如温度为 80 ℃，压强的变化过程为 4 MPa—6 MPa—8.9 MPa，相对分子质量的变化过程为 38.99×10^4—29.60×10^4—36.14×10^4；如温度为 100 ℃，压强的变化过程为 4 MPa—6 MPa—9.3 MPa，相对分子质量的变化过程为 27.20×10^4—30.99×10^4—18.70×10^4。由此可见，在压强不变的情况下，升高温度，相对分子质量有减小的趋势。

由(1)和(2)对比，乙酸蒸汽浓度不变的情况下，KGM 的质量减少，样品的相对分子质量增大。而且乙酸蒸汽与 KGM 接触得越充分，降解程度就越大。为了使乙酸蒸汽与 KGM 接触充分，我们做了下一组的实验。

这组的样品在从反应釜中取出来后都散发香油味，并且取少量样品溶入水中后又散发咖啡味。

样品 mq1～mq9 的颜色依次是白色、土黄色、浅黄色、浅黄色、较深的黄色、深黄色、浅黄色、更浅的黄色、白黄色、深黄色、深黄色、米黄色；它们的形状基本为粉末状。

KGM 在乙酸体系中降解后的相对分子质量结果如表 18-8 所示。由于上一组实验中乙酸蒸汽与 KGM 接触不充分，所以改用乙酸溶液降解 KGM。由表 18-8 可知：样品 my-a，my-b，my-c，在 KGM 与乙酸的质量比不变的情况下，压强和温度也不变，发现随着时间的延长，相对分子质量的变化过程为 10.19×10^4—4.001×10^4—6.386×10^4，先变小后增大，有变小的总趋势。

样品的颜色依次是灰色、灰黑色、黑色。形状依次是粉末、粉末(较多)加块状、块状(较多)加粉末。

表 18-8　**KGM 在乙酸体系中降解实验方案及结果**

条件及结果 编号	KGM 与乙醇/ 乙酸的质量(g)	压强 (MPa)	温度 (℃)	时间 (h)	相对分子 质量($\times10^4$)
my-a	KGM 11 g，乙酸 110 g	5	100	2	10.19
my-b	KGM 10 g，乙酸 100 g	5	100	4	4.001
my-c	KGM 11 g，乙酸 110 g	5	100	10	6.386

18.3.2 IR 检测结果及分析

原始 KGM 的红外光谱如图 18-3 所示。图中，在 3360～3450 cm^{-1}处为多糖—OH 基团的特征吸收峰；2850～2929 cm^{-1}处是碳氢(CH_2或 CH_3)伸缩振动吸收峰；而在 1727 cm^{-1}

处的一组弱的吸收峰，显示有羰基(C═O)的伸缩振动，代表了 KGM 分子链上特征性的乙酰基团(—$COCH_3$)；在 1380 cm^{-1}处是一强吸收峰，是主链糖单元间 C—O 的伸缩振动；在 1024 cm^{-1}处的吸收峰是 KGM 糖环上 C—O—C 的伸缩振动；896 cm^{-1}左右处表征 β-D-糖苷键构型的吸收峰，809 cm^{-1}处表征吡喃环吸收振动。

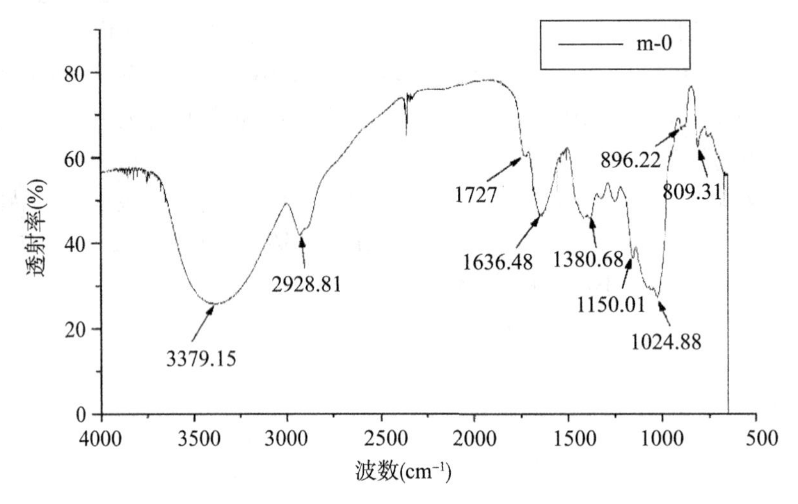

图 18-3　原始 KGM(m-0)的红外光谱图

原始 KGM(m-0)与样品 m-3 的红外光谱图如 18-4 所示。由图可知：将 5 g KGM 和 50 g乙醇混合后制得的样品的红外光谱与原始 KGM 的红外光谱差别不大，即基本结构没有改变，这组实验只是使魔芋葡甘聚糖原来的高分子链断裂，得到相对分子质量较低的魔芋葡甘低聚糖。

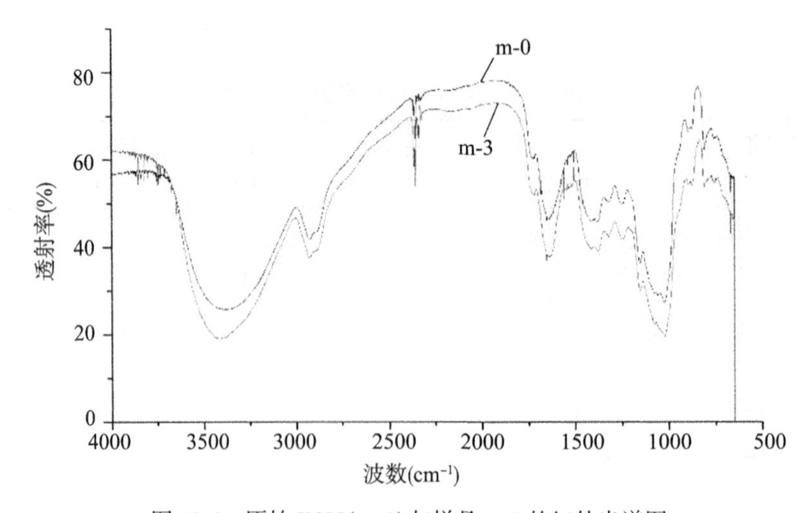

图 18-4　原始 KGM(m-0)与样品 m-3 的红外光谱图

原始 KGM(m-0)与样品 my-1，my-2，my-3 的红外光谱如图 18-5 所示。由图可知：将 5 g KGM，100 g 乙醇，2 g 乙酸混合后在温度和时间等条件相同的情况下，仅改变压强，制得样品 my-1，my-2，my-3，在 1727 cm^{-1}处的吸收峰的强度比原始 KGM 的大，说明乙酸与 KGM 反应，使样品的乙酰基含量增加。多糖的乙酰化可使多糖的结构发生变化，低取代度的多糖往往能增强其抗肿瘤活性。乙酰基是天然存在于 KGM 中的唯一取代基团，对 KGM 乙酰化改性是加强多糖功能性质、拓宽其应用范围的基础(曾辉，2006)。图 18-5 中，其他各峰没有变化，说明 KGM 的一级结构没有发生变化，而且样品 my-1，my-2，my-3 的红外光谱相比变化不大。

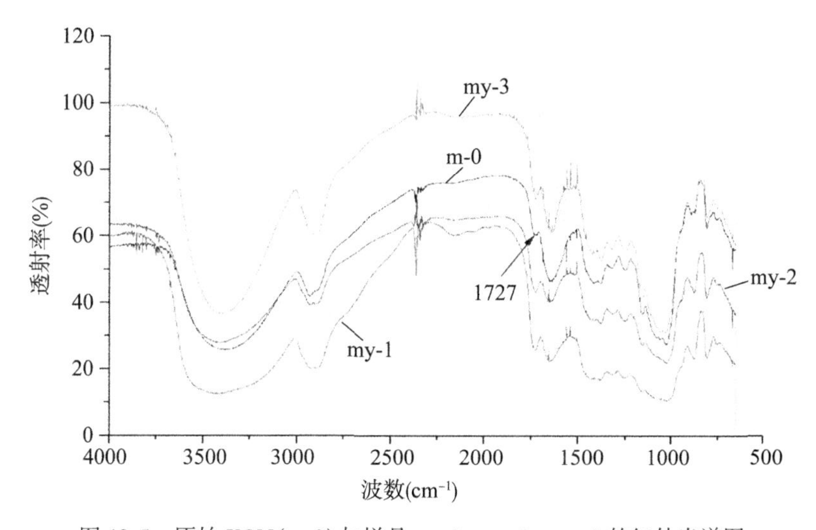

图 18-5 原始 KGM(m-0)与样品 my-1，my-2，my-3 的红外光谱图

原始 KGM(m-0)与样品 mn 的红外光谱如图 18-6 所示。由图可知：将 5 g KGM，100 g 乙醇，2 g 柠檬酸混合后制得的样品 mn 与原始 KGM 红外光谱相比，在 1727 cm^{-1}处的吸收峰的强度要比原始 KGM 的大，说明柠檬酸与 KGM 反应得到的样品的乙酰基含量明显增加；在 1380 cm^{-1}处的吸收峰也比原始 KGM 的大，说明是主链糖单元间 C—O增加；在 1024 cm^{-1}处的吸收峰强度比原始 KGM 的小，说明 KGM 糖环上 C—O—C 的含量减少。

原始 KGM(m-0)与样品 ms 的红外光谱如图 18-7 所示。由图可知：将 5 g KGM，100 g 乙醇，2 g 山梨酸混合后制得的样品 ms 与原始 KGM 红外光谱相比，在 1727 cm^{-1}处的吸收峰的强度要比原始 KGM 的大，说明山梨酸与 KGM 反应得到的样品的乙酰基含量明显增加；在 1380 cm^{-1}处的吸收峰强度比原始 KGM 的大，说明主链糖单元间的 C—O 含量增多。

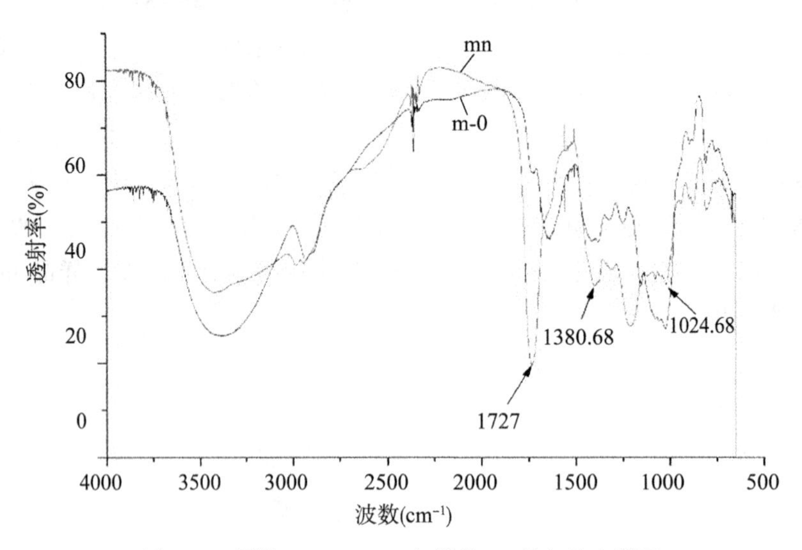

图 18-6　原始 KGM(m-0)与样品 mn 的红外光谱图

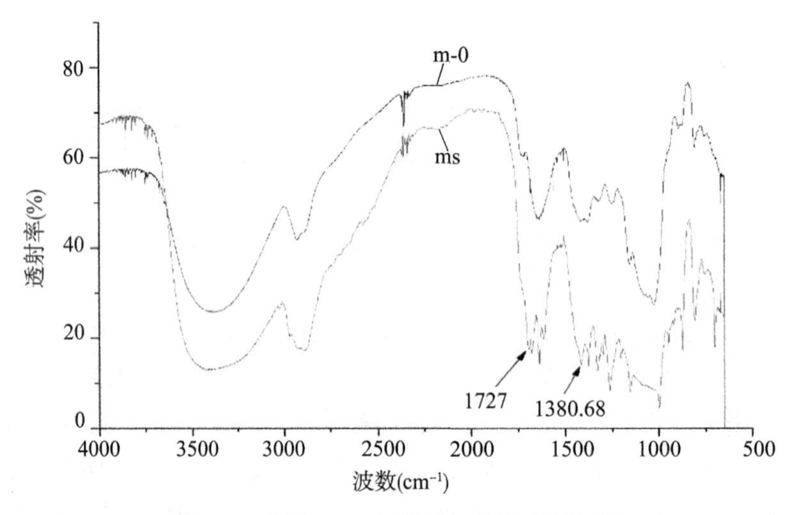

图 18-7　原始 KGM 与样品 ms 的红外光谱图

18.4　小结

本章采用高温、高压的方法探索了魔芋葡甘聚糖在乙醇和有机酸(乙酸、柠檬酸、山梨酸、酒石酸)混合溶剂中的的改性行为，并对改性后的魔芋葡甘聚糖的结构和相对分子质量进行了分析。在高温、高压条件下，魔芋葡甘聚糖在乙醇体系中进行改性，实验发现改性后的魔芋葡甘聚糖的相对分子质量明显降低；且通过红外光谱分析，发现此实验只是使魔芋葡甘聚糖中分子链断裂，而基本结构则没有改变。在高温、高压条件下，魔芋葡甘聚糖在乙醇/有机酸混合体系中进行改性，实验发现改性后的魔芋葡甘聚糖的相对分子质量也明显降低；且通过红外光谱分析，发现此实验也只是使魔芋葡甘聚糖中分子链断裂，而没有生成其他物质；研究还发现乙醇/有机酸混合体系能够提高魔芋葡甘聚糖中乙酰基的含量。在高温、高压条件下，魔芋葡甘聚糖在乙酸及其蒸汽体系中进行改性，发现改性后的魔芋葡甘聚糖的相对分子质量同样明显降低。通过上述一系列的实验，我们发现乙酸可能是在高温、高压下魔芋葡甘聚糖改性的一种良好溶剂。

魔芋葡甘聚糖的应用已十分广泛，但基本停留在比较低端的产品行业，附加价值很低，资源浪费严重。魔芋葡甘聚糖的结构与性能关系，包括它的一级结构、凝胶化机理、分子链上的乙酰基数以及生物作用机理等，仍然存在许多不明之处，这些都严重阻碍魔芋葡甘聚糖的进一步深入应用。

本章利用高温、高压的方法对魔芋葡甘聚糖进行可控降解，但由于时间有限，对后面几组的样品没有做溶解度和红外光谱的分析，以及改性后的 KGM 样品分子链上的乙酰基的定量问题没有给出解答，这些都有待于从今后的进一步实验中找到答案。本研究为 KGM 的改性提供了一种新的方法，未来通过进一步的实验研究及等诸多科技工作者的努力，相信可以充分利用我国特产资源，实现农产品科技增值的目的，提高农产品开发的经济效益和社会效益。

主要参考文献

Ahmed J, Varshney S K, Zhang J X, et al. Effect of high pressure treatment on thermal properties of polylactides [J]. Journal of food engineering, 2009, 93 (3): 308-312.

Airoldi G, Riva G, Rivolta B, et al. DSC calibration in the study of shape memory alloys [J]. Journal of Thermal Analysis, 1994, 42 (4): 781-791.

Alexandridis P, Hatton T A. Poly (ethylene oxide) - poly (propylene oxide) - poly (ethylene oxide) block copolymer surfactants in aqueous solutions and at interfaces: thermodynamics, structure, dynamics, and modeling [J]. Colloids and Surfaces A: Physicochemical and Engineering Aspects, 1995, 96 (1-2): 1-46.

Al-Assaf S, Phillips G O , Williams P A . Studies on acacia exudate gums. Part Ⅰ: the molecular weight of Acacia Senegal gum exudate [J]. Food Hydrocolloids, 2005, 19 (4): 647-660.

Al-Assaf S, Phillips G O, Aoki H, et al. Characterization and properties of Acacia senegal (L.) Willd. var. senegal with enhanced properties (Acacia (sen) SUPER GUM™): Part 1—Controlled maturation of Acacia senegal var. senegal to increase viscoelasticity, produce a hydrogel form and convert a poor into a good emulsifier [J]. Food Hydrocolloids, 2007, 21 (3): 319-328.

Anderson D M W, McDougall F J. The proteinaceous components of the gum exudates from some phyllodinous Acacia species [J]. Phytochemistry, 1985, 24 (6): 1237-1240.

Anderson K S , Lim S H , Hillmyer M A . Toughening of polylactide by melt blending with linear low-density polyethylene [J]. Journal of Applied Polymer Science, 2003, 89 (14): 3757-3768.

Aoki H, Al-Assaf S, Katayama T, et al. Characterization and properties of Acacia senegal (L.) Willd. var. senegal with enhanced properties (Acacia (sen) SUPER GUM™): Part 2—Mechanism of the maturation process [J]. Food Hydrocolloids, 2007, 21 (3): 329-337.

Aoki H, Katayama T, Ogasawara T, et al. Characterization and properties of Acacia senegal (L.) Willd. var. senegal with enhanced properties (Acacia (sen) SUPER GUMTM): Part 5. The factors affecting emulsification effectiveness of Acacia senegal and Acacia (sen) SUPER GUMTM [J]. Food Hydrocolloids, 2007, 21 (3): 353-358.

Ao-Lei L, Kai W, Yu Z, et al. High-pressure phase transition in CTAB-micellar solutions: A Raman spectroscopic study [J]. Chinese Physics Letters, 2007, 24 (11): 3085.

Armitstead K, Goldbeck-Wood G, Keller A. Polymer crystallization theories [M] // Macromolecules: Synthesis, Order and Advanced Properties. Springer, Berlin, Heidelberg, 1992: 219-312.

Asai H, Nishi K, Hiroi T, et al. Gelation process of Tetra-PEG ion-gel investigated by time-resolved dynamic light scattering [J]. Polymer, 2013, 54 (3): 1160-1166.

Ballantyne A D, Forrest G C, Frisch G, et al. Electrochemistry and speciation of Au^+ in a deep eutectic solvent: growth and morphology of galvanic immersion coatings [J]. Physical Chemistry Chemical Physics, 2015, 17 (45): 30540-30550.

Bardelang D. Ultrasound induced gelation: a paradigm shift [J]. Soft Matter, 2009, 5 (10): 1969-1971.

Batra D, Seifert S, Varela L, et al. Solvent-mediated plasmon tuning in a gold-nanoparticle-poly (ionic liquid) composite [J]. Advanced Functional Materials, 2007, 17 (8): 1279-1287.

Boehler R, Getting I C, Kennedy G C. Grüneisen parameter of NaCl at high compressions [J]. Journal of Physics and Chemistry of Solids, 1977, 38 (3): 233-236.

Boehler R. Adiabats ($\partial T/\partial P$) and Grüneisen parameter of NaCl up to 50 kbar and 800℃ [J]. Journal of Geophysical Research: Solid Earth, 1981, 86 (B8): 7159-7162.

Bovenkerk H P, Bundy F P, Hall H T, et al. Preparation of diamond [J]. Nature, 1959, 184: 1094-1098.

Bridgman P W. The use of electrical resistance in high pressure calibration [J]. Review of Scientific Instruments, 1953, 24 (5): 400-401.

Bridgman P W. Theoretically interesting aspects of high pressure phenomena [J]. Reviews of Modern Physics, 1935, 7 (1): 1.

Bundy F P, Hall H T, Strong H M, et al. Man-made diamond [J]. Nature, 1955, 176: 51-52.

Cai M, Liang Y, Zhou F, et al. Functional ionic gels formed by supramolecular assembly of a novel low molecular weight anticorrosive/antioxidative gelator [J]. Journal of Materials Chemistry, 2011, 21 (35): 13399-13405.

Cartier L, Okihara T, Ikada Y, et al. Epitaxial crystallization and crystalline polymorphism of polylactides [J]. Polymer, 2000, 41 (25): 8909-8919.

Chang H C, Tsai T T, Kuo M H. Using high-pressure infrared spectroscopy to study the interactions between triblock copolymers and ionic liquids [J]. Macromolecules, 2014, 47 (9): 3052-3058.

Chao-sheng Y. Research and development of pressure calibration design [J]. Physical Experiment of College, 2016 (2): 16.

Chen W, Luo W, Wang S, et al. Synthesis and properties of poly (L-lactide) -poly (ethylene glycol) multiblock copolymers by coupling triblock copolymers [J]. Polymers for Advanced Technologies, 2003, 14: 245-253.

Cohn D, Salomon A H. Designing biodegradable multiblock PCL/PLA thermoplastic elastomers

[J]. Biomaterials, 2005, 26 (15): 2297-2305.

Cravotto G, Cintas P. Harnessing mechanochemical effects with ultrasound-induced reactions [J]. Chemical Science, 2012, 3 (2): 295-307.

De Carli P S, Jamieson J C. Formation of an amorphous form of quartz under shock conditions [J]. Journal of Chemical Physics, 1959, 31 (6): 1675-1676.

De Santis P, Kovacs A J. Molecular conformation of poly (S-lactic acid) [J]. Biopolymers: Original Research on Biomolecules, 1968, 6 (3): 299-306.

Deng X M, Liu Y, Yuan M. Study on biodegradable polymer. 3. Synthesis and characterization of poly (DL-lactic acid) -co-poly (ethylene glycol) -co-poly (L-lysine) copolymer [J]. European Polymer Journal, 2002, 38 (7): 1435-1441.

Deng X M, Zhu Z X, Xiong C D, et al. Ring-opening polymerization of ? -caprolactone initiated by rare earth complex catalysts [J]. Journal of Applied Polymer Science, 1997, 64 (7): 1295-1299.

Donaldson D J, Farrington M D, Kruus P. Cavitation-induced polymerization of nitrobenzene [J]. Journal of Physical Chemistry, 1979, 83 (24): 3130-3135.

Eling B, Gogolewski S, Pennings A J. Biodegradable materials of poly (L-lactic acid): 1. Melt-spun and solution-spun fibres [J]. Polymer, 1982, 23 (11): 1587-1593.

Eremets M I, Struzhkin V V, Mao H, et al. Superconductivity in boron [J]. Science, 2001, 293 (5528): 272-274.

Espósito L H, Ramos J A, Builes D H, et al. Microphase Separation in Unsaturated Polyester/PEO-PPO-PEO Block Copolymer Mixtures Containing Carbon Nanotubes [J]. Advances in Polymer Technology, 2013, 32 (S1): E572-E581.

Feil H, Bae Y H, Feijen J, et al. Effect of comonomer hydrophilicity and ionization on the lower critical solution temperature of N-isopropylacrylamide copolymers [J]. Macromolecules, 1993, 26 (10): 2496-2500.

Ganguly R, Aswal V K, Hassan P A, et al. Sphere-to-rod transition of triblock copolymer micelles at room temperature [J]. Pramana, 2004, 63 (2): 277-283.

Glicksman M. Gum Technology in the Food Industry [M]. New York: Academic Press, 1969: 96-99.

Gong C, Hart D P. Ultrasound induced cavitation and sonochemical yields [J]. Journal of the Acoustical Society of America, 1998, 104 (5): 2675-2682.

Roger R D, Seddon K R, Volkov S. Green industrial applications of ionic liquids [M]. Springer Science & Business Media, 2002.

Gregorio Jr R, Cestari M. Effect of crystallization temperature on the crystalline phase content and morphology of poly (vinylidene fluoride) [J]. Journal of Polymer Science Part B: Polymer Physics, 1994, 32 (5): 859-870.

Grüneisen E. Theorie des festen Zustandes einatomiger Elemente [J]. Annalen der Physik, 1912, 344 (12): 257-306.

Li Guangji, Qi Li, Li Aiping, et al. Study on the kinetics for enzymatic degradation of a natural polysaccharide, konjac glucomannan [J]. Macromol. Symp. , 2004, 216, 165-178.

Gupta B, Revagade N, Hilborn J. Poly (lactic acid) fiber: An overview [J]. Progress in polymer science, 2007, 32 (4): 455-482.

Hall H T. Anvil guide device for multiple—Anvil high pressure apparatus [J]. Review of Scientific Instruments, 1962, 33 (11): 1278-1280.

Halliday J A, Robertsen S. Oral Transmucosal Delivery [Z]. US6488953 (2002).

Hanabusa K, Fukui H, Suzuki M, et al. Specialist gelator for ionic liquids [J]. Langmuir, 2005, 21 (23): 10383-10390.

Harner J M, Hoagland D A. Thermoreversible gelation of an ionic liquid by crystallization of a dissolved polymer [J]. Journal of Physical Chemistry B, 2010, 114 (10): 3411-3418.

Hay J N, Langford J I, Lloyd J R. Variation in unit cell parameters of aromatic polymers with crystallization temperature [J]. Polymer, 1989, 30 (3): 489-493.

Hazra Bodhisatwa, Varma Atul Kumar, Bandopadhyay Anup Kumar, et al. FTIR, XRF, XRD and SEM characteristics of Permian shales, India [J]. Journal of Natural Gas Science and Engineering, 2016, 32: 239-255.

He Y, Lodge T P. A thermoreversible ion gel by triblock copolymer self-assembly in an ionic liquid [J]. Chemical communications, 2007 (26): 2732-2734.

Hirai H, Kondo K, Yoshizawa N, et al. Amorphous diamond from C_{60} fullerene [J]. Applied physics letters, 1994, 64 (14): 1797-1799.

Hoffman J D, Weeks J J. Melting process and the equilibrium melting temperature of polychlorotrifluoroethylene [J]. Journal of Research of the National Bureau of Standards Section A: Physics and Chemistry, 1962, 66 (1): 13-28.

Hong S M, Chen L Y, Liu X R, et al. High pressure jump apparatus for measuring Grüneisen parameter of NaCl and studying metastable amorphous phase of poly (ethylene terephthalate) [J]. Review of scientific instruments, 2005, 76 (5): 053905-053906.

Hong S M, Liu X R, Su L, et al. Rapid compression induced solidification of two amorphous phases of poly (ethylene terephthalate) [J]. Journal of Physics D: Applied Physics, 2006, 39 (16): 3684.

Hong S, Yang L, MacKnight W J, et al. Morphology of a crystalline/amorphous diblock copolymer: Poly ((ethylene oxide) -b-butadiene) [J]. Macromolecules, 2001, 34 (20): 7009-7016.

Hoogsteen W, Postema A R, Pennings A J, et al. Crystal structure, conformation and morphology of solution-spun poly (L-lactide) fibers [J]. Macromolecules, 1990, 23 (2): 634-642.

Huang D H, Liu X R, Su L, et al. Measuring Grüneisen parameter of iron and copper by an improved high pressure-jump method [J]. Journal of Physics D: Applied Physics, 2007, 40 (17): 5327.

Huang Y F, Kao H L, Ruan J, et al. Effects of solution status on single-crystal growth habit of poly (L-lactide) [J]. Macromolecules, 2010, 43 (17): 7222-7227.

Hungerford G, Allison A, McLoskey D, et al. Monitoring sol-to-gel transitions via fluorescence lifetime determination using viscosity sensitive fluorescent probes [J]. Journal of Physical Chemistry B, 2009, 113 (35): 12067-12074.

Hyon S H , Jamshidi K , Ikada Y. Synthesis of polylactides with different molecular weights [J]. Biomaterials, 1997, 18 (22): 1503-1508.

Ian P Hurley, Neil A Pickles, Hongmei Qin, et al. Detection of Konjac glucomannan by immunoassay [J]. International Journal of Food Science and Technology, 2010, 45: 1410-1416.

Ignjatovic N, Uskokovic D. Synthesis and application of hydroxyapatite/polylactide composite biomaterial [J]. Applied Surface Science, 2004, 238 (1-4): 314-319.

Iwata T, Doi Y. Morphology and enzymatic degradation of poly (L-lactic acid) single crystals [J]. Macromolecules, 1998, 31 (8): 2461-2467.

Jamieson J C, Lawson A W, Nachtrieb N D. New device for obtaining X-Ray diffraction patterns from substances exposed to high pressure [J]. Review of Scientific instruments, 1959, 30 (11): 1016-1019.

Jhong H R, Wong D S H, Wan C C, et al. A novel deep eutectic solvent-based ionic liquid used as electrolyte for dye-sensitized solar cells [J]. Electrochem. Commun. , 2009, 11: 209-211.

Jia R, Shao C G, Su L, et al. Rapid compression induced solidification of bulk amorphous sulfur [J]. Journal of Physics D: Applied Physics, 2007, 40 (12): 3763.

Jin C Q, Wu X J, Laffez P, et al. Superconductivity at 80 K in $(Sr, Ca)_3 Cu_2O_4 + \delta Cl_{2-y}$ induced by apical oxygen doping [J]. Nature, 1995, 375 (6529): 301-303.

Jin F, Moon S I, Tsutsumi S, et al. Hydrostatic extrusion of poly (l-lactide) [C] //Macromolecular Symposia. Weinheim: WILEY-VCH Verlag, 2005, 224 (1): 93-104.

Jin J, Wen Z, Liang X, et al. Gel polymer electrolyte with ionic liquid for high performance lithium sulfur battery [J]. Solid State Ionics, 2012, 225: 604-607.

Jurasek P, Kosik M, Phillips G O. A chemometric study of the Acacia (gum arabic) and related natural gums [J]. Food hydrocolloids, 1993, 7 (1): 73-85.

Kaji K, Nishida K, Kanaya T, et al. Spinodal crystallization of polymers: Crystallization from the unstable melt [C] //Interphases and Mesophases in Polymer Crystallization III. Springer, Berlin, Heidelberg, 2005: 187-240.

Kalb B, Pennings A J. General crystallization behaviour of poly (L-lactic acid) [J]. Polymer, 1980, 21 (6): 607-612.

Kaname Katsuraya, Kohsaku Okuyama, Kenichi Hatanaka, et al. Constitution of konjac glucomannan: chemical analysis and ^{13}C NMR spectroscopy [J]. Carbohydrate Polymers, 2003, 53: 183-189.

Kang S, Hsu S L, Stidham H D, et al. A spectroscopic analysis of poly (lactic acid) structure [J]. Macromolecules, 2001, 34 (13): 4542-4548.

Kawai T, Rahman N, Matsuba G, et al. Crystallization and melting behavior of poly (L-lactic acid) [J]. Macromolecules, 2007, 40 (26): 9463-9469.

Kikkawa Y, Abe H, Iwata T, et al. Crystallization, stability, and enzymatic degradation of poly (L-lactide) thin film [J]. Biomacromolecules, 2002, 3 (2): 350-356.

Kim J H, Myung S T, Sun Y K. Molten salt synthesis of $LiNi_{0.5}Mn_{1.5}O_4$ spinel for 5 V class cathode material of Li-ion secondary battery [J]. Electrochimica acta, 2004 (49) : 219-227.

Kim O, Kim S Y, Ahn H, et al. Phase behavior and conductivity of sulfonated block copolymers containing heterocyclic diazole-based ionic liquids [J]. Macromolecules, 2012, 45 (21): 8702-8713.

Kim S Y, Kim S, Park M J. Enhanced proton transport in nanostructured polymer electrolyte/ionic liquid membranes under water-free conditions [J]. Nature communications, 2010, 1 (1): 1-7.

Kitazume T, Ishikawa N. Ultrasound-promoted selective perfluoroalkylation on the desired position of organic molecules [J]. Journal of the American Chemical Society, 1985, 107 (18): 5186-5191.

Knorr D. Effects of high-hydrostatic-pressure processes on food safety and quality [J]. Food technology (Chicago), 1993, 47 (6): 156-161.

Kodama K, Tsuda R, Niitsuma K, et al. Structural effects of polyethers and ionic liquids in their binary mixtures on lower critical solution temperature liquid-liquid phase separation [J]. Polymer journal, 2011, 43 (3): 242-248.

Koscher E, Fulchiron R. Influence of shear on polypropylene crystallization: morphology development and kinetics [J]. Polymer, 2002, 43 (25): 6931-6942.

Kovarski A L. High pressure chemistry and physics of polymers [M]. CRC Press Inc.: Boca Raton, F L, 1994.

Lauritzen Jr J I, Hoffman J D. Formation of polymer crystals with folded chains from dilute solution [J]. The Journal of Chemical Physics, 1959, 31 (6): 1680-1681.

Lee J M, Nguyen D Q, Lee S B, et al. Cellulose triacetate-based polymer gel electrolytes [J]. Journal of applied polymer science, 2010, 115 (1): 32-36.

Li Q, Zhang R, Shao C, et al. Cold crystallization behavior of glassy poly (lactic acid) prepared by rapid compression [J]. Polymer Engineering & Science, 2015, 55 (2): 359-366.

Liang S, Li B, Ding Y, et al. Comparative investigation of the molecular interactions in konjacgum/hydrocolloid blends: Concentration addition method (CAM) versus viscosity addition method (VAM) [J]. Carbohydrate Polymers, 2011, 83: 1062-1067.

Liu X R, Hong S M, Lü S J, et al. Preparation of $La_{68}Al_{10}Cu_{20}CO_2$ bulk metallic glass by rapid compression [J]. Applied Physics Letters, 2007, 91 (8): 081910.

Liu X R, Hong S M. Evidence for a pressure-induced phase transition of amorphous to amorphous in two lanthanide-based bulk metallic glasses [J]. Applied physics letters, 2007, 90 (25): 251903.

Ljungberg N , Bengt Wesslén. The effects of plasticizers on the dynamic mechanical and thermal properties of poly (lactic acid) [J]. Journal of Applied Polymer Science, 2002, 86 (5): 1227-1234.

López-Barrón C R, Li D, Wagner N J, et al. Triblock copolymer self-assembly in ionic liquids: effect of PEO block length on the self-assembly of PEO-PPO-PEO in ethylammonium nitrate [J]. Macromolecules, 2014, 47 (21): 7484-7495.

Lu J, Yan F, Texter J. Advanced applications of ionic liquids in polymer science [J]. Progress in Polymer Science, 2009, 34 (5): 431-448.

Lu X, Zhou J, Zhao Y, et al. Room temperature ionic liquid based polystyrene nanofibers with superhydrophobicity and conductivity produced by electrospinning [J]. Chemistry of Materials, 2008, 20 (10): 3420-3424.

Lv R, Na B, Tian N, et al. Mesophase formation and its thermal transition in the stretched glassy polylactide revealed by infrared spectroscopy [J]. Polymer, 2011, 52 (21): 4979-4984.

Mao H K, Bell P M, Hemley R J. Ultrahigh pressures: Optical observations and Raman measurements of hydrogen and deuterium to 1.47 Mbar [J]. Physical review letters, 1985, 55 (1): 99.

Mao H K. High-pressure physics: Sustained static generation of 1.36 to 1.72 megabars [J]. Science, 1978, 200 (4346): 1145-1147.

Maolin Z, Ning L, Jun L, et al. Radiation preparation of PVA-g-NIPAAm in a homogeneous system and its application in controlled release [J]. Radiation Physics and Chemistry, 2000, 57 (3-6): 481-484.

Martin T, Michak S, Thomas H. Novel conductive gel polymers based on acrylates and ionic liquids [J]. International Journal of Electrochemical Science, 2014, 9 (7): 3602-3617.

Marubayashi H, Akaishi S, Akasaka S, et al. Crystalline structure and morphology of poly (L-lactide) formed under high-pressure CO_2 [J]. Macromolecules, 2008, 41 (23): 9192-9203.

Meaurio E, Zuza E, López-Rodríguez N, et al. Conformational behavior of poly (L-lactide) studied by infrared spectroscopy [J]. The Journal of Physical Chemistry B, 2006, 110 (11): 5790-5800.

Ming L C, Zinin P, Meng Y, et al. A cubic phase of C_3N_4 synthesized in the diamond-anvil cell [J]. Journal of applied physics, 2006, 99 (3): 033520.

Miranda D F, Russell T P, Watkins J J. Ordering in mixtures of a triblock copolymer with a room temperature ionic liquid [J]. Macromolecules, 2010, 43 (24): 10528-10535.

Miranda D F, Versek C, Tuominen M T, et al. Cross-linked block copolymer/ionic liquid self-assembled blends for polymer gel electrolytes with high ionic conductivity and mechanical strength [J]. Macromolecules, 2013, 46 (23): 9313-9323.

Mishima O, Calvert L D, Whalley E. "Melting ice" I at 77 K and 10 kbar: A new method of making amorphous solids [J]. Nature, 1984, 310 (5976): 393-395.

Miyata T, Masuko T. Morphology of poly (L-lactide) solution-grown crystals [J]. Polymer, 1997, 38 (16): 4003-4009.

Murase S, Yanagisawa M, Sasaki S, et al. Development of low-temperature and high-pressure Brillouin scattering spectroscopy and its application to the solid I form of hydrogen sulphide [J]. Journal of Physics: Condensed Matter, 2002, 14 (44): 11537.

Mutsuo S, Yamamoto K, Furuzono T, et al. Pressure-induced molecular assembly of hydrogen-bonded polymers [J]. Journal of Polymer Science Part B: Polymer Physics, 2008, 46 (7): 743-750.

Müller H M, Seebach D. Poly (hydroxyalkanoates): a fifth class of physiologically important organic biopolymers? [J]. Angewandte Chemie International Edition in English, 1993, 32 (4): 477-502.

Na B, Tian N, Lv R, et al. Evidence of sequential ordering during cold crystallization of poly (L-lactide) [J]. Polymer, 2010, 51 (2): 563-567.

Nakafuku C. High pressure crystallization of poly (L-lactic acid) in a binary mixture with poly (ethylene oxide) [J]. Polymer Journal, 1994, 26 (6): 680-687.

Nakagawa H, Izuchi S, Kuwana K, et al. Liquid and polymer gel electrolytes for lithium batteries composed of room-temperature molten salt doped by lithium salt [J]. Journal of the Electrochemical Society, 2003, 150 (6): A695-A700.

Ni'Mah H, Woo E M. A novel hexagonal crystal with a hexagonal star-shaped central core in poly (L-lactide) (PLLA) induced by an ionic liquid [J]. CrystEngComm, 2014, 16 (23): 4945-4949.

Nouvel Cécile, Dubois P, Dellacherie E, et al. Controlled synthesis of amphiphilic biodegradable polylactide-grafted dextran copolymers [J]. Journal of Polymer Science Part A: Polymer Chemistry, 2004, 42 (11): 2577-2588.

Ohno H, Yoshizawa M, Ogihara W. Development of new class of ion conductive polymers based on ionic liquids [J]. Electrochimica Acta, 2004, 50 (2-3): 255-261.

Osman M E, Menzies A R, Williams P A, et al. Fractionation and characterization of gum arabic samples from various African countries [J]. Food Hydrocolloids, 1994, 8 (3-4): 233-242.

Pan P, Kai W, Zhu B, et al. Polymorphous crystallization and multiple melting behavior of poly (L-lactide): molecular weight dependence [J]. Macromolecules, 2007, 40 (19): 6898-6905.

Pan P, Zhu B, Kai W, et al. Effect of crystallization temperature on crystal modifications and crystallization kinetics of poly (L-lactide) [J]. Journal of applied polymer science, 2008, 107 (1): 54-62.

Pan P, Zhu B, Kai W, et al. Polymorphic transition in disordered poly (L-lactide) crystals induced by annealing at elevated temperatures [J]. Macromolecules, 2008, 41 (12): 4296-4304.

Park T G, Hoffman A S. Effect of temperature cycling on the activity and productivity of immobilized β-galactosidase in a thermally reversible hydrogel bead reactor [J]. Applied biochemistry and biotechnology, 1988, 19 (1): 1-9.

Patel M, Gnanavel M, Bhattacharyya A J. Utilizing an ionic liquid for synthesizing a soft matter polymer "gel" electrolyte for high rate capability lithium-ion batteries [J]. Journal of Materials Chemistry, 2011, 21 (43): 17419.

Petrier C, Jeunet A, Luche J L, et al. Unexpected frequency effects on the rate of oxidative processes induced by ultrasound [J]. Journal of the American Chemical Society, 1992, 114 (8): 3148-3150.

Puiggali J, Ikada Y, Tsuji H, et al. The frustrated structure of poly (L-lactide) [J]. Polymer, 2000, 41 (25): 8921-8930.

Rao M, Geng X, Liao Y, et al. Preparation and performance of gel polymer electrolyte based on electrospun polymer membrane and ionic liquid for lithium ion battery [J]. Journal of membrane science, 2012, 399: 37-42.

Richards W T, Loomis A L. The chemical effects of high frequency sound waves I: A preliminary survey [J]. Journal of the American Chemical Society, 1927, 49 (12): 3086-3100.

Ru J F, Yang S G, Zhou D, et al. Dominant β-form of poly (L-lactic acid) obtained directly from melt under shear and pressure fields [J]. Macromolecules, 2016, 49 (10): 3826-3837.

Ruan J, Huang H Y, Huang Y F, et al. Thickening-induced faceting habit change in solution-grown poly (L-lactic acid) crystals [J]. Macromolecules, 2010, 43 (5): 2382-2388.

Sadler D M, Gilmer G H. A model for chain folding in polymer crystals: rough growth faces are consistent with the observed growth rates [J]. Polymer, 1984, 25 (10): 1446-1452.

Sadler D M, Gilmer G H. Rate-theory model of polymer crystallization [J]. Physical review letters, 1986, 56 (25): 2708.

Sadler D M, Gilmer G H. Selection of lamellar thickness in polymer crystal growth: a rate-theory model [J]. Physical Review B, 1988, 38 (8): 5684.

Sadler D M. New explanation for chain folding in polymers [J]. Nature, 1987, 326 (6109): 174-177.

Sanctis De P, Kovas A J. Molecular conformation of poly (S-lactic aacid) [J]. Biopolymers, 1968, 6 (3): 199-306.

Sawai D, Takahashi K, Sasashige A, et al. Preparation of oriented β-form poly (L-lactic acid) by solid-state coextrusion: effect of extrusion variables [J]. Macromolecules, 2003, 36 (10): 3601-3605.

Schmitt C, Sanchez C, Thomas F, et al. Complex coacervation between β-lactoglobulin and acacia gum in aqueous medium [J]. Food Hydrocolloids, 1999, 13 (6): 483-496.

Shalu, S, K, Chaurasia R K Singh, Chandra S. Thermal stability, complexing behavior, and ionic transport of polymeric gel membranes based on polymer PVDF-HFP and ionic liquid, [Bmim] [BF_4] [J]. Journal of Physical Chemistry B, 2013, 117 (3): 897-906.

Shimizu K, Ishikawa H, Takao D, et al. Superconductivity in compressed lithium at 20 K [J]. Nature, 2002, 419 (6907): 597-599.

Shimizu K, Suhara K, Ikumo M, et al. Superconductivity in oxygen [J]. Nature, 1998, 393 (6687): 767.

Singh V, Chhotaray P K, Gardas R L. Solvation behaviour and partial molar properties of monosaccharides in aqueous protic ionic liquid solutions [J]. Journal of Chemical Thermodynamics, 2014, 71: 37-49.

Smith M G, Manthiram A, Zhou J, et al. Electron-doped superconductivity at 40 K in the infinite-layer compound $Sr_{1-y}Nd_yCuO_2$ [J]. Nature, 1991, 351 (6327): 549-551.

Steinhart M, Kriechbaum M, Pressl K, et al. High-pressure instrument for small- and wide-angle x-ray scattering. II. Time-resolved experiments [J]. Review of Scientific Instruments, 1999, 70 (2): 1540-1545 .

Stoclet G, Seguela R, Lefebvre JM, Rochas C. New insights on the strain-induced mesophase of poly (D, L-lactide): in situ WAXS and DSC study of the thermo-mechanical stability [J]. Macromolecules. 2010; 43 (17): 7228-7237.

Storks K H. An electron diffraction examination of some linear high polymers [J]. Journal of the American Chemical Society, 1938, 60 (8): 1753-1761.

Su L, Li L, Hu Y, et al. Phase transition of [C_n-mim] [PF_6] under high pressure up to 1. 0 GPa [J]. The Journal of chemical physics, 2009, 130 (18): 184503 (1-4).

Su Y, Wei X, Liu H. Influence of 1-pentanol on the micellization of poly (ethylene oxide) -poly (propylene oxide) -poly (ethylene oxide) block copolymers in aqueous solutions [J]. Langmuir, 2003, 19 (7): 2995-3000.

Sumikura S, Mori S, Shimizu S, et al. Syntheses of NiO nanoporous films using nonionic triblock co-polymer templates and their application to photo-cathodes of p-type dye-sensitized solar cells [J]. Journal of Photochemistry and Photobiology A: Chemistry, 2008, 199 (1): 1-7.

Sun S, Song J, Feng R, et al. Ionic liquid gel electrolytes for quasi-solid-state dye-sensitized solar cells [J]. Electrochimica acta, 2012, 69: 51-55.

Susan M A B H, Kaneko T, Noda A, et al. Ion gels prepared by in situ radical polymerization of vinyl monomers in an ionic liquid and their characterization as polymer electrolytes [J]. Journal of the American Chemical Society, 2005, 127 (13): 4976-4983.

Taha E I, Badran M M, El-Anazi M H, et al. Role of Pluronic F127 micelles in enhancing ocular delivery of ciprofloxacin [J]. Journal of Molecular Liquids, 2014, 199: 251-256.

Takano M, Takeda Y, Okada H, et al. $ACuO_2$ (A: alkaline earth) crystallizing in a layered structure [J]. Physica C: Superconductivity, 1989, 159 (4): 375-378.

Tanaka T. Collapse of gels and the critical endpoint [J]. Physical review letters, 1978, 40 (12): 820-823.

Tang H, Tang J, Ding S, et al. Atom transfer radical polymerization of styrenic ionic liquid monomers and carbon dioxide absorption of the polymerized ionic liquids [J]. Journal of Polymer Science Part A Polymer Chemistry, 2005, 43 (7): 1432-1443.

Tazaki M, Wada R, Abe M O, et al. Crystallization and gelation of poly (vinylidene fluoride) in organic solvents [J]. Journal of Applied Polymer Science, 1997, 65 (8): 1517-1524.

Teter D M, Hemley R J. Low-compressibility carbon nitrides [J]. Science, 1996, 271 (5245): 53-55.

Tosoni M, Schulz M, Hanemann T. Novel conductive gel polymers based on acrylates and ionic liquids [J]. Int. J. Electrochem. Sci., 2014, 9: 3602-3617.

Tsuji H, Takai H, Saha S K. Isothermal and non-isothermal crystallization behavior of poly (L-lactic acid): Effects of stereocomplex as nucleating agent [J]. Polymer, 2006, 47 (11): 3826-3837.

Tsuji H. Poly (lactic acid) [J]. Bio-based plastics: materials and applications, 2014: 171-239.

Ueki T, Nakamura Y, Lodge T P, et al. Light-controlled reversible micellization of a diblock copolymer in an ionic liquid [J]. Macromolecules, 2012, 45 (18): 7566-7573.

Ungar G, Putra E G R. Asymmetric curvature of {110} crystal growth faces in polyethylene oligomers [J]. Macromolecules, 2001, 34 (15): 5180-5185.

Ungar G, Zeng X B, Spells S J. Non-integer and mixed integer forms in long n-alkanes observed by real-time LAM spectroscopy and SAXS [J]. Polymer, 2000, 41 (25): 8775-8780.

Valuev L I, Zefirova O N, Obydennova I V, et al. Targeted delivery of drugs provided by water-soluble polymeric systems with Low Critical Solution Temperature (LCST) [J]. Journal of bioactive and compatible polymers, 1994, 9 (1): 55-65.

Vipul Dave, Mihir Sheth, Stephen P McCarthy, et al. Liquid crystalline, rheological and thermal properties of konjac glucomannan [J]. Polymer, 1998, 39 (5): 1139-1148.

Wang M, Xiao X, Zhou X, et al. Investigation of PEO-imidazole ionic liquid oligomer electrolytes for dye-sensitized solar cells [J]. Solar energy materials and solar cells, 2007, 91 (9): 785-790.

Wang Z W, Wu P Y. Spectral insights into gelation microdynamics of PNIPAM in an ionic liquid [J]. Journal of Physical Chemistry B, 2011, 115 (36): 10604-10614.

Wanka G, Hoffmann H, Ulbricht W. Phase diagrams and aggregation behavior of poly (oxyethylene) -poly (oxypropylene) -poly (oxyethylene) triblock copolymers in aqueous solutions [J]. Macromolecules, 1994, 27 (15): 4145-4159.

Wasanasuk K, Tashiro K. Crystal structure and disorder in Poly (l-lactic acid) δ form (α′ form) and the phase transition mechanism to the ordered α form [J]. Polymer, 2011, 52 (26): 6097-6109.

Weber R L, Ye Y, Schmitt A L, et al. Effect of nanoscale morphology on the conductivity of polymerized ionic liquid block copolymers [J]. Macromolecules, 2011, 44 (14): 5727-5735.

Weinbreck F, Tromp R H, De Kruif C G. Composition and structure of whey protein/gum arabic coacervates [J]. Biomacromolecules, 2004, 5 (4): 1437-1445.

William J Evans, Choong-Shik Yoo, Geun Woo Lee, et al. Dynamic diamond anvil cell (dDAC): A novel device for studying the dynamic-pressure properties of materials [J]. Review of Scientific Instruments, 2007, 78 (7): 073904.

Woenckhaus J, Kohling R, Winter R, et al. High pressure-jump apparatus for kinetic studies of protein folding reactions using the small-angle synchrotron X-ray scattering technique [J]. Review of Scientific Instruments, 2000, 71 (10): 3895-3899.

Xu D, Chen X, Wang L, et al. Performance enhancement for high performance dye-sensitized solar cells via using pyridinyl-functionalized ionic liquid type additive [J]. Electrochimica Acta, 2013, 106: 181-186.

Yamini D, Devan Venkatasubbu G, Kumar J, et al. Raman scattering studies on PEG functionalized hydroxyapatite nanoparticles [J]. Spectrochimica Acta Part A Molecular & Biomolecular, 2013, 117C: 299-303.

Yang D, Yuan C, Yang K, et al. An in situ study on the orderly crystal growth of Pluronic F127 block copolymer blended with and without ionic liquid during isothermal crystallization [J]. Polymer Science, Series A, 2018, 60 (3): 381-390.

Yang F, Jiao L S, Shen Y F, et al. Enhanced response induced by polyelectrolyte-functionalized ionic liquid in glucose biosensor based on sol-gel organic-inorganic hybrid material [J]. Journal of Electroanalytical Chemistry, 2007, 608 (1): 78-83.

Yang P X, Cui W Y, Li L B, et al. Characterization and properties of ternary P (VDF-HFP) - LiTFSI-EMITFSI ionic liquid polymer electrolytes [J]. Solid State Sciences, 2012, 14 (5): 598-606.

Yang X, Kang S, Hsu S L, et al. A spectroscopic analysis of chain flexibility of poly (lactic acid) [J]. Macromolecules, 2001, 34 (14): 5037-5041.

Yang X, Kang S, Yang Y, et al. Raman spectroscopic study of conformational changes in the amorphous phase of poly (lactic acid) during deformation [J]. Polymer, 2004, 45 (12): 4241-4248.

Ye Y S, Wang H, Bi S G, et al. Enhanced ion transport in polymer—ionic liquid electrolytes containing ionic liquid-functionalized nanostructured carbon materials [J]. Carbon, 2015. 86: 86-97.

Yu P, Wang W H, Wang R J, et al. Understanding exceptional thermodynamic and kinetic stability of amorphous sulfur obtained by rapid compression [J]. Applied Physics Letters, 2009, 94 (1): 011910.

Yuan C S, Cheng X R, Zhu X, et al. Crystalline structure and morphology of poly (L-lactide) formed under high pressure [J]. Journal of Applied Polymer Science, 2014, 131 (16).

Yuan C S, Hong S M, Li X X, et al. Rapid compression preparation and characterization of oversized bulk amorphous polyether-ether-ketone [J]. Journal of Physics D Applied Physics, 2011, 44 (16): 165405.

Yuan C, Su L, Yang K, et al. A novel method to prepare polymer-ionic liquid gel under high pressure and its electrochemical properties [J]. Journal of sol-gel science and technology, 2014, 72 (2): 344-350.

Yuan C, Su L, Yang K, et al. Effect of pressure on the structure and properties of polymeric gel based on polymer PVDF-HFP and ionic liquid [Bmim] [BF_4] [J]. Colloid and Polymer Science, 2015, 293 (3): 925-932.

Yuan C, Xu Y, Yang K, et al. Isothermally crystallization behavior of poly (L-lactide) from melt under high pressure [J]. Polymers for Advanced Technologies, 2018, 29 (12): 3049-3055.

Yuan C S, Zhu X, Su L, et al. Combined effect of ultra high pressure and temperature on ageing modification of arabic gum [J]. Food Engineering, 2014 (4): 9.

Yuan C, Zhu X, Su L, et al. Preparation and characterization of a novel ionic conducting foam-type polymeric gel based on polymer PVDF-HFP and ionic liquid [Emim] [TFSI] [J]. Colloid and Polymer Science, 2015, 293 (7): 1945-1952.

Yun H, Lei S, Xiu-Ru L, et al. Preparation of high-density nanocrystalline bulk selenium by rapid compressing of melt [J]. Chinese Physics Letters, 2010, 27 (3): 038101.

Yuryev Y, Wood-Adams P, Heuzey M C , et al. Crystallization of polylactide films: An atomic force microscopy study of the effects of temperature and blending [J]. Polymer, 2008, 49 (9): 2306-2320.

Zha C S, Bassett W A. Internal resistive heating in diamond anvil cell for in situ X-ray diffraction and Raman scattering [J]. Review of scientific instruments, 2003, 74 (3): 1255-1262.

Zhang G, Chen X, Zhao Y, et al. Lyotropic liquid-crystalline phases formed by Pluronic P123 in ethylammonium nitrate [J]. Journal of Physical Chemistry B, 2008, 112 (21): 6578-6584.

Zhang J , Duan Y , Sato H , et al. Crystal modifications and thermal behavior of poly (l-lactic acid) revealed by infrared spectroscopy [J]. Macromolecules, 2005, 38 (19): 8012-8021.

Zhang J, Tashiro K, Tsuji H, et al. Disorder-to-order phase transition and multiple melting behavior of poly (L-lactide) investigated by simultaneous measurements of WAXD and DSC [J]. Macromolecules, 2008, 41 (4): 1352-1357.

Zhang Qinghua, DeOliveira Vigier Karine, Royer Sébastien, et al. Deep eutectic solvents: syntheses, properties and applications [J]. Chemical Society Reviews, 2012, 41 (21): 7108-7146.

Zhang S, Lee K H, Sun J, et al. Viscoelastic properties, ionic conductivity, and materials design considerations for poly (styrene-b-ethylene oxide- b -styrene) -based ion gel electrolytes [J]. Macromolecules, 2011, 44 (22): 8981-8989.

Zhang X , Wyss U P , Pichora D, et al. An investigation of the synthesis and thermal stability of poly (DL-lactide) [J]. Polymer Bulletin, 1992, 27 (6): 623-629.

Zhang Y, Shen Y, Li J, et al. Electrochemical functionalization of single-walled carbon nanotubes in large quantities at a room-temperature ionic liquid supported three-dimensional network electrode [J]. Langmuir, 2005, 21 (11): 4797-4800.

Zhu H, Lu X, Li M, et al. Nonenzymatic glucose voltammetric sensor based on gold nanoparticles/carbon nanotubes/ionic liquid nanocomposite [J]. Talanta, 2009, 79 (5): 1446-1453.

Zmora S, Glicklis R, Cohen S. Tailoring the pore architecture in 3-D alginate scaffolds by controlling the freezing regime during fabrication [J]. Biomaterials, 2002, 23 (20): 4087-4094.

Zmora Sharon, Glicklis Rachel, Cohen Smadar. Tailoring the pore architecture in 3-D alginate scaffolds by controlling the freezing regime during fabrication [J]. Biomaterials, 2002, 23: 4087-4094.

Zou G, Liu Z, Wang L, et al. Pressure-induced amorphization of crystalline $Bi_4Ge_3O_{12}$ [J]. Physics Letters A, 1991, 156 (7-8): 450-454.

陈峰, 钱和. 超声波降解魔芋葡甘露聚糖工艺的响应面优化 [J]. 食品工业科技, 2008, 1 (1): 146-148, 152.

陈泓谕, 罗来马, 谭晓月, 等. 纤维增韧钨基复合材料的研究现状 [J]. 机械工程材料, 2015, 39 (8): 10.

陈立贵. 魔芋葡甘聚糖的改性研究进展 [J]. 安徽农业科学, 2008, 36 (15): 6157-6160.

崔晓霞, 曲萍, 陈品, 等. 可生物降解聚乳酸/纳米纤维素复合材料的亲水性和降解性 [J]. 化工新型材料, 2010, 38 (S1): 107-109.

丁金龙, 孙远明, 杨幼慧, 等. 魔芋葡甘聚糖机械力化学降解研究 [J]. 现代食品科技, 2008, 15 (24): 621-624.

董珍, 彭静, 张星, 等. 离子液体/聚偏氟乙烯电解质膜的辐射改性研究 [J]. 辐射研究与辐射工艺学报, 2014, 32 (5): 53-58.

杜轶鹏. 碳纳米管的电弧法制备及其负载纳米粒子的研究 [D]. 青岛: 青岛科技大学, 2007.

冯孝中, 李亚东. 高分子材料 [M]. 哈尔滨: 哈尔滨工业大学出版社, 2007.

耿胜荣, 李新, 廖涛, 等. 魔芋葡甘聚糖辐照改性产物结构分析与应用研究 [J]. 北京工商大学学报 (自然科学版), 2011, 29 (2): 33-35.

顾雪梅, 安燕, 殷雅婷, 等. 水凝胶的制备及应用研究 [J]. 广州化工, 2012, (10): 11-13.

郭其魁, 桂宗彦, 龚飞荣, 等. 二乙酸甘油酯封端的齐聚L-丙交酯增塑改性聚L-丙交酯薄膜 [J]. 功能高分子学报, 2009, 22 (4): 373-377.

何志强．CO_2在氯化胆碱/多元醇低共熔溶剂中的溶解度及其混合物电导率的研究［D］．上海：上海大学，2014.

贺珂，潘志东，王燕民．魔芋葡甘聚糖脱除乙酰基的机械力化学效应［J］．高分子材料科学与工程，2009，25（2）：134-137.

黄林，李维艳，黄明华，等．乳酸改性魔芋葡甘聚糖/淀粉复合膜材料的制备及研究［J］．化工新型材料，2011，39（7）：56-58.

黄绍永，蒋世春，安立佳. 聚乳酸在高压下的结晶结构和熔融行为［C］// 2007 年全国高分子学术论文报告会论文摘要集（上册），2007.

黄星源. 聚左乳酸分子单晶形态于溶液中的演变［D］. 台南：台湾成功大学，2009.

黄永春，谢清若，何仁，等．微波辅助 H_2O_2降解魔芋葡甘聚糖的研究［J］．食品科学，2005，14（8）：197-199.

惠希东，陈国良．块体非晶材料合金［M］．北京：化学工业出版社，2007.

金高军，黄梅. 离子液凝胶的研究进展［J］. 高分子通报，2009（4）：20-26.

金水清，夏华，梁悦荣. 聚乳酸的增塑改性［J］. 化工新型材料，2007，35（1）：61-63.

经福谦．实验物态方程导引［M］．北京：科学出版社，1999.

柯平超．氯化胆碱-尿素低共熔溶剂中电解制备超细铜粉［D］．昆明：昆明理工大学，2015.

兰晶，倪学文，张艳，等．乙基魔芋葡甘聚糖疏水膜制备及结构研究［J］．武汉理工大学学报，2009，31（23）：39-43.

雷激，杨长胜，张欣宇，等．魔芋精粉透光率、黏度改性工艺研究［J］．西华大学学报（自然科学版），2008，27（3）：42-46.

李皓．短碳纤维增强聚醚醚酮复合材料的制备及其性能研究［D］．天津：天津大学，2006.

李茂彦，吴建国. 碳纳米管/聚合物材料的技术及应用［J］. 国外塑料，2014，32（2）：34-38.

李娜，罗学刚．魔芋葡甘聚糖理化性质及化学改性现状［J］．食品工业科技，2005，3（10）：188-191.

李庆国，干信，邹群．魔芋葡甘低聚糖的制备和分析［J］．湖北工学院学报，2001，16（4）：10-12.

李伟，孙建中，周其云. 适用于酶包埋的高分子载体材料研究进展［J］. 功能高分子学报，2001（3）：365-369.

林锦明，张东春，魏红，等. 热分析技术在药学领域中的应用［J］. 第二军医大学学报，2001（11）：1044-1045.

刘洪锦. 聚吡咯基纳米复合电极材料的研究［D］. 上海：东华大学，2011.

刘娟. 高性能聚乳酸复合材料的制备及性能研究［D］. 长春：吉林大学，2010.

刘秀茹．快速增压法制备大块金属玻璃及金属玻璃的高压相变研究［D］．成都：西南交通大学，2007：15-19.

刘志国，千正男. 高压技术［M］. 哈尔滨：哈尔滨工业大学出版社，2012.

罗建斌，方国芳. 水凝胶烧伤敷料研究进展［J］. 生物医学工程学杂志，2004，21（1）：56-59.

罗晓燕，尹玉姬，娄翔，等. 水凝胶在组织工程中的应用进展［J］. 天津工业大学学报，2004，23（4）：88-94.

罗彦凤，王远亮，牛旭锋，等. 新型改性聚乳酸及其体外生物可降解性研究［J］. 高技术通讯，2005，15（2）：55-59.

罗彦凤，王远亮，潘君，等. 新型改性聚乳酸及其亲/疏水性研究［J］. 高技术通讯，2003，13（2）：47-51.

马恒 . 基于 DSP 的傅里叶红外光谱浓度反演技术研究［D］. 太原：中北大学，2013.

马正智，彭小明，董杰，吴彬，胡国华 . 我国魔芋胶的应用研究进展［J］. 中国食品添加剂，2010，232（12）：101-107.

祈黎，李光吉，宗敏华 . 酶催化魔芋葡甘聚糖的可控降解［J］. 高分子学报，2003，5（5）：650-654.

宋菲，王挥，陈卫军，等. 差示扫描量热法（DSC）在油脂分析中的应用［J］. 热带农业科学，2014，（6）：8593.

宋霞，冯钠，陈荣丰. 聚乳酸/EVA 共混材料力学性能研究［J］. 化工新型材料，2009，37（9）：116-119.

檀亦兵. 用差示扫描量热法研究维生素 C 的热稳定性及热动力学［J］. 无锡轻工大学学报，2003（2）：102-105.

唐一梅 . *N*-乙烯基咪唑类磁性离子液体的设计、合成与性质研究［D］. 西安：西北工业大学，2014.

田大听 . 魔芋葡甘聚糖羧甲基化改性及性能表征［J］. 安徽农业科学，2008，36（7）：2621-2623.

王盛莉，兰晶，张艳，等 . 氧化魔芋葡甘聚糖膜的制备与性能研究［J］. 食品工业，2009，5（12）：30-32.

王双龙 . 功能性咪唑基离子液体的制备及其超电容性质研究［D］. 锦州：渤海大学，2012.

王文魁，许应凡，黄新明 . 高压下 $Pd_{40}Ni_{40}P_{20}$ 过冷熔体的成核及大块金属玻璃形成［J］. 中国科学（A 辑），1992（12）：1305-1310.

王雁宾 . 地球内部物质物性的原位高温高压研究：大体积压机与同步辐射源的结合［J］. 地学前缘，2006，13（2）：1-35.

王永红，张淑蓉，卫飞 . 改性处理对魔芋葡甘聚糖性质影响［J］. 粮食科技与经济，2011，21（36）：49-51.

王玉林，齐锦刚，万怡灶，等. 用于骨折内固定板的可吸收聚合物及其复合材料［J］. 材料工程，1999（12）：35-38.

王章存，徐贤. 超高压处理对蛋白质结构及功能性质影响［J］. 粮食与油脂，2007（11）：10-12.

王筑明，谢鸿森，郭捷，徐济安. 高压下铝的 Grüneisen 参数的实验测量［J］. 高压物高压物理学报，1998，12：54-59.
韦露，樊友军．低共熔溶剂及其应用研究进展［J］. 化学通报，2011（4）：333-339.
吴波，陈运中，徐凯，等．魔芋葡甘聚糖的氧化改性及其性质研究［J］. 粮食与饲料工业，2008，6（5）：15-16.
吴强．金属材料高压物态方程及 Grünesisen 系数的研究［D］. 绵阳：中国工程物理研究院，2004.
吴之中. 聚乳酸-聚乙二醇嵌段共聚物及其交联聚氨酯弹性体的性能研究［J］. 信阳师范学院学报（自然科学版），1999，12（2）：166-169.
向东，赖凤英，黄立新．改性魔芋甘露聚糖的应用研究进展［J］. 广西轻工业，2003，2（1）：5-7.
谢鸿森．地球深部物质科学导论［M］. 北京：科学出版社，1997.
谢松岩，周芳名，刘懿霆，等. 温敏型水凝胶的制备及溶胀特性［J］. 当代化工，2015，44（4）：702-705.
熊兴泉，韩骞，石霖，等．低共熔溶剂在绿色有机合成中的应用［J］. 有机化学，2016（3）：480-489.
许东颖，盛家荣，李光吉．魔芋葡甘聚糖的改性及其在生物材料领域的应用概况［J］. 材料导报，2008，14（11）：47-50.
许东颖，盛家荣，廖正福，等．魔芋葡甘聚糖的改性与应用研究展［J］. 广西师范学院学报（自然科学版），2008，25（3）：118-123.
颜文龙，孙恩杰，郭海英，等. 组织工程支架材料［J］. 上海生物医学工程，2004，25（1）：51-54.
杨惠娣，唐赛珍. 生物降解塑料试验评价方法的进展［J］. 现代塑料加工应用，1993（6）：49-54.
杨景海，王丽荣，高铭，等. 水中杂质油在线测量仪器的研究［J］. 吉林师范大学学报（自然科学版），2008（4）：1-3.
杨力萍，张艺伟，杨晖，等．MEIC-$AlCl_3$ 离子液体用于中温钠氯化镍电池的可行性探讨［J］. 南京工业大学学报（自然科学版），2015（2）：23-27，38.
杨晓鸿，朱薇玲，严建芳．氢键对魔芋葡甘聚糖水溶胶粘弹性的影响［J］. 农业工程学报，2004，12（20）：221-223.
袁朝圣，王征，王永强，等. 高压对溶液中聚左旋乳酸单晶生长的影响［J］. 高压物理学报，2014，28（5）：513-518.
袁朝圣．大块非晶 Nd 基合金及聚醚醚酮的快速增压制备与性能研究［D］. 成都：西南交通大学，2011：5-11.
曾辉，钱和．高取代度水溶性高分子魔芋葡甘聚糖醋酸酯制备工艺的研究［J］. 食品研究与开发，2006，12（5）：49-51.
张恒，周志彬，聂进. 离子液体聚合物的研究进展［J］. 化学进展，2013（5）：106-119.
张欢欢，刘玉婷，李戎，等．新型低共熔溶剂的制备、表征及物性研究［J］. 化学通报，2015，01：73-79.

张欢欢．新型低共熔溶剂的制备与应用［D］．上海：东华大学，2015.
张佳琪，黄灏，吕远平，等．改性魔芋葡甘露聚糖涂膜在果蔬保鲜上的应用研究［J］．安徽农业科学，2011，39（23）：14350-14351.
张庆国，张鑫源，李美超，等．功能性离子液体［$C_n$mim］［SCN］的超电容性质研究［J］．电子元件与材料，2014（6）：19-22，27.
张文，王华林，吴贞建．改性魔芋精粉对草莓保鲜的研究［J］．食品工业科技，2009，7（12）：350-351.
张秀芹，熊祖江，刘国明，等．取向对聚左旋乳酸/聚右旋乳酸复合物纤维结晶性能的影响［J］．石油钻探技术，2014（8）：1048-1055.
张正光，罗学刚．魔芋葡甘聚糖材料疏水改性的研究进展［J］．化工进展，2007，13（26）：356-359.
张正光，罗学刚．乙酸乙烯酯对魔芋葡甘聚糖的热塑改性［J］．化工进展，2008，27（4）：590-594.
赵晶晶，刘宝友，魏福祥．低共熔离子液体的性质及应用研究进展［J］．河北工业科技，2012（3）：184-189.
赵焱．聚醚醚酮（PEEK）/有机化蒙脱土（OMMT）复合材料的制备及其性能研究［D］．长春：吉林大学，2009.
郑海飞．金刚石压腔高温高压实验技术及其应用［M］．北京：科学出版社，2014.
郑荣领，周电根，郑一仁．角膜接触镜材料研究进展［J］．国外医学眼科学分册，1999，23（4）：225-230.
周冰冰．荧光光谱法水中矿物油的检测及研究［D］．秦皇岛：燕山大学，2015.
周福刚，董向红，万怡灶，等．碳纤维增强聚乳酸（C/PLA）复合材料的力学性能（I）［J］．材料工程，2000（5）：16-18.
周新平，王波，何培新．魔芋葡甘露聚糖的化学改性研究［J］．胶体与聚合物，2008，26（3）：40-41.